KB166406

서울
해법

이 저서는 2019년도 서울시립대학교 교내학술연구비에 의하여 지원되었음.

서울 해법

초판 1쇄 발행 2020년 11월 15일
초판 3쇄 발행 2022년 4월 30일

지은이 | 김성홍
펴낸이 | 조미현

펴낸곳 | (주)현암사
등록 | 1951년 12월 24일 제10-126호
주소 | 04029 서울시 마포구 동교로12안길 35
전화 | 02-365-5051 · 팩스 | 02-313-2729
전자우편 | editor@hyeonamsa.com
홈페이지 | www.hyeonamsa.com

ISBN 978-89-323-2048-9 03540

* 책값은 뒤표지에 있습니다. 잘못된 책은 바꾸어 드립니다.

블랙홀 서울,
땅과 건축에 관한
새로운 접근법

서울 해법

김 성 홍 지 음

현암사

3부 관성

4부 명제

이 책은 서울의 땅과 건축에 관한 이야기다. 서울시는 지난 60년 동안 녹지를 제외한 시가화 면적의 70퍼센트를 갈아엎었다. 그 결과, 여러 겹의 천 조각을 기운 누더기 같은 조직組織이 되었다. 굵고 거친 천, 가늘고 부드러운 천, 색상과 무늬가 다른 천 조각을 이리저리 덧대고 붙여 만든 헌 옷 같은 새 옷이다.

이 땅 위에 빠른 속도로 건축물이 지어졌다. 수도로 건설된 지 626년이 넘었지만, 건축물의 나이는 환갑이 채 되지 않았다. 도시를 백 살로 보면 건축은 겨우 열 살이다. 어린이다. 모든 것이 서툴고 문제를 일으키는 나이다.

지금까지 냈던 책 중에 『도시건축의 새로운 상상력』(2009)은 '형태와 공간의 딜레마,' 『길모퉁이 건축』(2011)은 '크기'에 대한 이야기였다. 공저로 썼던 『Megacity Network: Contemporary Korean Architecture』(2007)는 '면의 도시와 점의 건축', 『The FAR Game용적률 게임』(2016)은 '양과 밀도'에 대한 이야기였다. 네 권을 끝낸 후 후속으로 서양 건축 역사, 이론, 사례를 솎아낸 서울만의 이야기를 써야겠다고 생각했다.

서울은 한 국가의 수도이면서 인구가 1,000만이 넘는 유일한 도시다.[1] 절대 인구수뿐만 아니라 인구밀도, 인구 집중도 역시 세계에서 가장 높은 '밀도 3관왕' 도시다.[2] 재래식 무기가 밀집된 비무장지대에서 반경 100킬로미터 수도권에 남한 국민 절반이 살고 있고, 그 절반이 서울에 살고 있다. 1995년 관선에서 민선으로 바뀐 후 서울 시장은 전 세계에서 가장 많은 시민의 표를 얻은 정치인이며, 가장 많은 납세자로부터 지방세를 거둬들이는 행정가다. 외교와 국방을 제외한 모든 부서를 거느리고 실행하는 작은 정부의 수장이다. 서울의 재정 자립도는 대한민국 평균을 압도한다.[3] 서울은 대한민국의 수도를 넘어 대한민국의 모든 것을 빨아들이는 블랙홀이다.

우리나라에서 개인이 땅을 소유할 수 있게 된 것은 108년 전이다. 한반도를 강점한 일제는 1912년 근대적 의미의 토지 소유권을 법제화했다.[4] 식민지를 효율적으로 통제하기 위한 도시계획의 사전 준비였다. 그 이전에는 모든 땅은 공식적으로 국가 소유였다. 도로, 공원, 공공시설로 바뀌어야 할 왕실과 지배층의 땅이 일제강점기에 친일파와 새로운 권력층으로 넘어갔다. 일본이 패망하자 미군정은 적산敵産을 민간에게 불하했고, 정부 수립 후에도 도시계획시설을 체계적으로 지정하기 이전에 많은 땅이 민간 자본의 손으로 넘어갔다.[5] 하지만 토지 소유가 시작된 후 전반기 50년(1912~1961)의 변화는 광폭의 속도로 질주했던 후반기 59년(1962~2020)의 서막이었다. 토지 소유화 100년, 땅은 대한민국의 경제, 정치, 사회, 문화를 뒤에서 움직이는 힘이었다.

19세기 말에서 20세기 초반 유럽에서 일어났던 전방위 문화예술 운동, 모더니즘이 정점에 오른 시기는 새로운 도시론이 나온 시기와 일치한다. 근대건축국제회의CIAM(1928~1960)의 결성과 해체도 이 시기에 벌어졌다. 최소 주거, 저렴한 공동주택, 표준화와 공업화, 기능적 도시와 같은 문제를 창의적 건축과 같은 선상에 두고 모색했다. 새로운 건축은 도시 문제의 반작용이었다. 하지만 도시 맥락과 분리된 채 근대건축은 장소와 겉도는 외래어로 전 세계에 유포되었다. 서울은 모더니즘이 퇴조하기 시작했던 1960년대 이후 세계 도시사에서 전례를 찾기 어려운 도시화와 압축 성장을 겪었다. 필연적으로 성장통이 따랐다. 도시계획가로부터는 건축가가, 건축가로부터는 도시계획가가 서울을 망가뜨렸다는 이야기를 들어왔다. 도시와 건축은 본질적으로, 그리고 필연적으로 대립한다.

이 책은 서울을 배경으로 벌어지는 '도시의 외적 힘external urban forces'과 '건축의 내적 원리internal architectural principles' 간의 충돌, 갈등, 타협, 전복에 관한 이야기다. 외적 힘은 땅, 밀도, 법과 제도, 비용 등 '밖에서 안으로' 가해지는 건축의 조건이다. 내적 원리는 공간, 형태, 구조를 통합하는 '안에서 밖으로'의 건축 생성 원리다. 전자의 힘과 후자의 원리는 상호 모순되는 대립 항으로 전략적 협상과 절충을 요구한다. 블록과 필지의 크기, 형태, 패턴, 길과의 관계를 뜻하는 도시 모폴로지urban morphology와 건축의 용도, 규모, 수평·수직 공간 구성, 배치를 의미하는 건축 타이폴로지architectural typology의 관계가 형성된다.

16개 이야기를 4부로 나누었다. 1부에서 '어떤 도시계획이 어떤 건축 유형을 만들어냈는가?' 질문을 던졌다. 서울에서 가장 넓은 면적을 차지하는 네 가지 도시 조직을 해부했다. 한양의 골격이 남아 있는 역사도심, 토지구획정리사업으로 조성한 격자형 조직, 택지개발사업으로 조성한 신시가지, 재개발·재건축 사업으로 덧댄 조직, 이 네 가지다. 2부 질문은 '서울의 건축을 만드는 외적 조건은 무엇인가'이다. 땅과 법, 용적률, 시간과 비용, 건축 방언과 버내큘러vernacular, 네 가지 조건이 어떻게 건축의 동력, 압력, 제한으로 작용하는지 분석했다. 3부에서는 '건축 유형, 규모, 장소와 관계없이 내재하는 관성이 무엇인가'라는 질문을 던졌다. 방의 구조(횡장형 평면), 유비쿼터스 근생, 주차장, 세 가지를 꼽았다. 4부에서는 서울을 위한 세 가지 명제, '아름다운 것에는 규칙이 있다,' '도시와 건축은 불연속적이다,' '전통의 원형은 없다'를 다루었다. 에필로그, '서울 재프로그래밍'에서는 서울의 과제와 건축이 할 수 없는 일과 할 수 있는 일을 되짚었다.

집필을 마무리할 즈음 '서울은 무엇인가?'에 대한 답이 뚜렷해졌다. 첫째, 서울은 한국인의 '집단 정신collective psyche'을 표상한다. 서울은 소수의 마스터 마인드master mind가 계획하고 관리할 수 있는 크기를 넘어선 도시다. 더 많고 더 높은 공간 욕망을 품은 개인, 단체, 기업, 이를 법과 제도로 통제하는 관료와 도시계획가, 욕망과 규칙 사이에서 이익을 극대화하려는 건설사, 개발업자, 건축사(가) 사이에서 다자간 게임이 벌어진다. 갈등과 진통을 거쳐 집단은 묵시적 합의점에 이른다. 현재의 서울은 여러 주체가 치열하게 싸워서 만들어낸 절충의 산물이다. 겉으로 무질서해 보이지만 각 주체의 치밀한 논리, 전략, 전술이 숨어 있다. 이렇게 다자간에 합의한 절충점은 한 개인이 깨거나 바꾸기 어렵다. 법과 제도, 경제적 상황, 사회문화적 조건이 흔들리거나 세대가 바뀌지 않는 한 지속하는 관성이 된다.

도면으로 표현한 건축 디자인은 창작자 개인의 작품이지만 물리적으로 구현된 건축물은 한 사회의 집합적 산물이다. 법과 제도, 비용, 기술, 재료, 노동력, 그 사회가 요구하는 기준 등 모든 인자와 변수가 개입되어 결과물이 만들어진다. 언어의 랑그와 같다. 집합적 랑그langue가 있기 때문에 화자가 개성을 드러내는 파롤parole을 구사할 수 있다. 건축이 기술적이고 예술적이며 사회적인 것은 랑그를 다루기 때문이다. 이 책은 개별 건축물의 특이성이나 건축가가 구사하는 어휘보다 도시건축의 공통

문법에 집중했다. 시각적 대상으로서의 양식, 형태, 입면, 요소, 구법보다는 사람이 살고 행동하는 공간에 집중했다.

둘째, 서울은 '크러싱 팟crushing pot'이다. 다양한 인종과 문화가 섞여 새로운 문화를 만들어내는 미국 사회를 '멜팅 팟melting pot'이라 부른다. 멜팅 팟이 이질적인 것을 화학적으로 용해하는 용광로라면, 크러싱 팟은 이질적인 것들을 분쇄하는 절구통이다. 여러 잡곡을 넣고 절굿공이로 누르고 갈고 있지만, 절구통에는 각각의 곡물 껍질과 맛이 아직 남아 있다. 절구통 밖으로 곡물이 튀어나오기도 한다. 절구통처럼 과밀 도시 안의 이질적인 것들은 문제를 일으키기도 하지만 역동성을 촉발하기도 한다. 지난 70여 년 동안 한국은 한국전쟁, 군사쿠데타, 군사독재를 겪었지만, 세계 최빈국에서 경제성장과 민주화를 동시에 이루어낸 놀라운 집단 복원력을 보여주었다. 그 중심에 서울이 있었다.

선진 도시라고 생각했던 뉴욕시와 싱가포르는 코로나 사태에서 도시 불평등과 불균형이 공중보건의 위기로 비화하는 것을 보여주었다. 코로나19 사태가 미국에서 정점으로 치닫기 시작했던 2020년 3월 말 뉴욕은 미국의 다른 주에 비해 10배 이상의 감염자와 사망자가 나왔다. 3월 26일 자 CNN 기사는 몇 가지 이유를 들었는데 첫 번째가 인구밀도였다. 뉴욕시의 인구밀도는 시카고와 필라델피아의 2배, 로스앤젤레스의 3배 이상이라는 것이다. 많은 시민이 대중교통을 이용하고 밀집한 장소에 익숙하게 살아간다는 부연 설명을 달았다.[6] 이 논리가 맞는다면 '콤팩트 시티'는 공중보건이 새로운 현안이 될 미래에 폐기하거나 뒤집어야 할 도시 모델이다.

하지만 2020년 5월 9일 시점에 뉴욕시보다 인구가 200만이 더 많고 인구밀도가 뉴욕시보다 1.7배 높은 서울시 누적 감염자와 사망자는 각각 뉴욕시의 0.35퍼센트, 0.01퍼센트에 불과했다.[7] 뉴욕 시민보다 많은 서울 시민이 붐비는 지하철과 버스를 이용한다. 인구밀도는 전염병을 빠르게 확산시키는 조건임은 분명하지만 모든 도시에 들어맞는 것은 아니다. 정부의 선제 대응, 보편적 의료 시스템, 성숙한 시민의식이 고밀도 도시의 약점을 극복할 수 있다는 것을 서울은 데이터로 증명했다. 문제는 밀도가 아니라 불평등이다. 도시지리·도시경제·사회학자들은 자동차에 의존하는 팽창 도시가 보행 중심의 과밀 도시보다 더 많은 사회문제를 일으킨다고 지적해왔다. 콤팩트 시티는 여전히 유효한 지속 가능한 도시 모델이다. 다만 최근 화두였던 '공유' 개념은 코로나 사태 이후 '사회적 거리두기'와 충돌할 것이다. 또한, 기후 변화와 에너지 위기 앞에 건축은 새로운 도전을 맞을 것이다.

지금부터 30년 뒤 서울은 어떤 모습일까? 미국 국가정보위원회NIC는 국내총생산량GDP, 인구, 국방비, 기술력을 종합한 물리력에서 2030년 한국이 세계 9위로 오를 것으로 전망했다.[8] 2050년에는 세계 2위 고소득 국가가 될 것이라는 믿기 어려운 전망도 나오고 있다.[9] 위기와 도전도 만만치 않다. 세계를 양강 구도로 재편하는 미국과 중국, 세계 3위 경제 강국 일본의 틈에서 현명한 생존 전략을 선택해야 한다. 세계화의 반작용으로 부분적으로 역세계화가 일어나고 민족주의가 득세할 것이다. 최대 변수는 분단 한반도의 향방이다.[10] 2030년 한국은 대부분 유럽 국가와 더불어 '중위 연령'이 45세를 넘는 '후기 고령화' 사회군에 진입하고, 도시민 비율이 아시아에서 가장 높은 도시형 국가가 될 것이다. 소득 양극화로 도시 안에서 불평등, 불균형, 갈등, 반목이 가중될 것이다. 이 모든 변화의 중심에 서울이 있다.

하지만 누구도 도시의 미래를 정확히 예측할 수 없다. 많은 변수가 도사리고 있고, 새로운 힘들이 개입한다. 코로나19처럼 예기치 못한 사태가 모든 것을 송두리째 바꾸어놓을 수도 있다. 매일매일 감지하지 못하는 작은 변화가 쌓여 미래가 될 수도 있다. 가장 중요한 것은 과거를 돌아보고 현재를 정확히 읽는 일이다.

이 책은 다양한 자료를 바탕으로 쓴 서울에 관한 나의 주관적 보고서다. 내가 썼던, 논문, 단행본, 신문과 잡지 기고문 중 독자의 이해를 돕기 위해 꼭 필요한 내용은 재인용하고 출처를 달았다. 다만 일일이 인용부호를 표기하는 것이 책의 흐름을 방해한다고 판단한 부분은 절 제목이나 문단 한 곳에 주석을 달았다. 최대한 노력했지만, 부득이 인용과 출처를 빠뜨린 부분이 있을 수 있음을 밝힌다.

'도시건축' 3부작을 완성할 때까지 9년을 긴 호흡으로 기다려주신 현암사 조미현 대표와 거친 글을 마지막까지 다듬어주신 편집부 모든 분께 감사드린다. 지난 30년간 자극과 조언을 준 열정적 스승이자 치열한 학문 동료인 존 페포니스John Peponis 교수, 지난 17년간 타자의 시선으로 날카로운 비평과 함께 글을 다듬어준 친구 리처드 이노스Richard Enos, 두 사람과의 대화에서 이 책의 틀이 잡혔다. 바르트 호이저Bart Reuser는 서울에서 1년을 지낸 후 2012년 암스테르담에서 서울Seoul과 해법Solution을 합성한 『Seoulutions』를 출간했다.[11] 고심 끝에 '서울 해법'을 이 책 제목으로 결정한 것에 그는 기꺼이 동의하고 응원해주었다. 이종호 선생은 2014년 우리 곁을 떠나기 전까지 나의 서울 연구를 응원해주었다. '서울 그리드'는 그가 한국예술종합학교에서 도시 연구를 하며 썼던 탁월한 키워드다. 미처 그의 동의를 얻지 못하고 1부 2장의 제목으로 빌렸지만, 그도 '미완의 그리드' 연구가 이어지기를 바랐을 것으로 생각한다. 신은기, 안기현, 김승범, 정이삭, 정다은 큐레이터와 함께 기획한 2016년 베니스 비엔날레 건축전 한국관 전시 〈용적률 게임〉을 마치고 '서울만의 이야기'에 대한 확신을 하게 되었다. 함께해준 다섯 분께 다시 한번 감사드린다. 특히 김승범 선생의 빅데이터 분석과 안기현 선생의 도면은 집필에 큰 도움이 되었다.

건축과 도시 관련 법과 제도 공부에 입문하도록 도와주고 책의 많은 부분을 검증해주신 이광환 선생께 감사드린다. 이 외에도 이름을 열거하지 못했지만, 집필에 도움을 준 건축가, 도시계획가, 서울시 관계자, 건축학계의 많은 분께 감사드린다. 집필에 몰두할 수 있도록 배려해주신 서울시립대 건축학부 동료 교수들께도 고마움을 전한다. 지난 10년간 서울시립대 건축학부 대학원과 도시과학대학원 학생들의 연구 논문, 학부 학생들의 설계 프로젝트는 책의 허점을 메우는 데 큰 도움이 되었다. 2019년 5학년 '서울 도시건축 연구' 수업에서 강윤정, 김경진, 신석재, 홍경석, 유철희, 이용현, 정종원, 조서연, 조재은, 한주희 학생은 다양한 눈으로 서울을 읽고 도면으로 표현했다. 정상기 학생은 이를 마지막으로 다듬어주었다. 책을 시각적으로 풍성하게 해준 이들 모두에게 감사드린다.

나는 서울이라는 텍스트는 어떤 건축물이나 건축가보다도 풍부한 창작의 단서와 재료를 제공한다고 생각한다. 많은 연구, 기록, 보고서, 기사, 자료, 데이터를 토대로 했지만, 이 책은 나의 개인적 도시 읽기와 글쓰기 작업이다. 건설 한국의 거품이 꺼지기 시작한 2008년 세계 금융위기 이후 사회에 첫발을 내디딘 한국 4세대 건축가, 도시계획가, 학생과 시민들에게 이 책이 새로운 상상력을 자극하는 밑거름이 되었으면 한다.

2020년 가을 서울에서

김성홍

역사 도시와 건축의 충돌

'현대' 사옥과 '공간' 사옥

창덕궁과 안국역 사이에 두 건물이 나란히 서 있다. 하나는 건설 산업의 대표 주자인 현대건설의 구舊 본사이다. 다른 하나는 1세대 건축가의 선두 주자였던 김수근(1931~1986)이 설계한 구舊 '공간' 사옥이다. 전자는 그룹 구조조정, 계열사 분리, 해체 과정을 겪으면서 현대그룹 본사 사옥으로 바뀌었고, 후자는 비록 '空間 SPACE'란 간판이 벽에 붙어 있지만, 소유권은 다른 기업으로 넘어가 미술관이 되었다. 두 건물은 지난 50년간 한국의 '건설'과 '건축'을 상징한다.

두 건물은 생김새부터 다르다. 옛 휘문중·고등학교가 있었던 자리에 1983년 세워진 '현대' 사옥은 주변을 압도한다. 15층 꼭대기에서는 조선 시대 최고 권력 공간이었던 창덕궁 전체가 내려다보인다. 율곡로를 마주 보는 좌우 대칭 입면, 최상층의 아치형 창문, 의전 차량이 진입할 수 있는 현관, '現代' 로고가 새겨진 중앙 진입로와 주차장까지 건물 전체가 대그룹의 심장부답게 권위적이다. '현대' 사옥은 당시 최고의 시공 능력을 가졌던 현대건설의 트레이드 마크였다.

바로 오른쪽 '공간' 사옥의 면적은 '현대' 사옥의 200분의 1이다. 골리앗과 다윗이다.[1] 하지만 담쟁이덩굴에 싸인 구 '공간' 사옥은 지난 50여 년 동안 건축계에서 가장 많이 논의되었던 건축물이다.[2] 그런데 현재 갤러리로 공공에 개방되었지만, 내부 공간을 경험한 일반인은 의외로 많지 않다.

'공간' 사옥은 6.6미터 폭 옆면을 율곡로를 향해 내민다. '현대' 사옥 담벼락을 끼고 좁고 막다른 길을 올라가 오른쪽으로 돌아서면 비로소 30미터 폭 앞면이 드러난다. 상자 모양의 건물 중앙에 큰 개구부가 나 있고, 중간에 1층 바닥 슬래브가 걸려 있다. 반 층 아래에는 소극장으로 연결되는 마당, 반 층 위에는 유리창을 통해 1층 안내 데스크가 보인다. 몇 계단을 올라 현관문을 열고 들어가면 좌우 방향 중 한쪽 동선을 선택해야 한다. 오른쪽을 선택하고 안내 데스크를 지나 왼쪽으로 돌아 몇 계단 오르면 미로와 같은 좁은 방들을 지나게 된다. 현관에서 왼쪽 동선을 선택하고 좁은 계단을 따라 위층으로 올라가면 3개 층이 모두 뚫린 큰 방을 만난다. 제도판에 도면을 그리던 당시 설계실이었다. 높이가 6미터가 채 안 되는 공간이지만, 예기치 않던 스케일의 변화에 아주 큰 공간으로 느껴진다. 이처럼 내부에는 크기, 비례, 명암이 다른 크고 작은 방들이 수평, 수직으로 복잡하게 얽혀 있다. 평면도와 단면도를 읽을 수 있는 건축가만이 2차원과 3차원의 관계를 정확히 이해할 수 있다.

'현대' 사옥은 앞면이 옆면보다 긴 횡장형橫長形 평면으로 서울의 보편적인 고층 사무소 건축 유형이다. 율곡로를 향해 위용을 드러내지만, 내부는 단순한 중복도형 평면이다. 반면 '공간' 사옥은 율곡로를 향해 좁은 옆면을 내민 종심형縱深形 평면이다. 가로세로 비율 3:1~4:1 육면체를 x축

6켜, y축 3켜로 분할, 결합하고 z축으로는 4~4.5층을 엇갈리게 만든 내부 공간은 한 지점에서는 전체를 파악할 수 없다. 이 방향 저 방향으로 다닌 후에야 어렴풋이 이해할 수 있다.

높이 제한

1971년 김수근은 이런 건축 공간에 '궁극 공간ultimate space,' '모태 공간womb space'이라는 이름을 붙였다.[3] 인간적 척도human scale를 느낄 수 있는 좁고 낮은 방, 용도로 분류할 수 없는 전이 공간轉移空間 intermediate space, 그리고 당시 한국 건축계가 당면했던 문화적 정체성에 대한 고민을 담은 조어造語이다.[4] 하지만 넓게는 동아시아 맥락에서, 좁게는 한국의 도시, 사회·문화적 맥락에서 이 말을 이해하는 사람은 많지 않았을 것이다. 건축가가 시대를 초월하는 생각을 가졌더라도, 건축물은 장소, 기술, 노동의 기반 위에 만들어진다. 건축가의 말보다 만들어진 건축물이 그 시대의 삶과 공명할 때 사람들은 공감한다.

건축물이 제도판에서 잉태하여 현장에서 구현되는 과정은 역사에 비유하면 정사正史에 가려진 야사野史이다. 건축가들은 강연이나 책에서 주로 거대 담론 중심의 정사를 펼쳐놓는다. 야사는 대부분 강연이 끝나고 취기가 도는 뒤풀이 자리에서 나온다. 그런데 야사는 정사를 뒤집지 않는다. 오히려 생산과정을 생생하게 밝혀줌으로써 현실적 제약 속에서 태어난 건축물을 더욱 돋보이게 한다.

김수근이 1969년 한국종합기술개발공사 사장에서 물러나 사무실을 열었을 때 가장 먼저 합류했고 '공간' 사옥 설계를 총괄했으며 김수근이

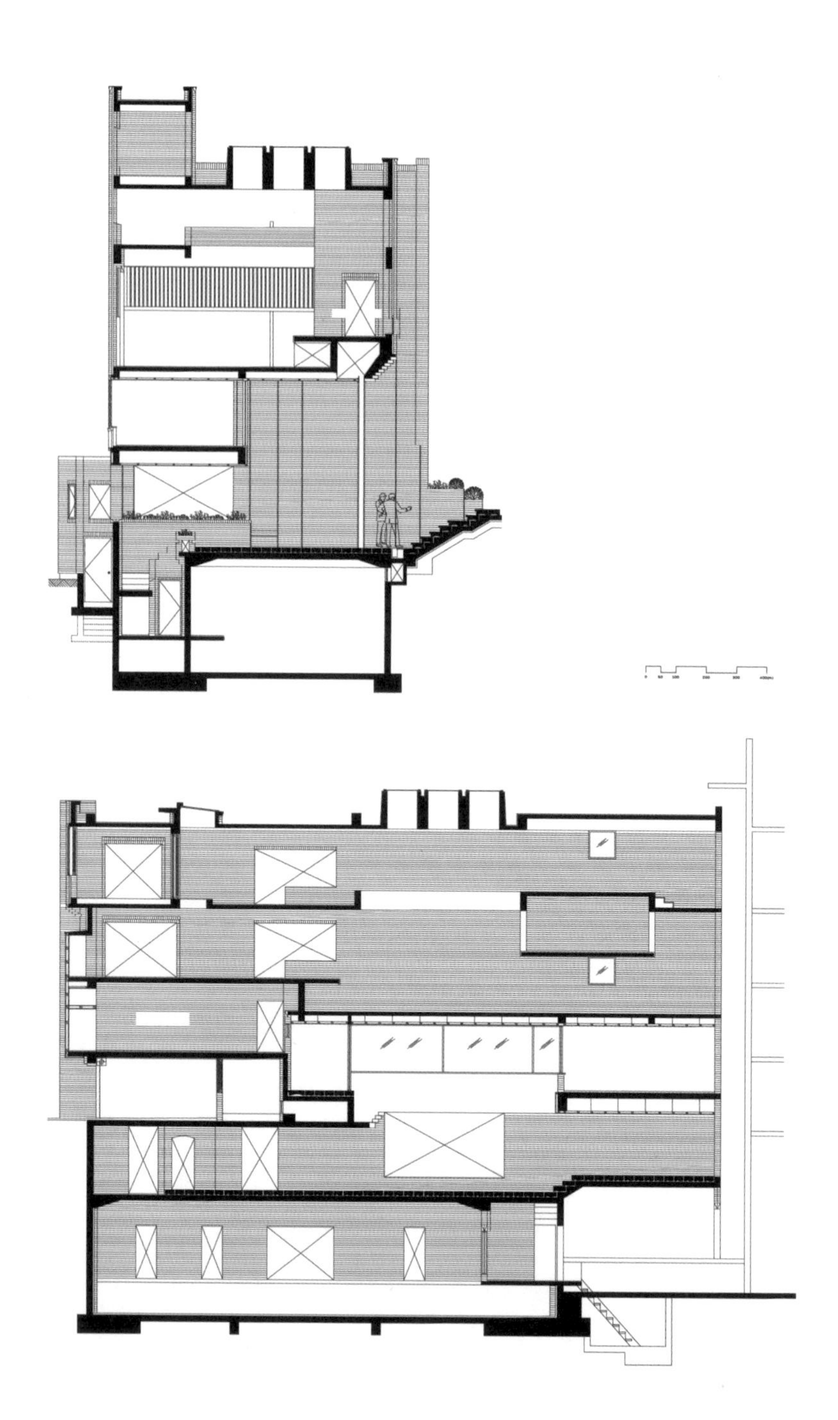

작고할 때까지 ㈜공간건축의 실질적 운영자였던 건축가 김원석(1937~ / 재직 1969~1988)과, 신관이 지어지는 과정에 담당 이사로 참여했고, 역시 김수근이 세상을 떠날 때까지 소장으로 일했던 건축가 김남현(1943~ / 재직 1971~1987)과의 대담을 통해 잘 알려지지 않았던 이야기를 추적했다.[5]

'공간' 사옥은 많은 사람이 생각하는 것과 달리 여러 차례의 대지 매입, 설계, 신축, 증축을 거치면서 점진적으로 만들어졌다. '공간' 사옥은 1970년 설계를 시작했고 1971년에 짓기 시작하여 1974년에 완성한 구관과 1976년에 착공하여 1978년에 준공한 신관을 하나로 결합한 건물이다. 유리로 싸인 동쪽 신사옥은 사무소의 계승자 장세양(1947~1996)의 유작으로 1997년에 완공되어 구관, 신관, 마당과 군집을 이룬다.

한옥이 자리했던 구관 대지는 좁은 인접 도로에 면하여 대지 경계선에서 후퇴한 부분을 제외하면 건물이 자리 잡을 수 있는 땅은 40평(130m²) 남짓했다. 여기에 건폐율(60%), 도로 사선 제한(1:15), 진북 방향 사선 제한(1:2), 최고 높이(9m)가 적용되었다.[6] 설계 당시 작도한 손 도면에서 이런 사실을 확인할 수 있다.[7] 1970년 용적률 규정이 「건축법」에 도입되어 건축물의 절대높이 제한이 용적률 제한으로 바뀌었지만, '공간' 사옥에는 적용되지 않았다. 건축물 부설주차장 규정도 1970년에 개정된 「건축법」에 담겼지만, '공간' 사옥은 규모가 작아 적용을 받지 않았다.

구관을 지을 당시 김수근은 떠오르는 건축계 스타였지만 사무실은 경제적으로 어려웠다. 그와 가까웠던 오양건설이 골조 공사를 무상으로 해주었고, 외벽은 일제강점기에 지었던 법원 청사를 철거할 때 폐기한 벽돌을 재활용했고, 외벽 마감 회색 벽돌은 경복궁 민속박물관 입구 공

그림 0-1. 구 '공간' 사옥 신관(1976~1978) 종·횡단면도

사에 전벽甎甓돌을 납품했던 업체에서 협찬을 받았다. 경제적·법적 한계 속에서 새로운 구법과 디테일이 만들어졌다. 법에서 요구하는 벽돌 조적조組積造의 벽 두께를 충족하면서 내부 공간을 한 뼘이라도 더 확보하고자 서양 고전건축의 포셰poche(내부 공간의 두꺼운 벽을 파낸 부분)를 떠올리게 하는 요철 벽면을 만들고 들어간 부분을 수납공간으로 활용했다. 9미터 최고 높이에 3.5개 층의 공간을 넣기 위해 법이 정한 반자 높이(2.1미터)보다 조금 높은 평균 천장고 2.34미터 방을 만들고, 외벽 상단에 테두리보만 얹고 공간을 가로지르는 보가 없는 평평한 노출 콘크리트 슬래브로 마감하여 거친 표면의 독특한 실내 공간을 만들었다. 실무 경험이 많았던 구성원들이 디테일을 구상하고 꼼꼼히 도면을 그렸다. 1971년 겨울 13명(실장 3명, 직원 10명) 스태프가 미처 준공되지 않았던 구관에 입주해 일을 시작했는데, 자기 자리에 면한 벽면 벽돌 줄눈을 각자의 개성을 살려 직접 시공하기도 했다.[8] 벽에 단열재료가 들어가지도 않았고, 중앙 냉난방도 없던 건물이었다.

㈜공간은 1975년 6,400세대의 이란 엑바탄 주거 프로젝트를 수주하면서 경제적 여유가 생겼다. 구관 북쪽의 한옥 땅을 사들여 신관을 증축했다. 그 후 현재 마당으로 쓰고 있는 두 필지를 추가로 매입했다. 신관은 공간 구성의 원칙을 따르면서도 수직적으로 1개 층을 높였다. 이로써 수직·수평적으로 다양한 스케일의 방들이 하나의 건물로 연결되었다. 율곡로에서 바라보면 전면 폭이 측면보다 좁은 종심형이지만, 신관의 출입구에서 바라보면 가로가 세로의 3~4배가 되는 횡장형 건물이다. 신관 외벽을 마감한 회색 벽돌은 구관의 크기보다 작았다. 김수근과 구성원이 전통 전벽돌을 연구하고 새로운 크기의 벽돌을 만들고 직접 실험한 결과이다.

'공간' 사옥에서 나타나는 인간적 척도는 대지를 에워싼 주변 한옥에 대한 자연스러운 도시적 대응이면서 1960~1970년대 김수근의 건축을 관통하는 건축 원리이다. 김수근이 학창 시절에 그렸던 단면 스케치에서도 나타난다. 1971년 파리 퐁피두 센터Centre Pompidou 국제 설계 공모에 입선한 설계안에서도 좁고 깊은 파리의 종심형 도시 조직에 대응하면서 잘게 나눈 공간의 켜를 결합했다. 자글자글하게 공간을 쪼갠다는 의미에서 다소 희화적인 '자갈리즘'이라는 신조어를 사무실에서 쓰기도 했다. 가늘고 긴 창은 내력벽에 부담을 주지 않으면서 서향의 직사광선을 차단하는 현실적 해법이면서도 동시에 좁고 깊은 내부 공간을 밖으로 암시하는 디자인 해법이었다. 김수근의 스승이었던 요시무라 준조吉村順三와 준조에게 영향을 주었던 프랭크 로이드 라이트Frank Lloyd Wright의 흔적이 묻어나기도 한다.[9]

김수근과 동료 건축가들은 이처럼 건축의 본질을 추구하면서 법과 제도, 땅, 경제적 조건과 상황에 대응하면서 독자적 건축을 정립해나갔다. 1971년 김수근이 하와이에 모인 세계 건축가들 앞에서 아시아의 후발 국가에서 온 젊은 건축가로서 던졌던 궁극 공간과 모태 공간이라는 개념이 어떻게 받아들여졌을까? 50년 전 서울의 건축가들이 이상과 현실 사이에서 직면한 절박한 문제가 무엇이었고 그것을 어떻게 건축화했는지 밝혔다면 김수근은 근대주의 아방가르드 건축가처럼 구축법, 생산방식, 도시 문제 등 더욱 다양하고 풍부한 한국 건축 담론을 열었을 것이다.

좋은 건축은 굳이 언어로 설명하지 않아도 감동을 준다. 어려운 말을 이해하지 못해도 사람들은 몸으로 느낄 수 있다. 그런데 이를 언어화하는 순간 깊고 풍부한 건축의 전체성은 언어의 논리로 축약된다. 수잔 랭거Susanne K. Langer(1895~1985)의 은유를 빌리면 비담론의 넓은 바다에서 담론의 작은 섬에 갇히는 것이다.

김수근이 유학했던 1950년대 일본은 패전국에서 벗어나 한국전쟁으로부터 반사이익을 얻으며 빠르게 고도성장기로 진입한 시기였다. 당시 전후 일본 건축가들은 자신의 문화적 정체성에 관한 새로운 해법을 당면한 경제와 산업에서 찾으려고 했다. 1960년대 메타볼리스트들Metabolists이 제안한 플로그인 캡슐과 같은 유기적 건축에서 유럽은 마징가 제트를 보는 것과 같은 묘한 '오리엔탈 미래주의'를 느꼈을 것이다. 일본 건축의 문제가 세계 현안과 동일 선상에 있다는 것처럼 보이는 데 성공했다. 장기 집권한 자민당이 건설산업계의 든든한 정치적 우군이었던 것도 한몫했다.

반면 김수근이 귀국하여 왕성하게 활동했던 1970년대 한국은 군사독재가 절정에 올랐던 시기였다. 1971년은 군부 쿠데타로 10년 동안 집권해왔던 박정희가 국회에서 날치기로 통과된 3선 개헌으로 다시 7대 대통령으로 취임한 해다. 이듬해 1972년에 유신헌법 개헌으로 제4공화국이 수립되면서 한국 정치사의 어두운 시대로 접어들었다. 경제성장률이 7~8퍼센트에 이르는 고도성장의 시대였지만, 다른 쪽에서는 전태일 열사의 분신(1970년)으로 노동인권 문제가 수면 위로 올라오기 시작했다. 1970년 1인당 국민소득GNI은 254달러였다.[10] 이런 소득 수준에서 건축가에게 설계를 의뢰할 수 있는 건축주는 공공기관, 대학, 기업, 종교 단체와 극소수 상류층뿐이었다. 같은 시기 일본은 최고의 산업국가 대열에 오르면서 평생 고용이 정착되었다. 1인당 국민소득은 한국의 일곱 배인 1,810달러였다.[11] 한국이 이 수치에 도달한 것은 1980년대 초반이었다. 동아시아 맥락에서 김수근 시대의 한국과 일본 건축계는 적어도 수십 년 간극이 있었다.

1960~1970년대 서울의 주거지는 동서 외곽으로 확산하였다. 강력한 군사정권의 권한을 위임받았던 서울 시장들은 방대한 양의 도로, 지하도, 육교를 건설했다. 하지만 한강 남쪽은 여전히 논밭이었다. 사대문 안 업무 상업 중심은 종로 이남의 남대문로와 명동 일대였다. 15층 내외의 고층 건물이 하나둘씩 들어섰지만, 대부분은 5층 이하였다. 용적률 규정이 도입되어 높이 제한과 연동되기 시작했지만, 주거지역, 상업지역 등 용도지역별로 세분되지 않았다. 주차장과 지하층 규정도 아직 없었던 때였다. 이러한 정치·경제적 조건과 도시적 상황에서 김수근과 동료 건축가들이 '공간' 사옥을 설계했다.

법은 육상경기에서 반드시 넘어야 하는 허들과 같다. 허들을 피해 가도(편법) 안 되고 쓰러뜨려도(불법) 안 된다. 결승선을 통과한 선수의 인터뷰도 중요하지만 힘겹게 간신히 허들을 넘는 과정도 보아야 한다. 도시의 제약과 건축의 원리가 어떻게 부딪쳤고, 건축가들이 어떻게 한계를 창의적으로 반전했는지 보아야 한다. 당시 서울에 세워진 다른 건물과 무엇이 달랐으며, 이것이 왜 한국 건축에서 중요했는지 되짚어보아야 한다. 신화의 껍질을 벗겨내고 맥락 안에서 보아야 한다.

단층 도시의 수직 확장

조선 시대 한양은 밋밋한 1층 도시였다. 건물 높이와 면적은 엄격한 규칙으로 통제했다. 사대부 집은 궁궐보다 높게 지을 수 없었고, 중인들의 집은 사대부 집보다 작고 낮았다. 높은 누각과 탑이 있었지만, 상시적 거주 공간은 모두 단층이었다. 15세기 초 한양을 수도로 건설한 이후 500년이 지난 구한말에도 이런 모습은 크게 바뀌지 않았다. 독일의 상인이며 여행가였던 에른스트 오페르트Ernst Jakob Oppert(1832~1903)는 조선을 다녀간 후 1880년에 쓴 『금지된 땅 : 조선으로 가는 여행A Forbidden Land: Voyages to the Corea』에서 다음과 같이 기록했다.

> 집들과 건물은 예외 없이 1층이었다. 흙으로 쌓고 짚으로 이은 초가였다. 좀 더 큰 도시에는 나무와 벽돌 위에 기와를 덮은 건물이 많았다.[12]

네 차례나 조선을 방문했던 영국의 이저벨라 버드 비숍Isabella Bird Bishop(1831~1904)은 1898년에 쓴 『조선과 그 이웃 나라들Korea and Her Neighbors』에서 한양의 경관을 더욱 구체적으로 묘사했다.

> 예법은 이층집을 금지하기 때문에 25만 명 사람들이 지면에서 살고 있다. 대부분 골목은 소 두 마리가 지나갈 수 없을 정도로 좁다. 실제 한 사람이 짐을 실은 소를 지나치기 어려울 정도다. 도시는 낮은 갈색 지붕의 바다와 같다. 대부분 짚으로 덮은 초가이다. 가로수도 광장도 없다. 갈색 초가들 위로 불쑥 솟아 있는 것은 두 겹 지붕의 성곽 대문, 회색의 화강석 궁궐 담장, 곡선으로 치켜 올라간 전각 지붕뿐이다.[13]

오페르트와 비숍의 눈에 비친 조선은 중국과 일본 사이에서 낀 정체성이 모호한 가난한 나라였다. 조선을 처음 여행했던 다른 서양인들도 비슷했다. 오래 머무는 동안 문화와 일상을 이해하면서 인식이 점차 바뀌어갔지만, 한양은 서양인의 시각에서 낮고 단조로운 집과 불규칙하고 비위생적인 길이 빼곡히 들어찬 도시였다.

근대적 방법으로 처음 인구조사를 했던 1904년 서울 인구는 24만 8,260명으로 비숍이 추정한 것과 근사했다.[14] 일제강점기를 거쳐 한국전쟁이 끝난 2년 후인 1955년 서울 인구는 156만 8,746명으로 6.3배 늘어났고, 1970년에는 552만 5,262명으로 다시 3.5배 늘어났다. 19세기 말 '은둔의 나라', '고요한 아침의 나라'[15]의 수도에서 70년 만에 세계 과밀 도시로 바뀌어갔다. 정부가 직면한 과제 중 하나는 급속한 서울 집중화에 따르는 건축의 수요를 따라가는 것이었다.

1960년대부터 목구조木構造에 기와를 얹거나, 흙벽에 짚 지붕을 덮은 구한말의 구법構法은 밖에서 유입된 철근콘크리트 구조와 혼합 구조 방식에 밀려났다. 전통 구법은 점차 낡고 쓸모없는 것으로 여겨졌지만 건축가, 기술자, 현장 노동자들은 새로운 철근콘크리트 구법을 충분히 소화하지 못했다. 수천 년 동안 써왔던 목구조를 버리고 도입한 지 불과 60년밖에 안 된 철근콘크리트로 바꾸는 것은 쉬운 일이 아니었다. 사용할 수 있는 재료도 돌, 벽돌, 타일 등으로 매우 제한적이었다. 기술적 문제를 해결하는 것과 이를 건축으로 용해하는 것은 별개의 문제였다. 이러한 이중 과제를 안았던 때가 1970년대였다.

1960년대 초부터 김수근은 오양빌딩(8층, 1962~1964), 타워호텔(15층, 1962~1964), 한국일보 사옥(13층, 1965~1969), 경향신문사(17층, 1967~1969) 등 굵직굵직한 고층 건물을 설계했다. 경쟁자였던 김중업(1922~1988)은 1970년 준공한 31층의 삼일빌딩을 설계했다. 삼일빌딩은 그 후 10여 년간 서울의 랜드마크로 자리했다. 그러나 효율과 기능을 중시하는 사무소와 호텔 설계에서 수평(평면), 수직(단면) 실험을 하는 데는 한계가 있었다. 고층 건물의 수직 통로인 승강기와 코어를 설치하고 각층의 나머지 공간을 최대한 효율적으로 나눠야 한다. 그런 면에서 법적으로 승강기가 필요하지 않았던 5층 이하 건물이 새로운 실험에 더 적합했다.[16] 당시 사대문 안 5층 규모 상가 건축은 도로에 면한 전면 폭이 측면보다 긴 대지에 짓는 것이 일반적이었다. 그 결과, 편복도片複道 평면을 적층하고 좌·우측에 돌음계단실을 붙이는 횡장형이 가장 흔한 유형이었다.

김수근은 1960~1970년대 서울의 중층 건축에서 나타나는 반복성을 전복하고 대안을 찾고자 했고, 동시에 1세대 건축 선두 주자로서 '상호 관입하는', '부유하는', '무한히 확장하는'[17] 근대건축의 새로운 공간 개념을 문화적 자산이 사라져가는 서울에 용해하고자 했을 것이다. 그가 추구했던 내적 건축 원리와 외적 도시 제약이 충돌했을 것이다.

'공간 건축'을 거쳐 간 사람들의 기억의 퍼즐을 맞추어보면 서슬이 시퍼런 군사정권에 가까이 갔던 김수근은 세세한 법 규정에 얽매이지 않았다. 그러나 조직으로서의 '공간 건축'은 명백한 법의 테두리를 벗어날 수는 없었다. '법에서 정한 높이가 '공간' 사옥의 내부 공간을 만들어냈다'고 주장하려는 것이 아니다. '대지 모양, 비례, 경사 등 물리적 조건이 출입구가 돌아앉아 있는 배치를 만들었다'고 말하는 것도 아니다. 법과 제도, 재료와 구법, 현장 노동력 등 현실적 제약이 창의성을 촉발하는 허들이었다는 것이다. 김수근과 팀원들 사이에는 건축의 본질적 목표와 현실 문제 해결에 대한 묵시적 전략과 역할 분담이 있었을 것이다. 건축 공간 원리를 연구하는 나의 관점에서 '공간' 사옥의 가치는 장소와 시대를 초월하려고 한 데 있는 것이 아니라, 1970년대 초 서울이 직면한 제약 속에서 새로운 방식의 수직·수평 공간 모폴로지를 구현한 데 있다.

건축의 수평 확장

건물과 건물이 틈새 없이 길 따라 늘어서 있는 경관은 유럽 도시 어디서나 볼 수 있다. 소유자가 다른 집들이 서로 붙어 있는 이런 모습은 서울에서는 보기 어렵다. 서울시 건축 조례는 인접 대지 경계선으로부터 최소 1미터 이상 거리를 두고 집을 짓도록 규정하고 있다. 앞에서 보면 두 집은 최소 2미터 이상의 간격을 두어야 한다. 아파트는 최소 3미터씩 떨어져서 6미터 이상 벌어져야 한다. 붕괴나 화재 등의 사고를 방지하는 것이 취지다. 큰 사고가 아니더라도 공사할 때 크고 작은 문제가 생긴다. 가장 빈번한 것이 균열과 침하 때문에 일어나는 옆집과의 분쟁이다. 반면 발생하지도 않는 피해를 빌미로 공사를 방해하고 부당한 보상을 요구하기도 한다. 국토교통부 산하 건축분쟁전문위원회의 보고서에 따르면 2015~2018년 4년간 발생한 분쟁 중 인접 건축물 공사로 인한 건축물 피해 분쟁이 가장 많았다(69%). 이어 설계 계약(15%), 일조(10%), 기타(6%) 순이었다.[18]

'공간' 사옥처럼 건물을 위로 높이 올리는 것은 보이지 않는 법과의 무형적 싸움이다. 반면 수평으로 확장하는 것은 건물과 소유자 간의 실체적인 싸움이다. 이런 분쟁을 한번 겪어본 사람들은 다시 집을 짓지 않겠다고 다짐한다. 그런데 도시 미관을 위해 특별히 정한 지역에는 벽을 맞대고 건물을 지을 수 있게 1999년 「건축법」이 개정되었다.[19] 하지만 법 개정 이후 서울에서 실제 지어진 맞벽건축은 거의 없다. 서울시는 인접한 둘 이상의 필지를 하나의 대지로 합쳐서 개발할 경우 인센티브를 주는 공동개발권장제도를 지구단위계획地區單位計劃에서 10여 년 이상 시행해오고 있지만 실행된 경우가 거의 없다. 부동산을 최고의 자산으로 받드는 서울에서 타인과 개발을 같이 한다는 것은 이상론에 가깝다. 인접한 건물들이 조화롭게 공존하는 도시를 만들어가는 것은 어려운 일이다.

불규칙한 도시에서 건축 평면과 도시 조직은 충돌한다. 부정형 땅에 이격 거리를 지키고 지은 건물의 내부 공간은 불규칙할 수밖에 없다. 방이 모나거나 복도가 굽거나 만나는 부분에 애매한 자투리 공간이 생긴다. 정형화된 건축 평면을 고수하면 건물이 차지하고 난 나머지 땅이 부정형이 된다. 내부 공간(상象figure)과 외부 공간(배경背景ground) 둘 중 어디에 우선순위를 둘지 선택해야 한다. 공간의 질보다 양을 원하는 건축주는 당연히 전자를 선택한다. 싼 집을 구하는 소비자도 반듯한 방보다는 모나더라도 한 뼘이라도 큰 방을 선호할 것이다. 하지만 양과 질, 내부와 외부 공간 모두 포기하지 않는 건축가는 묘수를 찾아내야 한다.

르네상스 건축가들은 불규칙한 도시 조직에 순응하면서도 당시 도시건축의 전형이었던 팔라초palazzo의 중심성과 대칭성을 깨뜨리지 않는 평면을 창안해냈다. 방과 방이 불규칙하게 만나는 지점에 포셰라는 두꺼운 완충벽을 세웠다.[20] 포셰는 상부의 하중을 지탱하는 구조적 역할과 함께 장식적 기능을 한다. 그 결과, 이음매가 드러나지 않는 연속된 도시건축을 만들어냈다. 서양 고전건축이 아래에서 위로 돌을 쌓아 올리고 지붕을 얹는 축조 방식이었기 때문에 가능했다.

동아시아의 목구조 건축에는 이러한 포셰가 없었다. 모든 단위 공간은 직각을 기본으로 하는 모듈로 이루어져 있다. 사각형 평면에 기둥을 세워 보와 연결하고, 그 위에 크고 무거운 지붕을 얹는다. 벽보다 더 내민 지붕 때문에 다른 지붕과 연결할 수 없다. 정확히 말하면 연결을 전제하지 않는 건축이다. 이런 구법에서는 포셰와 같은 기둥과 벽을 합친 덩어리가 불필요하다. 동아시아의 목구조 건축은 독립적인 채와 채가 외부 공간을 형성하는 건축이다. 인접한 집들과는 담장이 경계를 짓는다. 그런데 담장으로 에워싸인 궁궐이나 저택이 복잡한 도심부와 만나는 경우 문제가 달라진다.

전통 건축과 근대 도시의 충돌

직교축으로 확장하는 전통 목구조 건축은 필연적으로 경계부에 부정형의 공간을 만들어낸다. 이것이 가장 잘 드러나는 곳이 덕수궁(경운궁慶運宮)이다. 건축역사학자 이강근에 따르면 경운궁은 경복궁이나 창덕궁과 달리 종합적인 마스터플랜 없이 점진적으로 형성되었다.[21] 임진왜란 이후 행궁으로 쓰였던 경운궁은 1896년부터 1902년까지 이어진 재건 과정을 거쳐 대한제국의 정궁으로 사용되었다. 1904년 러일전쟁 직후 화재로 거의 모든 전각이 불에 탔으나, 2년에 걸친 재건 공사 끝에 1906년 중건되었고, 고종이 황제 자리에서 물러난 직후인 1907년 덕수궁으로 이름이 바뀌었다. 덕수궁 주변은 미국, 영국, 러시아 등 서양 각국의 공사관이 먼저 자리를 잡은 영역으로 조선인들이 서구 문물을 가장 먼저 접했던 곳이었으며, 정치와 외교의 각축장이었다. 일제강점기와 정부 수립 이후에도 굴곡의 한국 근현대사의 현장이었다. 덕수궁의 현재와 과거를 비교한 도면은 건축과 도시의 충돌을 압축적으로 보여준다.

덕수궁은 두 시기에 걸쳐 변화했다. 첫째, 1896년 경복궁에서 임시로 옮겨 온 후부터 러일전쟁 발발 직후인 1904년 화재로 많은 전각이 소실될 때까지 정궁으로 쓰였던 시기다. 조선 초기의 정궁이었던 경복궁은 남북 중심축을 중심으로 직교축에 따라 모든 전각이 계획되었고, 조선 시대 가장 긴 기간 동안 정궁 역할을 했던 창덕궁은 자연 지형의 축을 따라 유기적으로 조성되었다.[22] 반면, 행궁이었던 경운궁은 불규칙한 주변부와의 충돌, 절충, 변형의 과정을 거쳤다.

경운궁은 정전 중화전中和殿과 석어당昔御堂이 자리 잡은 중심부, 석조전이 있는 서측, 침전寢殿 함녕전咸寧殿이 있었던 동측, 궁궐 부속 기능을 담당했던 동측 주변부, 이렇게 네 영역으로 구분할 수 있다. 석어당을 시작으로 궁궐이 점차 확장되었는데 그 결과, 점진적으로 형성된 각 영역은 배치 축이 일치하지 않는다. 궁궐의 중심인 중화전, 추모 공간 석어당, 임시 정전과 침전으로 사용했던 즉조당卽祚堂은 축이 살짝 틀어져 있다. 동측의 함녕전과 이를 에워싸는 행랑도 평행과 직각이 아니다. 정문도 남쪽에 있었던 인화문에서 동쪽에 있는 지금의 대한문으로 바뀌었다. 민가를 매입하여 영역을 확장했던 영국공사관과 미국공사관의 대지 일부를 궁역을 확장하기 위해서 다시 매입하기도 했다. 그 결과, 북동과 북서쪽은 두 공관과 경계를 형성하게 되었다.

둘째, 화재로 소실된 덕수궁이 중건된 이후 지속적으로 축소되고 훼손되는 시기이다. 1914년 세종로에서 시청에 이르는 현재의 태평로를 개설할 때 포덕문布德門을 안쪽으로 옮기면서 그 안의 각사各司들이 해체되었다. 1919년 고종이 죽은 후 덕수궁은 주요 전각들이 해체되면서 궁궐의 기능을 잃어갔다. 1930년에는 일제가 공원을 만든다는 명목으로 18개 건물 중 10개를 훼철했다. 해방 후에도 훼손과 변형이 계속되었다. 1968년 돌담길이 태평로 확장으로 16미터 안으로 옮겨졌고, 그에 따라 대한문도 안쪽(북쪽)으로 옮겨졌다.[23] 덕수궁은 서울의 다른 궁궐과 달리 주변부와 영향을 주고받으며 단계적으로 형성된 독특한 도시건축의 특

그림 0-2. 덕수궁 일대 현재 도시 조직과 중첩한 과거 덕수궁(1897~1907) 배치도.
장서각이 소장하고 있는 경운궁 중건 배치도 작성 시기는 1907~1910년으로 추정된다.

성을 보여준다. 전통 건축의 원리와 근대 도시의 충돌을 극명하게 보여주는 현장이다.

시기, 유형, 양식, 규모는 다르지만, 덕수궁은 건축 수평화, '공간' 사옥은 건축 수직화의 질문을 던져준다. 2020년 현재 100년 전 덕수궁과 50년 전 '공간' 사옥보다 더 첨예하게 도시와 건축이 충돌하는 지점에서 건축설계가 시작된다. 건축가는 더 크고, 높고, 복합적인 개발 압력, 더욱 복잡한 법과 제도, 더 발전된 기술과 재료, 더 높아진 시민 눈높이와 대면한다.

1부

땅

역사 도심의 오늘

산과 옛 서울

서울은 지형과 지세에 따라 만든 성곽 도시다. 내사산內四山(북악산, 인왕산, 남산, 낙산) 능선을 따라 쌓은 도성이 옛 한양을 에워쌌고, 외사산外內山(북한산, 덕양산, 관악산, 아차산)이 현재 서울과 경기도의 경계를 짓는다. 내사산과 외사산 사이로 폭 600미터의 한강이 흐른다. 강이 한가운데를 가로지르는 도시는 많지만, 서울처럼 산으로 에워싸인 수도는 흔치 않다. 베이징, 도쿄, 워싱턴 D.C., 런던, 파리, 베를린 모두 평지다.

산은 서울 시민 삶의 일부다. 평일 낮 배낭을 멘 등산객들이 지하철에서 무리 지어 다니는 모습은 전 세계 수도 가운데 서울에서만 볼 수 있다. 9개 지하철 노선 10개 종점역이 산자락 가까이 있다. 산이라고 하지만 내사산과 외사산의 평균 높이가 366미터로 등산 장비 없이 오르내릴 수 있다. 산은 돈을 쓰지 않고 쉽게 다가갈 수 있는 시민의 여가 활동

코스이며, 도시의 무분별한 확산을 막는 완충지대다. 산은 한국인의 심상 깊숙이 자리 잡고 있다. 한국에서 태어나고 자란 사람은 산이 없는 평지 도시에 오래 머물면 어디에 속해 있는지 소속감과 방향감을 잃었다고 느낀다. 심리적으로 기댈 산이 주변에 보이지 않기 때문이다.

김정호는 내사산에 에워싸인 한양을 반듯한 놋쇠 밥그릇처럼 〈대동여지도大東輿地圖〉에 묘사했다. 그러나 서울을 더욱 자세히 묘사한 〈수선전도首善全圖〉에서 성곽은 북악산과 인왕산에서 시작하여 남쪽 남산과 동쪽 낙산 방향으로 일그러진 형상이다.[1] 내사산이 감싸는 분지에 자리 잡은 도시 축도 북악산 축과 만나 기하학적 중심에서 어긋나 있다. 남북 중심축 육조六曹거리(세종대로)는 〈한양도성도〉에서 표시한 것과 다르게 서쪽으로 비켜나 있고, 동서로 중앙을 가로지르는 것처럼 표현된 운종가雲從街(종로)도 실제는 지도보다 약간 남쪽에 있다. 처음부터 한양은 기하학적 도시가 아니었다.

18~19세기 조선의 지도는 정교함에서 세계적 수준이었지만 발품을 팔아 만들었기 때문에 오차는 피할 수 없었다. 그런데 이런 오차는 지도를 만든 당시 기술의 한계이기도 했지만, 지배층의 공간 인식을 보여준다. 그들이 생각했던 한양은 완벽한 기하학적 형태가 아니라, 원과 방형을 절충한 성곽이 외곽선을 형성하고, 몇 개의 주요한 도시 축이 내부 공간 구조를 형성하는 도시였다. 한양 내부를 표현한 많은 지도는 주요 공공건축물 이외의 살림집은 과감히 생략했다. 대신 길과 물길을 자세히 묘사했다. 산, 길, 물길, 공공건축물은 현대적으로 정의하면 도시 인프라urban infrastructure이다.

중국 고대 도시 원리와 한반도 풍수지리설과 같은 우주론적 원리로 한양을 설명하는 것이 학술계의 통설이다. 그러나 누가 어떤 이론을 어떻게 적용했는지는 정확히 밝혀진 바 없다. 향후 문헌을 통해서 이 가설을 고증하게 되면 한양의 도시계획 실체에 좀 더 가깝게 다가갈 것이다. 하지만 이런 거시적 공간 구조는 당시 사람들의 현실 공간을 설명하기에는 여전히 부족하다.

역전된 공간 위계

15세기 초 건설한 한양은 숱한 전란과 사회적 변동을 겪으면서 600여 년 동안 점진적으로, 때로는 급격히 변화해왔다. 현존하는 옛 지도와 문헌으로 한양의 옛 모습을 복원하기는 어렵지만 남아 있는 자료와 유적에서 변화를 읽을 수 있다.

구한말 한양의 중심이 북쪽에서 남쪽으로 이동했는데, 정치·외교의 중심은 창덕궁 일대에서 덕수궁 일대로, 일제강점기 상업 업무의 중심은 종로에서 남대문로 일대로 옮겨 갔다. 1910년대부터 1930년대까지 대부분의 공공·업무·상업 건축물은 격자형 가로망으로 정비된 명동과 남대문로 일대에 집중되었다.

한편 경복궁과 창덕궁 사이 북촌에는 1930년대부터 조선인 건설업자들이 전통 주택을 도시적 맥락에 맞게 변용한 도시 한옥을 지었다.[2] 김경민에 따르면 우리나라 최초의 디벨로퍼(우리나라에서는 시행사라고 부른다)였던 정세권이 일본인의 청계천 이북 진출을 막기 위해 북촌 일대에 집단 개량 한옥을 건설했다.[3] 한국전쟁이 끝나고 전후 복구가 시작된 1950년대 중반부터 종로와 청계천로 사이의 관철동, 을지로3가, 종로5가 지역이 소규모 구획정리사업으로 정비되었고,[4] 1970~1980년대는 서

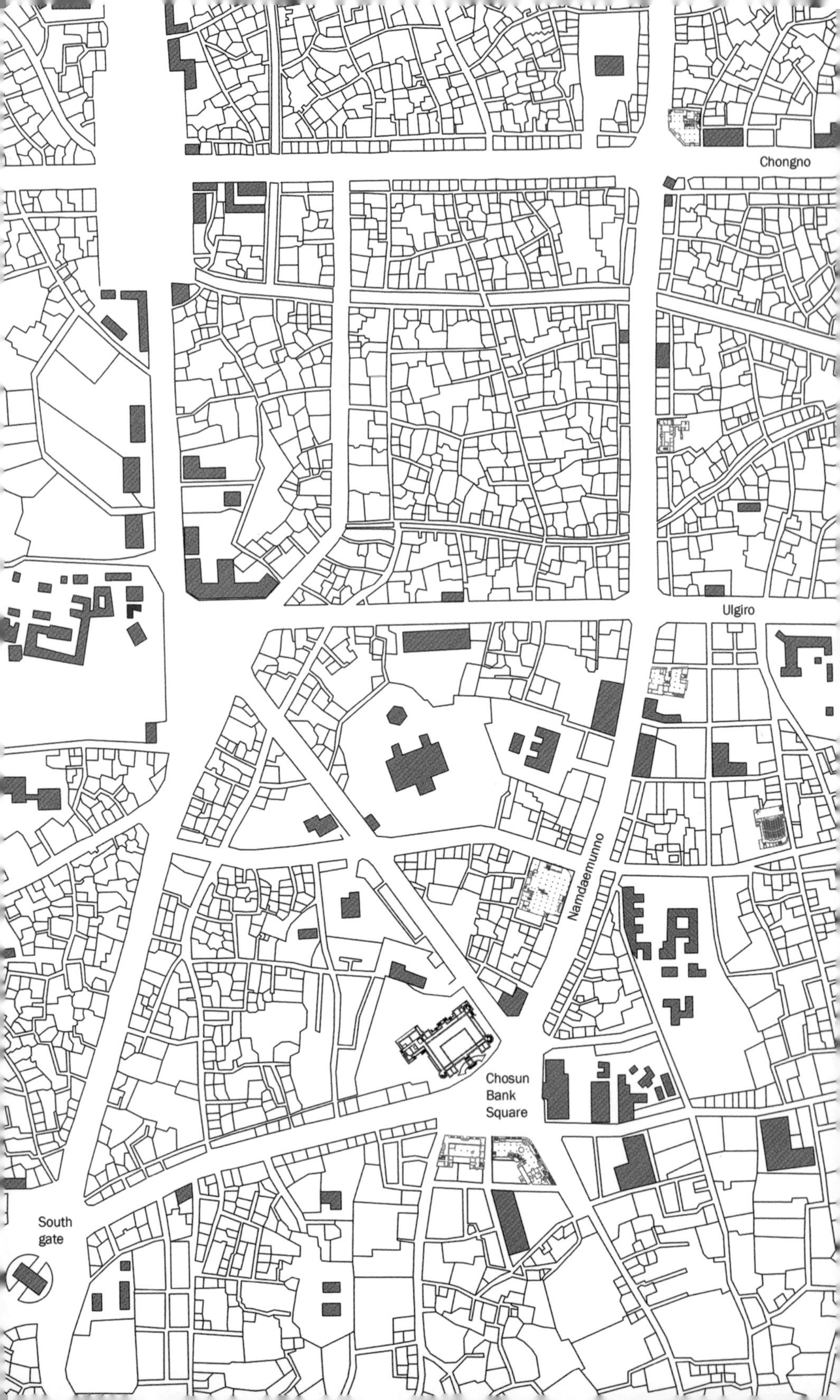
Chongno
Ulgiro
Namdaemunno
Chosun
Bank
Square
South
gate

울시청을 중심으로 반경 1킬로미터 안의 도심재개발사업이 계속되었다.

이러한 변화 가운데서도 조선 시대 물길과 길의 흔적이 남아 있는 곳이 있다. 북쪽으로 율곡로, 남쪽으로 종로, 동쪽으로 돈화문로, 서쪽으로 우정국로를 경계로 하는 지역이다. 인사동길이 중앙을 사선으로 가른다.[5] 한양도성의 옛 흔적을 읽을 수 있는 가장 오랜 지도는 〈한성부 지적도〉다. 한반도 침략을 치밀하게 준비해오던 일본이 조선 왕실과 국유재산을 파악해 지배를 위한 도구로 쓰기 위해 1908년에 만든 측량 지적도다. 총 239매 중 29매만 남아 있는 도면은 20세기 초 서울의 모습을 파악하는 데 매우 귀중한 사료다. 축척 1:500의 도면에 주요 도로, 골목길, 필지, 지목, 지번, 하수구, 다리, 우물을 상세히 표기했다. 도로는 황토색, 하수구는 푸른색으로 채색하고, 물이 흘러내리는 방향을 화살표로 표현했다. 29매의 지적도 가운데 상세히 남아 있는 곳이 인사동 일대다.[6]

구한말 인사동은 세 가지 특징이 있었다. 첫째, 인사동길을 따라 양측에 하수구가 있었는데 하수구 위 다리를 건너 안쪽으로 들어간 소로는 반대쪽 큰길과 끊어져 있었다. 둘째, 대부분 필지는 크기와 모양이 들쑥날쑥하고 부정형인데 큰길에서 안으로 들어갈수록 필지가 커지고 정형화되었다. 이게 무엇을 뜻할까.

한양의 자연 지형과 공간 사회적 조건은 격자형 도시 조직을 배열하기에 적합하지 않았다. 사방의 산에서 분지로 흘러 들어오는 작은 물줄기와 이것이 모여서 다시 한강으로 흘러 들어가는 큰 물줄기를 인공 수계로 바꾸는 것은 대형 토목공사가 필요한 사업이었고, 당시 자연에 대한 관념을 거스르는 일이었다. 물줄기를 따라 도로를 내고, 도로 옆에 하

그림 1-1. 일제강점기 남대문로 일대 도시 조직(1936년)

수구를 설치하는 것이 현실적이고 경제적인 해법이다. 현존하는 한양 옛 지도 대부분은 혈관과 신경계 관계처럼 수계와 도로망의 밀접한 관계를 보여준다. 인공적으로 수로를 연결하지 않았기 때문에 도로 역시 경사 반대편 도로와 연결할 수 없었다. 막다른 골목길이 생기고, 도로망은 가지와 줄기 모양의 나무 구조를 띠게 되었다. 자연 지형에 순응한 도시 구조다.

둘째, 필지의 크기와 모양이다. 나는 이전 책에서 사농공상으로 압축되는 조선 사회 계층과 계급이 도시 공간에 투영되었음을 밝혔다.[7] 조선 정부는 품계에 따라 땅의 크기를 차등해서 지배층에 나누어주었고, 이에 따라 지배층이 원하는 최선과 차선의 선택지가 단계적으로 결정되었을 것이다. 최고 권력 공간인 궁궐에 가까운 데 있으면서도 너저분한 도시의 일상 공간에서 물러난 곳을 최상층 사대부들이 선점했을 것이다. 주변에서 흘러 내려오는 하수가 모이는 인사동길 변은 그들의 원하는 땅이 아니었다. 또한, 한양의 골격을 형성했던 종로, 돈화문로, 남대문로 변에는 어용 상점 시전과 창고가 건설되었다. 가장 천한 계급이었던 상인들의 활동 공간이었다. 결과적으로 최고의 땅은 큰길에서 갈라져 들어간 막다른 소로 끝에 있는 대형 필지였다.

태화빌딩과 하나로빌딩이 세워진 인사동 194번지는 중종반정의 공신 구수영, 철종 때의 김흥근, 헌종 후궁 경빈 이씨 집과 이완용의 별장이 있었던 자리다. 관훈동 198번지는 고종 때 민영익이 살았던 곳이다. 관훈동 197번지 일대는 율곡 이이와 조선 후기 김병학의 집이 있었던 곳이다. 견지동 85번지 일대는 윤치호의 집터였다. 지금은 도시 속 섬처

그림 1-2. 공간 위계가 역전된 종로와 인사동 도시 조직

Taewha-kwan-gil
gkuk-no
Insadong-gil
Pimagil
Chongno

럼 고립된 인사동 221-4번지는 17세기 중엽 이완 장군 집터였으나 그 이후 필지가 잘게 나누어졌다.[8] 지배층의 집터 위치, 필지 크기, 길과의 관계는 조선 사회의 위계와 공간 서열화를 잘 드러낸다. 이것이 중국 장안(서안)과 베이징, 일본 나라·교토와 차별되는 역사 도심의 특이성이다.

600여 년이 지난 후 공간의 사회·경제적 위계가 역전되었다. 국가의 통제를 받았던 어용 상점 터는 상업 건축이 들어서기 좋은 입지로 바뀌었다. 반면 대로변 안쪽 사대부 집터는 주거지 기능을 상실하고 개발과 재생 사이의 애매한 중간 지대로 남아 있다. 위계상 최고 땅이었던 내부는 필지 단위 건축이 불가능하므로 제3의 개발자가 나서서 대규모 사업을 벌이기를 기다리고 있다. 반면 최고 땅들을 감쌌던 가장자리는 가장 비싼 노른자 땅이 되었고, 더 높은 개발 이익을 기대하며 버티고 있다. 안팎의 경제적 가치가 역전되고 양극화되면서 서울 도심부는 겉으로는 침체한 것처럼 보이지만, 실상은 토지주, 개발자, 서울시 간의 팽팽한 부동산 살바싸움이 진행되고 있다.

밀도의 괴리

한양도성으로 둘러싸였던 사대문 안과 사대문 밖 일부를 역사 도심이라고 부른다. 북으로는 인왕산과 백악산(북악산), 동으로는 다산로, 서로는 의주로, 남으로는 서울역 주변과 남산 지역을 경계로 한다.[9] 역사 도심은 현재 서울시 전체 면적의 2.9퍼센트(17.9km²)밖에 되지 않는다. 인구는 전체의 9.7퍼센트, 인구밀도는 서울시 평균의 3분의 1이다.[10] 면적도 좁고 인구도 적지만 한양도성의 무게감은 여전하다. 정부의 행정기관 대부분이 세종시로 이전했지만, 남북축 북쪽 끝에 청와대가 자리 잡고 있고, 남쪽에는 서울시청이 있다. 종로구는 대한민국 정치 1번지로, 서울시장과 종로구 국회의원 당선은 청와대로 가는 지름길이다. 많은 주한 외교 공관, 언론사 본사, 주요 기업의 사옥이 종로구와 중구에 밀집해 있다.

2014년 수립한 '2030 서울플랜'은 서울의 도시 구조를 1핵에서 3핵으로 전환했다. 3핵은 한양도성, 영등포·여의도, 강남이다. 각각 역사 문화, 금융, 업무 중심을 표방했다. 여기에 7개 광역 중심이 2차 지역 거점을 형성한다. 용산, 청량리·왕십리, 상암·수색, 창동·상계, 마곡, 가산·대림, 잠실이다. 7개 광역 중심은 모두 한양도성 밖에 있다. '2030 서울플랜'은 서울시가 구상하는 10여 년 후의 청사진을 제시하는 최상위 도시기본계획이다. 이 계획에 따르면 역사 도심의 미래상은 과거와 현재가 공존하는 이상적인 도시다.

문제는 이런 역사 문화성을 받쳐줄 도시 기능이 균형을 잃고 있다는 데 있다. 종로구와 중구 인구 통계에서 나타나듯 서울의 도심부는 주거 기능을 점차 상실하고 있다. 반면 제2핵 강남은 업무와 상업 기능을 받쳐주는 다양한 주거 공간이 배후에 있다. 역사 도심에서 주거지역은 47.4퍼센트, 상업지역은 34.2퍼센트, 녹지지역은 18.4퍼센트를 차지한다. 반면 강남구의 상업지역은 10퍼센트, 주거지역이 80퍼센트, 녹지지역 10퍼센트로, 주거지역이 압도적으로 많다. 법에서 지정한 용도지역과 실제 도시 기능이 일치하지 않는 대표적인 곳이 역사 도심이다. 남아 있는 절반의 주거지역조차 상업 공간이 침투하고 있는 반면 상업지역에는 법적 기준이 모호한 준주거 공간이 들어서고 있다.

토지이용계획과 실제 지어진 건축물 사이에 왜 이런 괴리가 있을까. 일제가 1934년 조선시가지계획령에 따라 주거지역, 상업지역, 공업지역으로 나누면서 주요 간선 도로를 따라 폭이 좁고 길게 상업지역을 지정하였다. 이때 종로, 인사동길, 우정국로 변이 상업지역으로 지정되었고 블록의 내부는 주택지역으로 남아 있었다. 1962년 제정한 「도시계획법」에 따라 도심부 대부분이 상업지역으로 지정되었다. 북쪽 율곡로, 남쪽 퇴계로, 동쪽 난계로(신설동역), 서쪽 통일로에 이르는 방대한 지역이다. 1988년 상업지역을 세분할 때까지 이 지역의 최대 용적률은 서울시 건축조례상 1,000퍼센트였다. 최대 높이와 연동되었기 때문에 최대 용적률을 채우지 못했지만, 당시 경제적 상황과 비교하면 개발의 기대치를 너무 높여놓았다. 그 후 사대문 안 중심상업지역은 800퍼센트, 일반상업지역은 600퍼센트로 한도가 낮추어졌다. 하지만 제2핵으로 자리 잡은 강남의 최대 용적률 한도보다 여전히 높다. 강남은 블록 가장자리를 따라 상업지역이 띠 모양으로 지정되어 있다. 블록 안으로 들어가면서 상업지역에서 주거지역으로 하향되는 패턴이다. 강남 한복판 블록 내부는 용적률 한도가 200퍼센트인 2종 일반주거지역이 가장 많고, 150퍼센트인 1종 전용주거지역도 있다.

강남보다 불균질·불규칙한 도시 조직 위에, 강남보다 과다한 용적률 체계가 씌워져 있다는 데 역사 도심의 문제가 있다. 불규칙·불균질하고 부정형인 필지를 합필하여 대규모 개발을 하려면 복잡하고 지난한 과정을 거쳐야 한다. 모든 토지주의 동의를 얻어내는 것은 불가능에 가깝다. 게다가 상업·업무 공간의 과잉 공급으로 개발을 하더라도 높은 지가를 상쇄할 이익을 장담하기 어렵다.

예를 들어보자. 종로, 우정국로, 인사동길, 인사동5길로 에워싸인 종로 타워 뒤쪽 마름모꼴 블록은 1979년 공평 도심재개발구역으로 지정되었다. 19개의 지구로 나누었는데 9개 지구는 1980년대 초반 개발이 완료되었지만, 나머지 10개 지구는 구역이 지정된 후 40년이 지난 지금도 그대로 남아 있다. 최근 15, 16지구 재개발사업이 진행되고 있다. 두 지구에는 모두 152필지에 81개 동 건물이 있다. 평균 필지 면적은 정비사업에서 정한 과소 필지 기준 90제곱미터보다 작다.[11] 소방도로 기준 폭인 4미터보다 좁은 피맛길은 식당과 주점, 너저분한 간판과 설비로 역사적 정취와는 거리가 먼 흉물 뒷골목으로 남아 있다. 그런데 종로와 피맛길 사이 일부 토지 소유자는 재개발사업에 대해 찬성과 반대를 밝히지 않고 관망하고 있다. 일부는 평당(3.3m^2) 3억 원에서 5억 원 이상의 보상비를 요구하고 있다. 결국, 개발자는 전면과 후면을 구분하고, 별도로 사업을 구상하고 있다.[12]

문제의 핵심은 '밀도의 괴리'다. 600년 전 한양은 인구 10만 명이 사는 관료의 도시였다. 현재 서울은 그때보다 100배 많은 1,000만 명이 사는 거대 도시다. 게다가 서울을 에워싸는 수도권에 1,500만 명이 살고 있다. 이런 고밀도의 핵인 사대문 안은 밀도의 교착 상태에 빠져 있다. 역사 도심 3분의 1 이상이 상업지역으로 지정되어 있지만, 평균 용적률은 법정 한도의 3분의 1에도 미치지 못한다.[13] 필지 60퍼센트는 면적이 90제곱미터 미만이다. 그 위에 지어진 건물 중 4층 이하가 87.8퍼센트이다. 작고 불균질하고 불규칙한 도시 조직 위에 초고밀도의 법이 씌워져 있다. 정부와 서울시는 점진적 재생을 내세우지만, 방치와 재개발의 양극단 사이에 뚜렷한 대안이 없다.

유연한 역사 해석이 필요하다

역사 도심의 재생을 어렵게 만드는 또 다른 걸림돌은 '역사'에 대한 경직된 해석과 보존 방식이다. 2019년 1월 불거진 재개발 논란의 현장, 세운 재정비촉진지구를 가보자. 세운상가는 일제가 화재를 예방하기 위해 비워놓은 소개공지疏開空地에 1967년부터 1972년까지 건설한 폭 50미터, 길이 1킬로미터의 주상복합건축이다. 종로에서부터 세운, 현대, 청계, 대림, 삼풍, 풍전(호텔), 신성, 진양상가가 퇴계로까지 이어진다. 세운상가 주변은 한국전쟁 이후 무허가 건축물이 들어섰던 곳으로, 1966년 도심부 최초로 「도시계획법」에 의한 재개발지구로 지정되었다. 1982년에는 「도시재개발법」에 따라 도심재개발구역으로 지정되었으나 오랫동안 정비사업에 손을 대지 못했다. 1995년 서울시는 세운상가 공원화 계획을 발표하고, 2000년부터 재개발사업을 본격화했다. 2002년 취임한 이명박 시장은 청계천 복원 사업과 함께 세운상가를 철거하고 남북 녹지 축을 조성하는 야심 찬 계획을 세우고, 2004년 세운 4구역과 주변 4개 블록에 대한 마스터플랜을 수립하기 위해 국제 지명 초청 설계 공모를 시행했다. 한편 2005년 「도시재정비촉진을 위한 특별법(약칭 도시재정비법)」이 제정되었고, 이에 따라 오세훈 시장 취임 해인 2006년 세운상가 일대가 '세운 재정비촉진지구'로 지정되었고, 2007년에는 도시관리계획의 하나인 '세운 재정비촉진계획'이 수립되었다. 하지만 서울주택도시공사SH가 공공 시행자 방식으로 진행하던 세운 4구역 계획안이 2009년 문화재 심의를 거치면서 높이와 용적률이 줄어들어 사업이 좌초되었다. 박원순 시장은 2012년 세운상가를 존치하고 공원과 녹지를 축소하는 정책으로 바꾸었고, 2014년 '세운 재정비촉진계획'을 변경했다. 길의 선형을 살리고 지적선을 따라 구획을 잘게 나누어 시행하는 소규모 정비계획이었다.[14] 그 후 2016년, 2018년 두 차례에 걸쳐 '세운 재정비촉진계획'이 변경되었다.

세운상가 철거 계획을 발표한 1995년부터 2020년 현재까지 7명의 서울시장이 거쳐 갔다. 또한 세운상가 계획과 설계는 김수근을 중심으로 1세대 한국 건축가들이 참여했고, 쾨터 김Koetter Kim, 리처드 로저스Richard Rogers, 마차도 실베티Machado and Silvetti, 저드JERDE, 렘 콜하스OMA / Rem Koolhaas, 피터 아이젠만Peter Eisenman, 게르칸Meinhard von Gerkan, 테리 파렐Terry Farrell 등 해외 스타 건축가와 무영, 동우, 희림, 공간, 단우, 삼우, 해안, 간삼, 건원 등 국내 대형 건축사무소에 이르기까지 호화 건축 군단이 아이디어를 냈던 곳이다. 하지만 화려한 조명을 받았던 모든 청사진은 실현과는 거리가 먼 이미지로 남게 되었다. 정치 지형의 변화, 복잡한 법과 제도, 지난한 계획 변경 과정은 전문가들조차도 내용을 파악하기 어렵다. 존치한 세운상가 양측에 보행 데크를 설치하는 설계 공모와 후속 사업이 서울시가 이룬 유일한 성과이다.

세운 지구가 재개발과 재생 사이에서 교착 상태에 빠진 것은 공평 지구와 마찬가지로 밀도의 괴리 때문이다. 상업지역이 가진 잠재적 개발 이익을 얻으면서 공공성을 담보할 마땅한 사업 수단이 없기 때문이다. 게다가 경직된 문화 자산 복원 방식은 혁신적 대안을 가로막고 있다. 2009년 문화재 심의로 좌초되었던 종묘 앞 세운 4구역 도시환경정비사업(현 재개발사업)에 대한 2016년 국제 설계 공모와 그 이후의 과정이 이를 바로 보여준다. 네덜란드 KCAP 안이 당선되었는데, 국내 파트너인 정림건축이 건축 심의를 진행하고, 실시설계는 2004년 국제 설계 공모 당선자로 설계자 지위를 가진 4개 회사 중 희림건축이 담당하고 있다. 기본

431%
518%
439%
278%
686%
330%
1711%
924%
1182%
667%
1003%
991%
1025%
624%
1000%
436%
599%
511%
424%
368%
1485%
188%
166%
596%
792%
155%
765%
284%
879%
600%
312%
474%
255%
239%
192%

그림 1-3. 역사 도심 세운상가 주변 용적률 지도

설계부터 실시설계까지 전체를 총괄하는 건축가가 없는 우리나라 대형 프로젝트의 문제점이 여기서도 반복되고 있다. 그리고 '역사도심기본계획'에서 제시한 옛길의 흔적을 살리고, 종묘 나무 높이에 따라 건물의 최고 외곽선을 지키라는 서울시 심의 의견을 따르면서 상업지역의 수익성을 확보하는 고난도 과제는 국내 설계 사무소의 몫이었다.

마침내 오피스, 오피스텔, 호텔, 판매시설을 복합한 지상 18층, 연면적 30만 제곱미터, 용적률 636.9퍼센트의 계획이 실현을 앞두고 있다. '기억의 층'으로 명명된 1층은 동서남북을 가로지르는 옛길의 선형에 따라 판매시설이 자리를 잡게 된다. 그런데 지하층과 지상층을 연결하는 격자형 구조 모듈과 입방체 형태가 지상 1층에서만 물길 흔적을 따라 늘어선 공간으로 바뀐다. 물길이 사라진 땅에 무늬만 그리는 방법이다. 이마저도 여러 차례 심의를 거치면서 건축가 초기 안은 누더기처럼 변했다. 거대한 기하학적 형태와 공간 한가운데서 사라진 흔적을 남기는 회고적이고 퇴행적인 역사 해석이다. 과거의 물길 흔적이 중요하다면 발굴과 고증을 거쳐 역사적 가치가 있는 것은 복원하고 현재 '도시' 속의 '물'에 관한 환경적이고 창의적인 재생 계획을 세워야 한다. SH가 추진하는 세운 4구역 재개발사업은 사업성이 낮다고 판단한 토지 소유자들이 현금 청산자(조합원으로 남지 않고 돈을 받고 나가는 사람)로 사업에서 손을 떼고 떠나면서 난항을 겪고 있다. 2021년 착공, 2024년 준공 예정이지만 설계안대로 지어질지는 미지수다.

물길과 길의 흔적이 중요한 것이 아니라 지금의 핵심 문제와 대면해야 한다. 한동안 소강상태였던 다른 구역의 재개발 움직임이 2019년 1월 세운 3구역 철거로 수면으로 떠올랐다. 2014년 변경된 '세운 재정비 촉진계획'에 따라 토지주와 시행사는 공구상과 철물점이 밀집한 세운 3

구역 일부에 대한 사업시행 인가와 관리처분 인가를 받고 철거 작업을 시작했다. 소상공인과 시민단체 등이 반대하고 나섰다. 언론은 고층 아파트 재개발로 '을지면옥', '양미옥'과 같은 추억의 노포老鋪가 사라질 것이라는 자극적 기사를 쏟아냈다. 서울시는 곧바로 2015년 '역사도심기본계획'의 보존 원칙을 내세워 사업을 중단시키거나 보류시켰다. 오래된 상가나 음식점은 법적으로 문화재는 아니지만 생활 유산으로 보존하겠다는 논리였다. 문제의 핵심은 여기서 빗나갔다. 을지면옥과 양미옥의 보존에 대한 법적 근거도 구체적 방법론도 없다. 개발은 악이고, 보존은 선이라는 도식이 논리적이고 합리적인 논의를 압도했다. 서울시는 여론에 떠밀려 생활 유산을 보존하겠다는 해법 없는 후퇴를 성급히 선택했다. 그런데 정비사업은 민간사업이 아니라, 공적인 도시계획사업이다. 법적으로 관리처분계획까지 마친 사업장에서 정비사업의 주체는 사업시행자이고 서울시장과 중구청장도 파트너다. 법령에 따라 공공이 민간에게 시행 권한을 준 것이다. 따라서 대책은 사업 시행자와 서울시가 함께 내놓아야 한다. 근본적 해법이 제시되지 않은 상태에서 2020년 4월 세운 재정비촉진지구 152개 구역 가운데 89개 구역의 정비구역 지정이 해제되고 63개 구역은 해제 효력 기한이 1년 연장되었다.

복잡한 절차와 정당성 논란 속에서 세운상가의 산업 생태계에 대한 진단과 대책은 뒤로 밀렸다. '재정비 촉진' 논란에 가려진 '도심 산업 촉진'이다. 도심 산업의 주체여야 할 소상공인은 재개발 논란에서 목소리를 낼 수 없다. 그들은 이해 당사자인 토지주와 건물주가 아니다. 대부분 임차인이다. 수십 년 이곳에서 잔뼈가 굵었지만, 은퇴를 앞둔 60~70대가 대부분이다. 여기에 들어와 잠재적인 신산업을 일굴 젊은이들은 직접적 이해관계도 없고 의견을 낼 마땅한 창구도 없다. 논란이 불거진 즈음 해외 언론도 세운상가 특집을 실었다. 《뉴욕 타임스》는 재개발에 대한 일방적 비판보다는 "시계 골목clock alley"이라는 제목으로 그곳에서 종사하는 사람들을 목소리를 자세히 취재했다. 《가디언》도 서울의 재개발을 매도하기는 했지만, 도심 산업의 붕괴에 대한 비판을 주로 다루었다.[15] 해외 기자들 눈에는 을지면옥, 양미옥과 같은 건물이나 물길 흔적보다 한국 경제 성장의 단면을 보여주는 도심 산업의 생태계를 주목했고 그것이 와해되는 것을 문제라고 보았다. 물리적 도시계획과 미래의 산업 계획을 조율하는 서울시 컨트롤타워가 작동하지 않은 가운데 도심 제조업의 미래를 모색하는 서울시립대 세운캠퍼스 베타 시티 센터Beta City Center 활동과 같은 상향식bottom-up 움직임이 일어나고 있다.[16]

세운상가 재개발 논란은, 법과 제도에 민감한 부동산 자본과 서울시의 수세적 정책이 엇박자가 날 때 잠재되어 있던 개발 압력이 어떤 양상으로 표출되는지를 보여주는 사건이다. 경직된 '재생'은 역사 도심이 안고 있는 문제의 핵심을 흐리게 만들고 있다. 지난 수십 년간 역사 도심에서 소필지별 건축 행위와 공공이 주도하는 대규모 정비사업 사이의 중규모 재생이 어렵다는 것이 판명되었다. 이 사실을 직시하고 가치가 있는 것은 완벽히 보존·복원하고, 다음 세대의 몫으로 남겨두어야 할 곳은 손대지 말아야 한다. 반면 더는 내버려 둘 수 없는 곳들은 공공 주도하에 과감히 정비사업을 해나가야 한다. 그 목표는 과거의 기억이 아니라 현재의 삶이 되어야 한다.

서울의 역사 도심은 살고 일하고 소비하는 공간이어야 한다. 젊은 사람들이 매력을 느끼고 살아야 새로운 산업이 창출되고 활력이 살아난다. 역사는 고정된 것이 아니다.

2 서울 그리드 탄생

최초의 근대 도시계획

> 내 예상을 뒤엎고, 이 시대의 도도한 흐름에서 홀로 초연히 그 남자네 집은 그냥 조선 기와집으로 남아 있었다. 대문이 한길로 면한 그 길가의 다른 집들이 다 사오층 높이의 빌딩으로 변해버려서 그런지, 한 걸음 물러나 있음으로 더욱 당당해 보이던 집이 폭 꺼져 보였다.[1]

박완서는 자전 소설 『그 남자네 집』에서 첫사랑의 동네, 돈암동을 이렇게 묘사했다. '그 남자네 집'과 작가의 집이 있었던 '천주교당(돈암동 성당)'과 '신선탕 뒷골목'의 흔적은 남아 있지만, 책에서 묘사했던 조선 기와집들은 2~3층 상가로 개조되었거나, 그 자리에 아파트와 연립주택이 들어섰다. 조선 기와집이 있었던 동네는 실제는 일제강점기 사대문 밖에 조성한 주택지다. 혜화동 고개를 넘어 한성대입구역에서 성북천으로 접어들면 삼선교로 양쪽으로 1~2층 주택들을 만난다. 좁고 구불구불한 사대문 안 골목길과 달리 길도 곧고, 집들도 반듯하게 정렬해 있다. 이런 모습은 보문로와 성북천을 건너 성신여대 쪽으로 계속된다. 대로, 중로, 소로가 블록을 잘게 나누고 규칙적으로 배열된 필지에 단독주택이 촘촘히 들어서 있다. 박완서가 "적당히 품위 있고 적당히 퇴락한" 동네로 묘사한 것은 이처럼 정연한 경관 때문이었을 것이다. 이곳이 서울 최초의 근대적 도시계획사업인 '토지구획정리사업'이 시행된 동네다.

토지구획정리사업(이하 구획정리사업, 영문은 Land Adjustment)은 이름 그대로 '토지'를 '구획'하고, '정리'하는 사업이다. 농지를 나누어 주택을 지을 수 있는 필지로 만드는 도시계획 수법이다. 토지구획정리사업은 19세기 말 스위스와 독일 프랑크푸르트에서 시작되었다.[2] 일본은 20세기 초 독일에서 이를 도입하여 도쿄, 요코하마를 재건했고, 한반도, 대만 등 강점 지역에도 이를 시행했다. 1980년대에는 이 사업을 통해 가나자와, 사이타마, 시바 등 교외 신도시를 건설했다.[3] 일본이 토지구획정리사업을 자국에 도입했던 것과 일본이 경성을 포함한 강점 도시에 시행했던 배경과 목적은 달랐다.[4]

일제가 한반도를 강점하자 토지 경작권을 잃고 영세 소작농으로 전락한 농민들은 일자리를 찾아 경성으로 몰려들었다. 1916년 25만 명이었던 경성 인구는 22년 뒤인 1938년 약 2.8배로 늘어났다. 일제강점기의 이러한 도시화 과정에서 토지구획정리사업이 태동했다. 법적 근거는 1934년 '조선시가지계획령'을 제정하면서 마련되었다. 1939년 1월 한 신문은 다음과 같이 보도했다.

> 경성은 자라간다. …… 이처럼 부러 나가는 인구에 따라 시가지는 작

구만 경성근교에 뻐처서 진전하는 것으로 만일 이대로 둔다하면 경성의 구舊구역은 인구밀도가 높어서 사람이 사지를 펴고 살 수가 없을 만큼 될 것이 명약관화일 것이다. 그리하야 총독부 당국에서는 이 대책으로 먼저 시가지 계획로를 결정하는 동시에 경성부 교외 일천륙백만평에 대하야 시가지계획으로 토지구획정리를 수행하기로 결정을 본 것이다.[5]

서울 최초의 신시가지는 한양도성의 동북쪽 관문이었던 혜화문(동소문) 밖 돈암동에서 이렇게 시작되었다. 1945년 해방될 때까지 10개 지구에 여의도 6배(18km²) 면적이 이 사업으로 정리되었다. 영등포와 번대(대방)를 제외한 8개 지구는 모두 강북에 있었다. 5개(돈암, 신당, 용두, 청량리, 사근)는 도심 동북쪽, 2개(대현, 공덕)는 도심 서남쪽, 1개(한남)는 도심 남쪽에 있었다.

정부 수립과 한국전쟁 후에도 구획정리사업은 중요한 도시계획 수단이었다. 1950년대 초반 한국전쟁 피해가 컸던 사대문 안(관철, 을지로3, 종로5, 묵정, 충무로)과 사대문 주변(왕십리, 남대문, 원효)이 정비되었다. 1960~1970년대는 사업지구가 외곽으로 확산했다. 서쪽으로는 서교, 성산, 연희, 홍남, 역촌, 불광, 동쪽으로는 중랑천을 따라 도봉, 창동, 수유, 망우, 면목, 중곡, 장안평, 뚝도, 화양에 이르는 넓은 띠 모양의 외곽 주거지를 형성했다. 사대문 안 주거지보다 더 넓은 면적이었다. 1962년 「도시계획법」에 구획정리사업의 법적 근거가 마련되었고, 1966년 「토지구획정리사업법」이 독립법으로 제정되었다. 일제강점기인 1930년대 중반부터 사업이 휴면기로 접어들었던 1988년 말까지 55년간 이 사업으로 조성한 땅은 지금까지 시행한 각종 사업지 중 가장 넓다(132.4km²). 녹지를 제외한 시가화 면적의 38.6퍼센트, 행정구역의 23퍼센트에 육박한다.[6] 특히 1960~1970년대에 조성된 지구는 전체 조성 면적의 70.4퍼센트를 차지한다. 이 시기 구획정리사업은 도시계획의 동의어로 여겨질 정도로 절대적인 도시계획 수단이었다. 도시 조직을 천 조각을 덧대어 만든 조각보에 비유하면 서울의 제1조각이다.

강남의 탄생

구획정리사업의 정점은 강남의 탄생이다. 서울 전체 구획정리사업지구 면적의 20퍼센트(26.9km²)에 이르는 영동 지구는 단일 사업지로 가장 컸을 뿐만 아니라, 이 사업을 경성에 도입했던 일본이 자국에서 시행한 사업지구보다 더 컸다. 현재 서초구와 강남구에 속하는 영동 1, 2지구는 1966년 토지구획정리사업지구로 지정되었고, 1968년과 1972년 각각 사업시행 인가를 받고 조성이 시작되었다. 강북과 연결하는 한강철교와 다리 5개가 있었지만, 1970년대 초 한강 남쪽은 대부분이 논밭과 구릉지였다.

사업이 시작되자 부동산에 일찍 눈을 뜬 '복부인'들은 한강 건너 땅 투기에 뛰어들었다. 1970년대 초 부동산 브로커와 복부인들의 거점은 용산 시외버스 정류장, 시청 앞 북창동, 뚝섬 일대의 다방이었다. 이곳에는 지적도를 펴놓고 호객하는 브로커와 복부인들로 아침 일찍부터 저녁 늦게까지 일대 성시를 이루었다고 신문은 전한다. "강남 부동산 투기의 응결점"이라고 불리었던 말죽거리는 경부고속도로가 건설되면서 하루에 여섯 번 전매되기도 했다. "주인도 모르는 땅을 사는 사람, 또 주인도

모르는 땅을 팔아주는 복덕방이 판치는 강남땅은 진정한 의미에서는 주인 없는 땅"이었다.[7] 초기의 강남은 폭력이 난무하는 고등학교와 중산층의 욕망을 중첩했던 유하 감독의 영화 〈말죽거리 잔혹사〉(2004)의 배경이 되었다.

구획정리사업은 불규칙한 필지를 곧게 펴고 잘게 나누면서 개인이 소유한 필지의 일부를 떼어 길과 공원 등의 공공용지를 확보한다. 예를 들어 100평의 땅을 갖고 있던 토지주가 40퍼센트의 땅을 공공에 내주면 60평만 남게 된다. 이렇게 토지주가 사업 비용 및 개발 이익비로 공공에게 내놓은 토지의 비율을 감보율減步率이라고 한다. 이론상 감보율이 높을수록 토지주는 손해를 보는 구조다. 하지만 절대 면적은 줄어들지만 길이 생기고 주변이 정비되기 때문에 땅값이 뛴다. 평당 100만 원 하던 땅이 2배 뛰면 환지換地가 된 60평의 가치는 1억 2,000만 원, 3배 뛰면 1억 8,000만 원이 된다. 토지주에게 막대한 이익이 돌아가는 구조였다.

사업의 주체인 정부도 이익이다. 많은 예산을 투입하지 않고 도로를 내고 공원을 만들 수 있다. 공공용지뿐만 아니라 민간에게 팔 수 있는 추가의 대지를 조성하는데 이를 체비지替費地라고 한다. 덤으로 만들어진 땅이라는 뜻이다. 정부는 이를 매각하여 사업비를 충당할 수 있다. 결과적으로 땅값이 가파르게 오른다고 가정하면 토지주와 정부 모두가 이익을 보는 윈윈게임이다.

문제는 민간이 부동산에 맛을 들인 것처럼 정부도 체비지를 악용하는 유혹에 빠지게 된다. 1980년대 말 초대형 사건으로 터진 '수서 사건'이 바로 체비지의 매각에 얽힌 정치 비리였다. 아래에서 개미들의 투기가 기승을 부렸다면 위에서는 이처럼 검은돈이 오갔다. 토지구획정리사업은 1960~1970년대 서울도시계획사의 한 획을 그었을 뿐만 아니라,

그림 1-4. 토지구획정리사업으로 조성한 강남

부동산이 시민의 삶 깊숙이 들어오게 된 계기가 되었다.

양파 구조

영동 2지구는 한강(북), 도곡로(남), 탄천(동), 경부고속도로(서)를 경계로 50여 개 블록으로 구성되었다. 1976년 한강 변에 아파트지구, 1981년 양재천 변에 개포 택지개발지구가 지정되었다. 이곳에 들어선 대규모 아파트 단지가 구획정리사업지구를 북쪽과 남쪽에서 감싸는 구조가 되었다. 범위를 좁히면 폭 50미터의 4개 광로(영동대로, 강남대로, 테헤란로, 도산대로)로 에워싸인 15여 개 블록이 강남의 핵을 이루고 있다.[8] 격자형 가로망을 따라 건설된 5개 지하철노선이 촘촘하게 블록을 연결한다. 광로에 면하는 블록 가장자리는 상업지역이지만 이면도로 안으로 들어가면서 주거지역으로 바뀐다. 하나의 블록이 여러 개의 용도지역으로 나누어지는 패턴은 여러 켜로 이루어진 양파와 비슷하다. 양파 껍질에는 고층 오피스가 도열해 있지만, 양파 속살은 주거와 상업이 혼합된 중소 규모의 건물로 채워져 있다. 식당, 주점, 사무실, 여러 유형의 주택이 뒤섞여 있는 이면도로 풍경은 아파트지구나 택지개발지구보다 서울다움을 드러낸다.

강남의 등뼈는 4개 광로 중 강남역과 삼성역을 잇는 테헤란로다. 1977년 테헤란 시장 방한을 계기로 석유가 절실히 필요했던 정부는 중동 산유국 이란의 수도 이름을 삼릉로에 붙였다. 테헤란로가 본격적으로 바뀌기 시작한 때는 대형 오피스 건축이 건설되고 대기업과 금융기관이 들어섰던 1980년대 중반이다. 1997년 외환위기 이후에는 벤처기업 입주가 활발해졌고 2000년대에는 무역·금융 중심 지역으로 변화했다. 2010년대에는 다수의 스타트업 기업이 입주했다. 최근 판교와 마곡 개발로 침체기를 맞으면서 임대료는 도심과 판교보다 낮고, 공실률은 높은 것으로 조사되고 있다. 하지만 강남역은 여전히 유동 인구 1위, 테헤란로는 벤처 투자를 받은 스타트업 기업 분포 1위 지역이다. 대규모 업무시설이 빠져나간 자리는 공유 오피스가 채우고 있다. 최근 개발 밀도가 포화 상태에 이른 테헤란로는 서울에서 일반상업지역으로는 최초로 '리모델링활성화구역'을 지정하고 지구단위계획을 수립하고 있다.

테헤란로 길이는 4킬로미터, 왕복 8~10차선이다. 가로세로 길이 250~500미터의 블록이 테헤란로 양쪽으로 이어져 있다. 그런데 강남역에서 삼성역까지 이어진 슈퍼블록 안에는 테헤란로와 평행으로 달리는 직선 이면도로가 없다. 구간별로 들쑥날쑥하고 대부분 폭 12미터 이하 소로다. 자동차와 보행자를 분리할 수 있는 도로는 일반적으로 폭 12미터 이상이 되어야 한다.[9] 차 한 대가 일방통행으로 지나가기도 어려운 폭 4미터 일방통행 골목길도 있다.[10] 일반상업지역으로 지정된 테헤란로 변 필지 크기는 500~1,000제곱미터이지만 안쪽은 200~300제곱미터로 절반 이하로 줄어든다.

강남대로, 테헤란로, 논현로, 봉은사로에 둘러싸인 역삼동 블록을 보자. 길이가 강남역에서 북쪽의 논현역까지 750미터, 동쪽의 역삼역까지 850미터에 이르는 슈퍼블록이다. 테헤란로와 강남대로 변은 ㄴ자 모양의 일반상업지역으로 지정되었지만, 안으로 들어가면서 제3종 일반주거지역, 제2종 일반주거지역, 제1종 전용주거지역으로 바뀐다. 보행로와 차도가 분리되지 않은 소로가 슈퍼블록을 45개 소블록으로 나눈다. 700개 필지에 건물 600동이 자리 잡고 있다. 필지 규모는 200~300제곱미

70%
54%
270%
245%
57%
75%
127%
167%
178%
220%
321%
265%
246%
713%
292%
279%
297%
218%
63%
198%
54%
797%
542%
316%
298%
299%
36%
303%
969%
795%
867%
81%
1096%
848%
40%
650%
940%
296%
286%
74%
151%
99%
57%
225%
173%
164%
300%
307%
71%
623%
629%
1085%
784%
298%
284%
263%
800%
713%
648%

그림 1-5. 강남 역삼동 도시 조직과 용적률

터이다. 2016년 현재 서울 전체 130만여 개 필지의 평균 면적은 250제곱미터이다.[11] 강남 한복판의 필지가 서울 평균치인 것이다. 이곳에 단독주택, 다가구·다세대 주택이 자리 잡고 있다. 영상, 방송 통신, 연예 기획사 등 엔터테인먼트 서비스 산업이 들어오면서 주거 공간은 상업 업무 공간으로 바뀌고 있다.

강남 어버니즘urbanism

강남과 뉴욕 맨해튼을 비교해보자. 두 도시 모두 그리드 구조이지만 도로, 블록, 필지의 크기, 비율, 조합은 대조적이다. 맨해튼섬을 남북 방향으로 달리는 애비뉴avenue 폭은 평균 30미터, 동서 방향으로 가로지르는 스트리트street 폭은 평균 18미터이다. 애비뉴는 강남의 광로보다 좁지만, 스트리트는 강남의 이면도로보다 넓다. 테헤란로는 위요감圍繞感 sense of enclosure을 느끼기에 넓고 이면도로는 너무 좁다. 애비뉴 간격은 140~280미터, 스트리트 간격은 70~80미터이다. 애비뉴와 스트리트가 교차하여 동서 길이가 남북 길이보다 긴 직사각형 블록이 형성되었다. 블록 하나의 면적은 테헤란로 블록의 10분의 1 크기다. 블록은 남북 방향으로 2켜, 동서 방향으로 10여 켜로 잘게 나누어져 폭과 깊이의 비율이 5분의 1 정도인 종심형 필지가 만들어졌다. 맨해튼 그리드는 용도를 지정하고 획지를 구획한 것이 아니라 모든 건축 유형을 유연하게 수용하도록 균질하게 계획했다. 건축역사학자 레오나르도 베네볼로Leonardo Benevolo(1923~2017)

그림 1-6. 같은 축척으로 표현한 맨해튼(왼쪽)과 테헤란로의 도시 조직

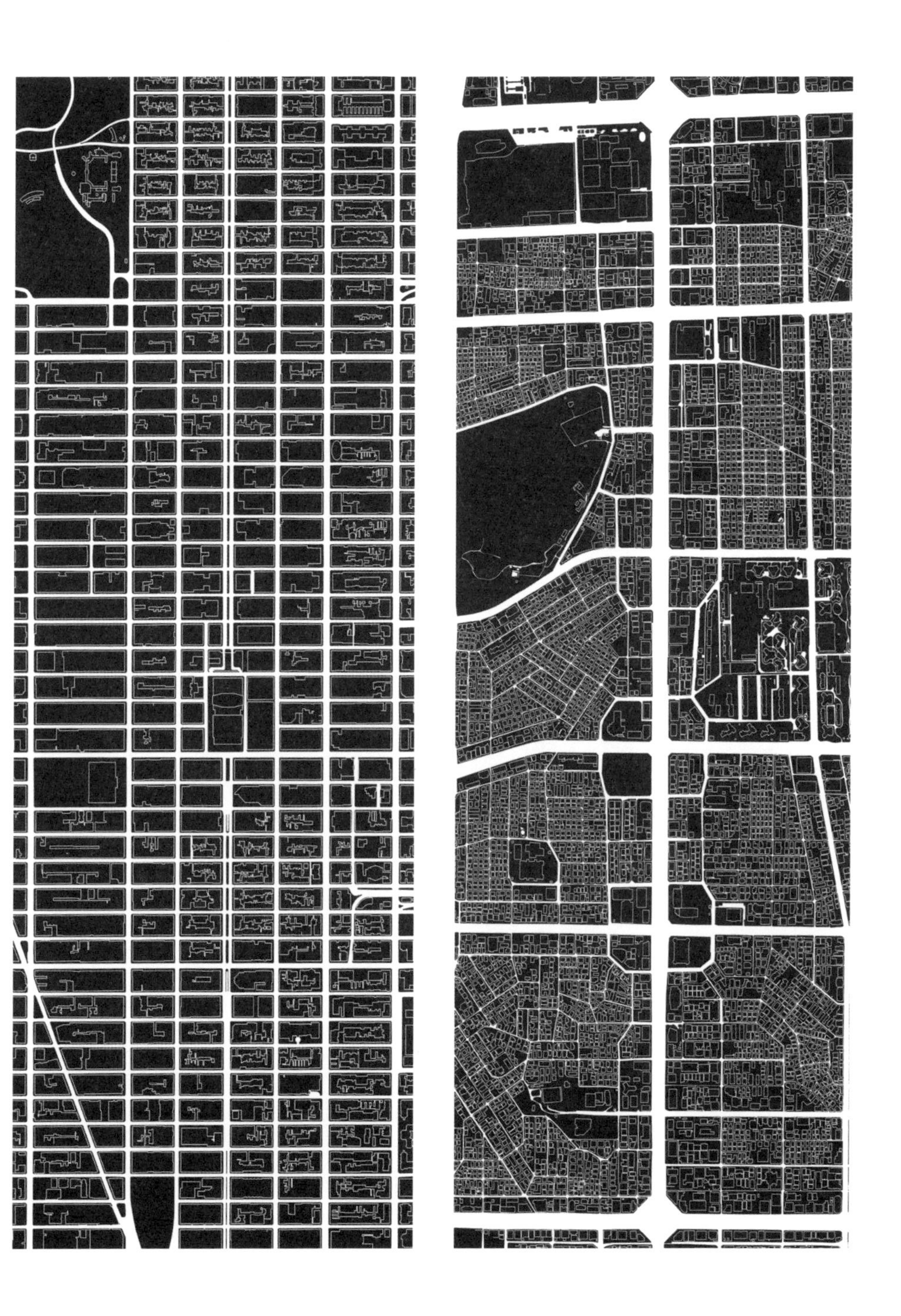

그림 1-7. 맨해튼의 아이소메트릭
파크 애비뉴(Park Avenue) 남북 방향을 따라 남북으로 39~55번 스트리트, 동서로 3~5번 애비뉴 구간

는 맨해튼을 개인의 자유를 극대화한 미국 헌법에 비유했다.[12]

아이소메트릭isometric에서 두 도시의 특징이 확연히 드러난다. 균질한 맨해튼의 도시 조직과 달리 강남의 그리드는 경사지를 따라 변형되었다. 크기가 다른 두 개의 그리드가 맞대어져 있는 구조다. 맨해튼에는 고층, 중층 건축물이 블록과 블록을 가로지르며 균질하게 분산되어 있다.

그림 1-7a. 테헤란로의 아이소메트릭
역삼역-선릉역 구간

반면 테헤란로에는 업무, 근생, 학교, 종교시설, 주택이 하나의 블록 안에 켜를 따라 전이된다. 아파트 단지가 초등학교, 고등학교를 감싸고 있고, 곳곳에 교회와 성당이 있다. 이질적인 건축 유형이 혼재한 이곳에서 다채로운 일상이 펼쳐진다. 점심시간이면 대로변 고층 건물과 주택을 개조한 오피스에서 일하던 사람들이 이면도로로 몰려든다. 밤이 되면 이면도로의 풍경은 더 극적으로 바뀐다.

세계 도시 비교 연구를 해온 존 페포니스는 모더니즘은 두 가지 상반된 경향이 있었다고 했다. 하나는 주변 맥락과 독립된 오브제와 스펙터클한 내부 공간을 만드는 모더니즘이다. 다른 하나는 건축과 도시의 인터페이스를 만들어 대면 접촉을 촉진하는 모더니즘이다. 그는 다양한 스케일의 도시 조직이 단절되지 않고 역동적 인터페이스를 만들어내는 강남을 주목했다. 기하학적 그리드와 유기적인 그리드가 결합한 '강남 어버니즘'은 '다원적이고 개방적인 어버니즘urbanism of pluralism and openness'을 제시한다.[13]

중간건축 실험장

2007년 〈메가시티 네트워크 : 한국현대건축전〉이 프랑크푸르트 독일건축박물관DAM에서 열렸다. 거대 과밀도시에서 드러나는 문제와 가능성을 조명한 전시였다. 그런데 아래층에서는 〈쪼그라드는 도시Shrinking City〉 전시가 열렸다. 인구가 줄고, 도심은 공동화되고, 도시 외곽은 무분별하게 확산하는 우울한 유럽의 모습이었다. 끊임없이 확장하는 한국 도시와 쪼그라드는 유럽 도시를 같은 기간, 같은 전시장에서 보여준 기획이었다.

그로부터 9년 뒤 2016년 베니스 비엔날레 한국관은 '크기'에 대한 집단적 욕망을 해부한 〈용적률 게임〉을 전시했다. 바로 옆 일본관 전시 〈en: art of nexus〉는 1975년 이후 태어난 12명의 건축가가 빈집 문제를 어떻게 다루고 있는지 전시했다. 한 뼘이라도 늘리고자 하는 용적률 게임과 반대로 고령화, 독신화, 고실업을 겪으면서 남아도는 주택과 상가 일부를 덜어내고 고쳐 쓰는 일본 사회를 조명했다.

1960년대 도쿄대를 중심으로 소수 건축가들은 '크기'를 과시하는 과감한 실험을 했다. 1964년 아시아에서 처음 열린 도쿄 하계 올림픽은 2차 대전 패전국 일본이 20년 만에 재기한 것을 세계에 알리는 기회가 되었다. 1987년 아시아인 최초로 프리츠커상Pritzker Architecture Prize을 받았던 단게 겐조丹下健三(1913~2005)의 건축은 철근콘크리트 구조를 과감하게 드러내는 기념비적 특성을 띠었다. 30년 뒤인 1990년대 초 부동산 거품이 꺼지면서 불황과 침체에 이은 저성장 시대를 맞았다. 일본 건축은 작고 정교하고 섬세한 것으로 바뀌었다. 조형성보다 생산방식과 건축 구법에 더 집중했다. 1990년 이후 프리츠커상을 받은 일곱 일본 건축가의 주요 작품은 작은 주택, 상점, 공공시설이다. 건축가 구마 겐고隈 研吾는 사회학자 미우라 아쓰시三浦展와의 대담에서 고도성장기에 만들었던 거대 건축과 교외 뉴타운은 후유증을 앓고 있다고 진단했다. 교외에 개발했던 분양 중심의 거대 단지와는 반대로 다양한 사회계층이 섞여 사는 도심 임대주택이 대안이라고 주장했다.[14]

성장하는 도시에만 익숙했던 한국도 서유럽과 일본이 겪고 있는 문제를 받아들일 때가 되었다. 건설의 양이 건축의 질을 압도했던 1980년대를 지나 1990년대에 들어서면서 아틀리에 건축가들은 중소 규모 건축에서 생존의 길을 찾기 시작했다. 대형 건설사와 대형 사무소의 영역 밖에 있었던 5층 이하의 중소 규모가 주된 건물이었다. 대부분 구획정리사업으로 조성한 이면도로의 격자형 소필지였다. 금융위기 이전에는 이런 땅은 소위 집 장사로 불리는 소규모 개발업자와 이름을 드러내지 않는 건축사들의 텃밭이었다. 소수의 건축가가 고급 주택을 특별 주문 방식으로 설계했을 뿐, 작품성을 추구하는 건축가들이 들어갈 수 없는 영역이

WHITE CUBE MANGWOO
YOAP WHITE HOUSE
WHITE CONE
THE RABBIT
CHINESE BOXES
UHJJUHDAH HOUSE
BEYOND THE SCREEN
YEOKSAM BUILDING
MARBLE_ING OFFICE
3P HOUSE
SONGPA MICRO HOUSING
NTERS PROPERTIES
SH HOUSING
GILMOSERY
SKY HOUSE
TETRIS HOUSE
NONHYUN MATRYOSHKA
O.D BUILDING
INTERROBANG
PLACE J
STOCKY BULDLE MATRIX: EG
KHVATEC HEADQUATER
DAGONG
HANYU GROUP BUILDING

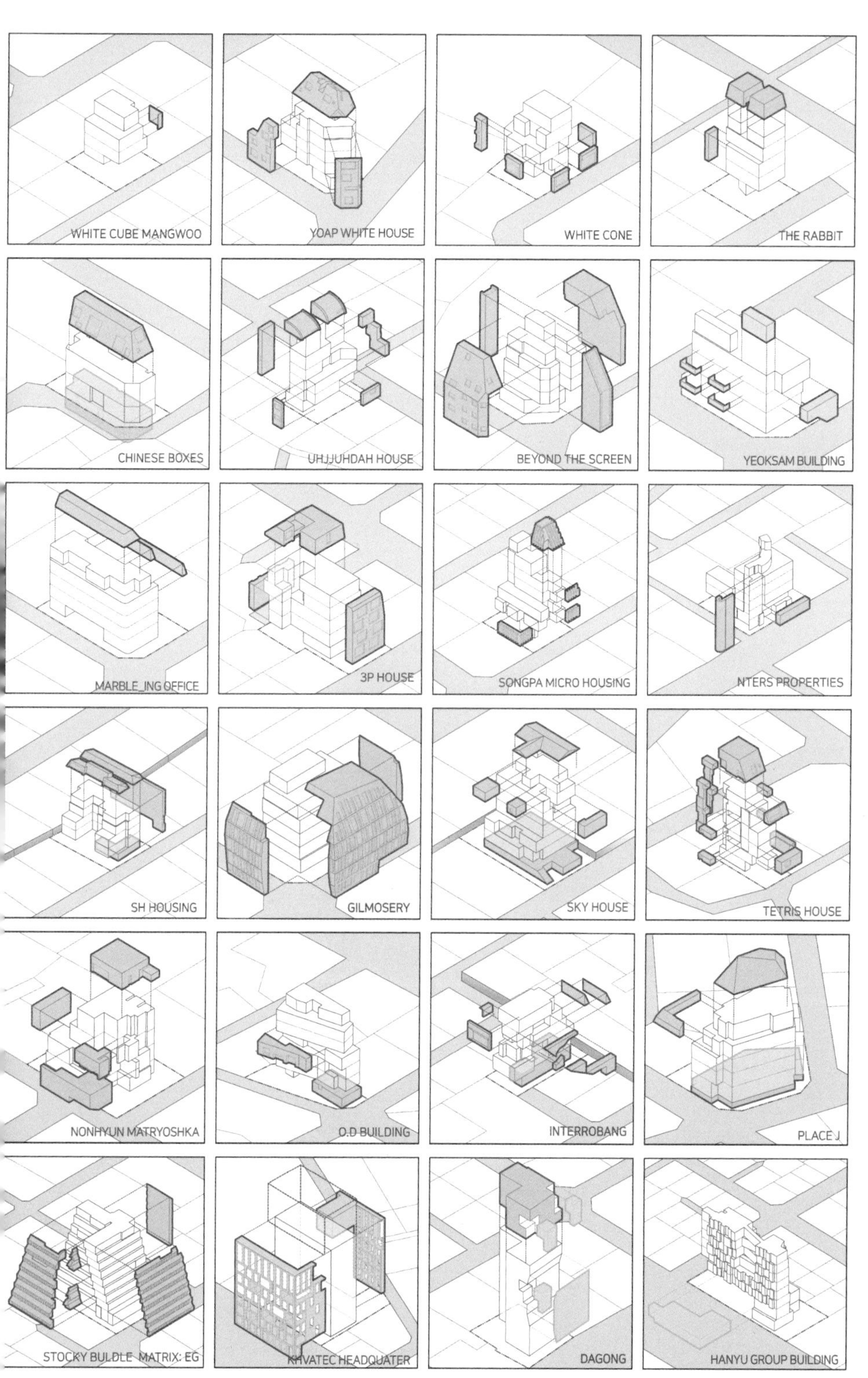

그림 1-8. 베니스 비엔날레 한국관 〈용적률 게임〉 전시 작품 중 서울의 토지구획정리사업지구에 있는 24개 건축물. 왼쪽은 완성된 건축물, 오른쪽의 붉게 표시한 부분은 용적률 게임으로 얻은 잉여 공간

었다. 1990년대에 들어서서 단독주택, 다가구, 다세대, 상가가 밀집한 이런 이면도로 중간 지대가 새로운 시장으로 떠올랐다.

1990년대 중반 주목을 받았던 강남구 서초구 양재동의 양재287.3(조성룡/우원건축, 1990~1992), 논현동의 수졸당(승효상/이로재건축, 1993), 서대문구 대신동의 김옥길기념관(김인철/아르키움, 1998)은 모두 이면도로에 면한 소필지에 지어졌다. 2008년 금융위기를 극복한 이후에는 서울시 전역의 구획정리사업지구에 젊은 세대 건축가들이 발을 내딛기 시작했다. 2016년 〈용적률 게임〉에 전시된 36개 건축물 가운데 29개가 서울시에 있고, 그중 24개가 구획정리사업지구에 있다. 그중 절반인 12개 건물이 강남구(9개), 서초구(3개)에 있다.[15] 그 외 12개 건물은 서울시 전역에 골고루 분포되어 있다.[16] 세계 금융위기를 겪고 난 2009년 이후 건축계의 주목을 받았던 중소 규모 건축물 목록에서 큐레이팅 팀이 선정한 결과다.

조성된 지 40~50년이 지난 구획정리사업지구가 금융위기 이후 왜 건축 실험장으로 떠오르는 것일까. 가장 큰 이유는 대지 규모, 형태, 접도 조건이다. 한국관에 전시했던 토지구획정리사업지구 내의 24개 건물은 모두 2열 격자형 소블록에 있다. 23개는 이면도로에 면해 있고, 12개는 2개 이상의 이면도로에 면해 있다. 격자형 블록과 장방형 대지는 접도 조건이 양호하여 개발 단위도 명확하다. 인접 대지와 합필하여 개발해야 할 절박함이나 의무가 없다. 설계와 시공 과정에서 옆집과 분쟁 여지도 적다.

부동산 개발 이익 기대치와 법 규제의 간극도 상대적으로 작다. 〈용적률 게임〉에 전시한 24개 건축물 중 4개 대규모 건물을 제외한 20개 건축물의 평균 건폐율은 58.3퍼센트, 용적률은 194.1퍼센트였다. 서울에서 가장 많은 면적을 차지하는 '제2종 일반주거지역' 건폐율 한도(60%)와 용적률 한도(200%)에 근접한다. 「국토계획법」에서 정하는 최대 용적률을 실현했다는 뜻이다. 20개 건축물의 평균 대지 면적(296.8m²)은 서울의 평균 필지 면적(250m²)과 비슷했다.[17]

나는 대지 250제곱미터에 건폐율 50퍼센트, 용적률 200퍼센트, 층수 4층, 연면적 600제곱미터의 건물을 '중간건축'으로 정의한 바 있다. 서울에서 가장 많은 면적을 차지하는 2종 일반주거지역에, 평균 크기의 대지에, 가장 보편적인 용도인 주거 공간과 근생을 결합한 건축이다. 중간건축의 미래는 토지구획정리사업지구의 향방에 달려 있다.

저성장 시대 재생

서울 그리드는 지속적인 개발 압력에 놓여 있다. 토지주들은 민원을 통해 지역 정치인과 자치단체장을 압박하여 밀도를 높이는 시도를 한다. 경제 활성화와 지역 간 형평 논리를 내세워 간선도로변 용도지역 상향을 관철한다. 반면 이면도로 소블록은 용도지역이 바뀔 가능성이 작다. 상업지역으로 전환하는 것은 불가능에 가깝다. 미래의 기대치가 불확실하므로 토지주와 개발자는 땅값 오르는 것을 기다리지 않고 현실적 대안을 찾는다. 지가와 장소에 따라 차별화된 신축, 증축, 개축이 일어나고 있다. 하지만 대부분 필지 단위를 벗어나지 않는다.

서울의 인구 집중화에 따른 주택난을 해결하고, 부족한 도시기반시설을 확보하기 위해 도입했던, 그러나 부동산 투기와 정치 비리의 사회적 문제를 일으켰던 구획정리사업지구는 이제 필지 단위에서 소블록 단위의 재생으로 전환해야 할 시점을 맞고 있다.

지구단위계획에서는 도로 여건이 좋지 않은 소규모 필지를 합한 후 개발하도록 유도하는 공동 개발 지정 및 권장 제도가 있다. 무분별한 개발을 억제하고 균형 있는 도시 경관을 만들려는 목적이다. 2000년 지구단위계획을 도입한 이후 불규칙한 기성 시가지에는 예외 없이 공동 개발 지정과 권장이 포함되었다. 하지만 동일 토지주인 경우를 제외하고 계획대로 실현된 사례가 거의 없다. 조건이 더 나쁜 땅을 소유한 토지주가 더 높은 땅값을 요구하며 버티기도 한다. 자본과 조직력을 가진 제3의 개발자가 나서지 않는 이상 서울에서 공동 개발은 어려운 일이다. 최근에는 현실을 반영하여 지구단위계획에서 이를 점차 해제하는 추세다. 서울에서 땅을 떼고 붙이는 것이 가장 어렵고, 이것이 가장 중요한 도시계획의 과제다.

2012년 개정된 「도시정비법」에 뉴타운 사업의 출구 전략으로 민관협력형 정비사업인 '주거환경관리사업'과, 블록 단위의 소규모 민간 개발사업 '가로주택정비사업'을 추가했다. 2017년 제정된 「소규모주택정비법」에서는 '자율주택정비사업', '가로주택정비사업', '소규모재건축사업'을 '소규모주택정비사업'으로 묶었다.[18] 「도시정비법」에서 규정한 정비기본계획수립, 조합설립추진위원회와 같은 엄격한 요건을 완화하고 특별 분양을 통해 원주민이 들어가 살 수 있도록 절차를 간소화함으로써 대규모 정비에서 소규모 재생으로 전환하려는 것이 법 제정의 취지였다.

'자율주택정비사업'은 36세대(20세대의 1.8배) 미만의 단독주택, 다세대주택, 연립주택을 자율적으로 개량 또는 건설하는 사업이다. '가로주택정비사업'은 기존의 가로를 유지하면서 20세대 이상의 주택을 개선하는 블록형 정비사업으로 자율주택정비사업보다 규모가 크다. '소규모

재건축사업'은 정비기반시설이 양호한 지역에서 200세대 미만의 공동주택을 재건축할 수 있도록 한 사업이다. 여러 주택 유형 중에서도 다가구·다세대 주택의 재생에 초점을 둔 법이라고 할 수 있다.

2015년 서울시 모든 주거용 전체 면적 중 아파트는 61퍼센트, 다가구·다세대 주택은 24퍼센트를 차지했다. 그런데 가구 수로 환산하면 역전된다. 아파트에는 161만 가구(44.8%)가 살고, 다가구·다세대 주택에는 166만 가구(46.1%)가 살고 있다. 전체 면적과 전체 가구 수에서 아파트와 다가구·다세대 주택의 비율이 비슷하다. 다가구·다세대 주택은 경제적 여유가 되면 아파트로 옮기고 싶어 하는 중산층이 주로 사는 곳이다. 일조, 프라이버시, 주차난, 안전, 쓰레기 문제로 기회가 되면 떠나고 싶은 차선의 선택지다. 「도시정비법」에 따르면 지은 지 20년이 지난 주택은 노후·불량 건축물로 분류하기 시작한다. 30년이 지나면 허물 수 있는 조건이 된다. 이 기준대로라면 1990년 이후 지은 다가구·다세대 주택의 대부분은 2020년이 도래하면 어떤 방식이든 부수거나 고쳐 써야 한다.

정부는 법을 제정하고 사업을 권장하고 있지만, 소규모 정비와 재생에 대한 시장의 반응은 아직 냉담하다. 아파트 재개발, 재건축은 용적률을 최소 200퍼센트 이상을 확보할 수 있지만, 소규모 주택정비사업은 200퍼센트 이상을 넘기 어렵다. '가로주택정비사업'과 '소규모재건축사업'은 최대 1만 제곱미터(공공임대주택을 확보하는 경우 2만m^2) 규모까지 할 수 있도록 했지만, 대단지 아파트 개발에 익숙한 개발업자는 여러 토지 소유자들을 설득하고 공공기관과 사업을 추진하는 데 드는 비용이 개발 이익보다 크다고 판단한다. 이런 가운데 자율주택정비사업으로 지은 '소살리토 상도'(소오플랜건축, 2020)와 같은 단지형 다세대주택이 건축 전문지에 비평과 함께 발표되기 시작했다.[19]

한편 「건축법」에 '특별가로구역'을 신설하여 건축물 배치 기준을 허가권자가 따로 정할 수 있도록 했고, 건축협정제도를 도입하여 맞벽건축을 허용하고, 건폐율, 조경, 지하층, 부설주차장 설치 등을 통합할 수 있도록 했다.[20] 개별 필지를 유지하면서 건축 단위를 확장할 수 있는 법적 틀을 마련했지만 성공한 좋은 선례가 없다. 대규모 정비사업에 비판적인 건축가들은 이런 제도에 대해서 잘 알지 못하다 보니 시행사가 손대지 않는 대부분의 건축 행위는 여전히 개별 필지를 벗어나지 않는다.

구획정리사업은 서울 최초의 근대적 도시계획이었다. 그리드 바탕 위에 작도한 경복궁 복원도가 전해오지만, 조선 초기 경복궁을 이 방식으로 계획했는지는 확인할 수 없다.[21] 서울 그리드는 역사의 암흑기에 강점자가 시작했고, 도시화와 산업화 시대에는 장기적 안목 없이 답습했다. 당시 토목 분야의 유능한 관료들이 주도했지만, 그들은 도시계획을 체계적으로 공부하거나 입체적 건축설계 경험을 쌓은 전문가가 아니었다. 부동산 투기와 정치 비리와 같은 사회적 문제를 일으키기도 했다. 하지만 현재 서울의 제1 도시 조직이 되었고 중간건축의 다양한 스펙트럼을 만들어냈다.

픽셀처럼 필지가 규칙적으로 배열된 그리드는 오랜 시간에 걸쳐 작은 변화를 수용할 수 있는 장점이 있다. 반면 한번 키워진 거대 단지는 모듈이 없으므로 작은 단위로 나눌 수 없는 경직된 구조다. 그리드가 지속 가능하고 콤팩트한 도시에 최적이라는 주장은 세계 도시학자들 사이에서도 설득력을 얻고 있다.[22] 지난 50년간 도시를 개조해온 '개발'은 '재생'으로 전환되고 있다. 서울 도시화 면적의 40퍼센트를 차지하는 서울 그리드를 재조명할 시점이다.

서울 안의 신도시

1979년 12월 쿠데타로 정권을 장악하고, 1980년 5월 광주민주화운동을 진압한 뒤 체육관 선거를 통해 9월 1일 11대 대통령에 취임한 전두환은 그로부터 3주 뒤 '주택 500만 호 건설' 지시를 내렸다. 한 달 뒤에는 정당과 국회를 해산하고 입법 기능을 국가보위입법회의에 넘기는 제5공화국 헌법을 공포했다.[1] 군부 통치를 본격적으로 가동하기 이전에 발표한 전격적인 건설 계획이었다. 신문은 주택 500만 호 건설을 이렇게 보도했다.

> 정부는 오는 81년부터 91년까지 11년 동안 주택 5백만 호를 건설하고 3억 6천1백만 평(1,193.39km²)의 택지를 조성하여 주택 및 택지 분양에 선매제先賣制를 도입하는 내용의 공공주택 건설 및 택지개발 기본 계획을 확정 발표했다. …… 특히 전국적인 택지 부족 현상에 따라 개발이 불가피한 자연녹지는 물론 민간인 소유 토지에 대해서도 광범위하게

> 적용될 택지개발촉진에 관한 특별조치법에 관해 구체적인 법안 요강이 현재 마련 중이나 …… 도시계획법, 주택건설촉진법 등 모두 17개 관계법에서 규정한 절차를 생략시켜 개발을 쉽게 하겠다고 말했다.[2]

주택 500만 호 건설을 위해 1980년 12월 31일 「택지개발촉진법」이 제정되고 다음 날인 1981년 1월 1일 시행되었다.

한 집에 4인 가족이 산다고 가정하면 주택 500만 호는 2,000만 명을 수용하는 물량이다. 1980년 당시 남한 전체 인구 3,800만 명의 절반을 넘는 수치다. 매년 45만 호를 지어서 11년 만에 달성한다는 구상이었다.[3] 이를 달성했다면 세계 도시사에 기록될 사건이었을 것이다. 그러나 이듬해인 1981년 1월 애초 계획이었던 1991년까지 500만 호 건설을 1996년까지로 5년간 늦추고, 1981년 한 해 목표도 공공 부문 8만 호, 민간 부문 17만 호로 축소하여 25만 호로 잡았다고 발표했다.[4] 개발의 규모가 거의 절반으로 줄고 기간도 연장되었지만, 속도와 물량 면에서 여전히 야심 찬 계획이었다. 한 달 뒤 1981년 2월 25일 전두환은 선거인단 투표로 임기 7년 단임제 12대 대통령에 당선되었다.

속도전과 대량전

500만 호 건설은 군사 훈련을 방불케 했다. 공기를 줄이려고 밤낮없이 일하는 '돌관작업突貫作業'은 '안 되면 되게 하라'는 군대 구호를 떠올리게 했다. 1980년대 한국의 건설 현장은 군사 문화가 저변에 깔려 있었음을 베이비붐 세대들은 기억하고 있다. 건설산업이 한국 경제의 주요한 추동력이었고 군사정권 아래 탄력을 받았다. 하지만 현장에서 속도를 내는 것만으로는 목표를 달성할 수는 없었다. 사업 속도를 내기 위해서는 강력한 법적 수단이 필요했다. 「택지개발촉진법」이 태동한 배경이다.

한국의 도시와 건축 관련법에는 '촉진促進'이라는 단어가 붙은 세 가지 법이 있다. 1972년 「주택건설촉진법」, 1980년 「택지개발촉진법」, 2005년 「도시재정비촉진을 위한 특별법(약칭 도시재정비법)」이다. '촉진'이란 말이 들어간 세 가지 법은 속칭 「주촉법」, 「택촉법」, 「도촉법」으로 불린다. 나는 이를 '도시건축 삼촉법三促法'이라 부르고자 한다. 전쟁에 비유하면 '속도전'과 '대규모전'을 위해 만든 법이다. 「주촉법」은 아파트를 대량 공급, 분양하기 위해, 「택촉법」은 아파트를 짓기 위한 땅을 대량으로 조성하기 위해, 「도촉법」은 아파트 재개발을 포함한 대규모 정비사업을 위해 만든 법이다. 삼촉법 중 「주촉법」과 「택촉법」은 서울을 에워싼 수도권의 공간 구조와 주거 유형을 근본부터 흔들어놓은 쌍두마차였다.

「택촉법」에 따른 택지개발사업이 처음 시행된 곳은 강남의 탄천 일대다. 1981년부터 개포, 대치, 양재동 275만 평(9.09km²)의 논과 밭을 주거와 상업용지로 조성하는 계획이었다. 토지개발공사와 주택공사가 각각 개포 1지구와 개포 2지구를 택지개발사업으로, 서울시는 개포 3지구를 구획정리사업으로 조성하는 혼합 방식이었다. 다만 서울시는 면적을 기준으로 하던 '면적 환지' 대신 땅값을 기준으로 하는 '평가식 환지'로 구획정리사업 방식을 바꾸었다.[5] 2년 뒤 개포 지구는 학군과 교통이 좋은 인기 주거지역으로 떠올랐다. 개포동과 대치동에 3만 2,800가구의 15층 아파트 단지가 들어섰고, 일부 중층 아파트 단지와 단독주택 및 상업용지만 남았다.[6] 당시 개포 지구의 도곡동 상업용지는 서울시가 보유한 체비지 중 가장 넓고 비싼 땅이었다.[7] 1994년 서울시가 도곡동 일대 체비지를 민간에 매각했는데 이곳이 후일 대한민국 최고의 고층 주거 단지 타워팰리스 자리다.

개포 지구에서 구획정리사업과 혼용했던 택지개발사업을 단일 사업으로 전면 시행한 곳이 목동이다. 1983년 4월 서울시는 목동, 신정동 일대 136만 평(4.5km²)을 택지로 조성하고 2만 5,000여 가구의 아파트를 건설하여 1986년까지 신도시로 만든다는 계획을 발표했다. 당시 경인고속도로가 지나가는 안양천 서쪽의 개발 대상지는 70퍼센트 이상이 논과 밭이었다. 서울시가 이 땅을 모두 사들여 택지를 조성한 후 주택건설업체에 공급하겠다는 것이었다.[8] 발표 당시 서울시장은 김성배였지만 사업을 추진한 시장은 전두환의 절대적 신임을 받았던 염보현(재임 1983~1987)이었다. 제5공화국에서 서울시의 계획은 경제장관회의를 거친 중앙정부의 정책이었다.

정부는 목동에 이어 마들평야로 알려진 중랑천 동쪽의 상계동·중계동, 서쪽의 창동 일대의 144만 평(4.76km²)에 대단위 주택 단지를 개발하여 동북부의 부도심으로 만든다는 계획을 1985년 9월 발표했다. 주택공사가 99만 9,000평(3.3km²)의 택지를 개발하여 3만 500가구의 아파트를 짓고, 토지개발공사는 44만 평(1.45km²)의 택지를 개발하여 서울시에 일괄 매각하며, 서울시가 1만 2,500가구의 시영아파트를 건설한다는 계획이었다. 또한 녹지 공간, 초·중·고등학교, 구청 등 공공시설뿐만 아니라 백화점 등 상업 및 유통 시설, 서비스시설, 업무시설을 유치하여 4만 3,000가구, 주거 인구 23만 명을 수용하는 신시가지로 조성하겠다는 계획이었다.[9] 규모에서 개포와 목동을 능가했고, 속도에서 인구 23만 명을 수용하는 새로운 도시를 1985년 12월 착공하여 1988년까지 3년 만에 끝내는 계획이었다.

1980년대 초부터 시작된 택지개발사업은 2000년대까지 계속되었다. 규모는 개포, 목동, 상계·중계 지구보다 작았지만, 송파구 문정·거여·장지 지구, 강동구의 고덕 지구, 강서구의 가양·등촌·방화·발산·마곡 지구, 마포구의 상암 지구, 도봉구의 창동 지구, 강북구 번동 지구, 성북구의 장월 지구, 노원구 월계·공릉 지구, 중랑구 신내 지구 등 서울의 외곽 지역이 조성되었다. 서울시 행정구역 안에서 택지개발사업으로 조성한 면적은 토지구획정리사업지구(132.4km²)에 이어 단일 사업으로는 두 번째로 넓다(38.7km²).

위성도시

1980년 말 서울시 안에서는 대규모 택지를 조성하기 어렵게 되자 개발의 열기는 수도권으로 옮겨 갔다. 공공기관에 밀려 택지를 확보하지 못한 민간 건설업체의 압력도 거세졌다.[10] 1988년 2월 25일 제6공화국의 출범과 함께 대통령으로 취임한 노태우는 '주택 200만 호 건설'을 공약으로 걸었다. 제5공화국 전두환의 '주택 500만 호 건설'의 축소판이었다. '500만 호의 건설'이 '대통령의 지시' 형식이었다면, '200만 호 건설은' 대통령 취임 후 두 달 뒤인 4월 당시 여당이었던 민정당 대표위원이 기자회견 형식으로 발표했다. 5년간 주택 200만 호 건설을 추진하겠다는 것이었다.[11] 시대는 바뀌었지만 두 계획은 군사정권만이 밀어붙일 수 있는 속도전과 대규모전의 색깔을 드러냈다.

이듬해 2월에는 1992년까지 공급하려던 5,700만 평(188.43km²)의 택지를 1990년까지 앞당겨 공급하기로 했다. 사업에 가속을 붙인 것이다. 이를 위해 대도시 지역의 녹지를 택지로 용도 변경하고 용적률, 건폐율, 건축물 인동간격隣棟間隔 규정을 대폭 완화하여 25층 아파트가 가능하도록 했다. 안양, 평촌의 150만 평(4.96km²)에 주택 6만 4,000호를 지어 인구 26만 5,000명을 수용할 수 있는 신도시를, 시흥·산본에는 120만 평(3.97km²)에 주택 5만 호를 지어 인구 20만 명의 신도시를 개발하기로 했다. 부천시 중동에도 160만 평(5.29km²)의 신시가지를 개발할 것이라고 발표했다.[12] 수도권 1기 신도시 시대의 개막이었다.

신도시 계획의 절정은 다음 해인 1989년 4월 청와대에서 열린 주택 관계 장관회의에서 건설부 장관이 보고한 분당과 일산 신도시 건설이었다. 폭등하고 있는 서울의 주택 가격을 안정시키고 주택 공급을 크게 확대하기 위해 경기도 성남시 분당동에 540만 평(17.85km²), 경기고 고양시 일산읍에 460만 평(15.21km²)을 조성하고 각각 42만 명, 30만 명을 수용하는 신도시를 건설한다는 내용이었다. 분당에는 중산층이 선호하는 중형 이상의 아파트 10만 5,000가구, 일산 지구는 아파트와 단독주택을 병행하여 7만 5,000가구, 두 신도시에 총 18만 가구의 주택을 공급하기로 한다는 내용이었다. 이를 위해 5개월 후인 9월까지 계획을 확정 짓고, 택지 개발을 연말까지 마무리하며 11월부터 다음 해 1월에 걸쳐 분양을 개시한다는 것이었다. 또한, 두 신도시 모두 1991년 입주를 가능하게 한다는 것이었다. 공식적으로는 3년 안에 인구 72만 명의 새로운 도시의 설계와 건설을 끝내고 입주를 완료한다는 엄청난 속도전이었다. 두 지역과 함께 군포, 안양, 부천시에 5개 주택 단지를 2~3년 안에 개발하게 되면 총 33만 3,000가구의 주택을 공급하게 된다고 덧붙였다. 이는 서울시 기존 주택 수 136만 가구의 24.5퍼센트, 기존 아파트 42만 가구의 79.3

퍼센트에 해당하는 물량이었다.[13]

주택 200만 호 건설은 "청와대 지령에 의한 전시행정", "현대판 바벨탑 쌓기", "서민에겐 그림의 떡", "자화자찬" 등 정치권과 언론의 질타를 받았고, 국민들도 200만 호 건설 정책의 성공 가능성에 대해서는 회의적이었지만 정부는 1991년 8월 말 주택 200만 호 건설 목표를 달성했다고 짧게 발표했다.[14] 이로써 10년도 안 되는 짧은 기간에 크고 작은 신도시가 서울을 에워싸는 공간 구조로 수도권이 탈바꿈했다.

어떻게 이런 속도전과 대규모전이 가능했을까? 1970년부터 1990년까지 농촌에서 서울로 이주한 인구는 500만 명이 넘는다.[15] 생산, 서비스, 막노동 등 일자리를 찾아 한 해 평균 25만 명, 한 달에 2만 명, 하루에 700명 이상이 서울로 올라온 셈이다. 산술적으로 20년 동안 매일 700명이 살 집을 지어야 했다는 뜻이다. 주택난을 해소하기 위해서 속도전과 대규모전은 불가피한 선택이었다. 1980년대 중반 '3저 현상'이라고 불렸던 국제 원유가 하락, 달러 가치 하락, 금리 하락도 건설 붐을 견인했다. 한국 경제구조가 수출 주도형으로 전환되면서 매년 10퍼센트 내외의 경제성장률을 유지했고, 이에 따라 국내 총생산량이 급속히 성장했다. 1986년 아시안게임, 1988년 올림픽과 같은 국제 행사도 건설 붐을 자극했다.

이러한 경제·사회·문화적 배경에서 속도전과 대규모전을 이끈 것이 택지개발사업이라는 막강한 도시계획 수단이었다. 택지개발사업은 토지 수용, 택지 조성, 주택 건설, 분양 및 매각, 이렇게 네 단계로 나누어진다. 첫째, 토지 수용은 정부와 공공기관이 민간의 땅을 사들이는 것을 말한다. 토지 소유권을 유지한 채 사업을 진행한 후 필지를 교환하는 구획정리사업의 환지換地 방식과 가장 큰 차이점이다. 법에서는 수용收用이라는 용어로 부드럽게 표현했지만, 토지주가 모두 동의하지 않더라도 정부가 원하는 값에 땅을 강제로 사들일 수 있다는 뜻이다. 토지구획정리사업은 토지주가 건물을 짓지 않으면 공공의 계획이 완료될 때까지 얼마나 시간이 걸릴지 예측할 수 없다. 반면 택지개발사업은 공공이 주도하여 토지를 매입하고 건물을 지음으로써 사업의 속도를 낼 수 있었다. 신문 보도처럼 17개의 관련법의 효력을 정지시킬 수 있을 정도의 강력한 「택촉법」을 옆에 끼고 정부는 '속도전'을 감행할 수 있었다. 국가가 주도하여 사업 용지를 싼값으로 전면 매수하는 사업에 공공이 경영한다는 의미의 '공영公營'이라는 이름을 붙였다. '공영 개발'의 명분을 내세운 택지개발사업은 역설적으로 도시민의 '주거권' 문제를 우리 사회의 수면 위로 끌어올렸다. 도시 철거민 운동이 조직적으로 발전한 계기는, 성공적인 사례로 꼽히는 목동 지구 택지개발사업에 대한 투쟁이었다.[16]

목동의 실험

'주택'을 짓기 위해 '대지'를 '개발'한다는 점에서 택지개발사업과 토지구획정리사업은 크게 다르지 않다. 그러나 두 사업은 전혀 다른 도시 조직과 건축 유형을 만들어냈다. 택지개발사업으로 만든 강남구의 개포·대치동, 양천구 목동, 노원구의 상계·중계동은 대한민국 사교육의 중심지다. 세 곳 모두 넓은 상업가로를 따라 학원가가 형성되었다는 공통점이 있다. 넓은 도로가 있다고 모두 사교육 중심지가 되지는 않는다. 학원으로 임대할 수 있는 충분한 상업 공간이 밀집되어 있으면서도, 비슷한 소득 계층이 사는 대단위 아파트 단지를 배후에 끼고 있다. 사는 곳과 소비하는 곳을 분리하되 가까이 두는 것이 택지개발사업의 전략이다.

서울시는 1983년 설계 공모 방식으로 목동 신시가지의 아이디어를 수렴하고 기본 계획을 수립했다. 5개 당선 팀 중 하나였던 '서울건축'이 만든 기본 계획 모형은 전체 공간 구조를 잘 드러낸다. S자 모양의 상업 공간 띠가 안양천을 따라 남북 축을 형성하고 그 주변에 주거 단지가 자리 잡았다. 주거 단지는 북, 중앙, 남 등 3개의 중생활권으로 나뉘고, 다시 지역·지구·주구住區·분구分區로 세분화되었다. 20~25층 아파트 단지가 대부분이고 5층 저층 주택과 타운하우스가 입지할 땅은 최소화했다. 남북 중심축을 따라 녹지 보도를 설치하고 보행자 전용 도로 체계를 도입했다. 체육 공원, 종합유통센터, 종합병원, 주차 공원, 열병합발전소, 공공주차장이 지구 중심과 외곽에 자리 잡았다.[17] 자연녹지지역에는 야구장, 주경기장, 실내 아이스링크 등 대형 체육시설이 들어섰다. 강남에 이어 목동이 최고의 주거지로 꼽히는 것은 이처럼 주거·상업·업무·체육 시설이 종합선물세트처럼 갖춰진 서울 안의 최초의 신도시였기 때문이다.

'서울건축'의 기본 계획은 설계 공모 당선안을 독자적으로 발전시킨 것이 아니었다. 설계권자인 '서울건축' 뒤에는 비공식 위원회가 활동했는데 그중 오즈월드 네글러Oswald Nagler가 기본 구상을 잡는 데 큰 역할을 한 것으로 알려져 있다. 네글러는 미국의 도시계획가이며, 당시 건설교통부 산하 HURPIHousing, Urban and Regional Planning Institute의 자문 역할을 했다. HURPI는 미국이 자금을 지원한 아시아 재단Asia Foundation의 원조 프로그램이었다. 목동 신시가지의 두드러진 점인 S자 띠가 네글러의 초기 스케치에서 나타나고 있다. 네글러의 안은 1940년대와 1960년대 영국의 신도시 계획의 영향을 받았다는 연구가 있다.[18]

네글러가 목동의 도시 골격을 만드는 데 영향을 준 것은 사실로 확인되지만, 그의 초기 스케치와 현재 목동의 가로망, 블록, 필지는 많은 차이가 있다. 네글러는 공식적인 설계자가 아니었으므로 그 과정을 정확히 추적하는 것은 한계가 있다.[19] 서울시와 '서울건축'이 공동 제작한 보고서에는 설계 공모 당선안을 누가 어떤 과정을 거쳐 수정했는지 밝히지 않았다. 목동은 택지개발사업으로 조성한 최초의 사례로서 이후 신도시 건설에 중요한 참고가 되었지만, 동시에 기본 구상, 기본 계획, 실시 계획으로 진행되면서 왜곡되는 관행의 시발점이기도 했다. 목동을 둘러싼 도시·건축학계 연구는 주로 목동의 전례로 꼽는 런던 신도시, 목동의 중심축 형태, 공간 위계와 같은 거시적 도시 구조에 초점이 맞추어져 있다. 실현된 목동 신도시의 미시적 도시 조직과 건축물, 주변 지역과의 관계를 다룬 연구는 상대적으로 미미하다.

아보카도 구조

목동 신시가지가 왜 계획안과 다른 모습이 되었는지는 택지개발사업의 토지이용계획에서 찾을 수 있다. 토지이용계획은 교통 계획, 도시계획시설계획(도로, 공원, 시장, 철도 등 시민 생활계획이나 도시 기능의 유지에 필요한 시설 중 법률로 정한 시설계획), 공원녹지계획과 함께 도시계획의 바탕을 이룬다. 계획 수립, 사전 협의, 신청, 승인, 고시에 이르는 행정적 절차를 거친다. 첫 단계에서 개발 대상지를 지정하고, 수용 인구와 적정 밀도를 정한다. 두 번째 단계에서 도시 기능과 수요를 예측하고 대상지를 용도별로 배분한다. 크게 주거용지, 상업용지, 공공시설용지로 삼분한다. 주거용지는 공동주택과 단독주택으로 나누고 세대수와 건물 동수를 결정한다. 공공시설용지는 도로, 학교, 공원, 녹지, 각종 공공건축용지 등으로 세분한다. 주거, 상업, 공공시설용지의 비율과 배치에 따라 도시의 골격이 결정된다.

이렇게 결정된 평면적 토지이용계획 위에 건폐율과 용적률을 적용하면 입체적 공간의 총량이 결정된다. 문제는 거시적 도시 구조와 건축 면적의 총량을 결정할 뿐, 구체적인 건축설계가 개입할 기회가 없다는 데 있다. 도시계획과 건축설계가 분리된 채 진행된다. 이것이 우리나라 신도시 건설이 안고 있는 문제의 핵심이다. 아무리 새로운 현상 설계안이 제시되더라도 토지이용계획의 관성을 따르면 결과물은 비슷해진다.

목동의 토지이용계획을 보자. 전체 지구(4.38km²)는 주거용지(47.1%), 공공시설용지(47.1%), 상업용지(5.9%)로 구성되었다. 주거와 공공시설이 각각 절반씩 차지하고 나머지를 상업 공간으로 배분하는 구조다. 공공시설용지는 도로(15.0%), 학교(6.0%), 공원(4.0%), 운동장(3.7%), 녹지(2.9%), 공공청사(1.5%), 문화시설(0.7%), 사회복지시설(0.4%) 등 도시의 삶에 필요한 21개 기능으로 구성되었다. 구획정리사업 역시 전체 지구를 일반지와 공공용지로 나누었지만, 공공용지는 도로, 공원, 시장, 학교 등 주거지를 지원하는 제한된 기능만을 담는다. 그 결과, 구획정리사업지구의 공공용지 비율은 택지개발사업지구보다 낮다. 서울시 구획정리사업지구의 평균 공공용지 비율은 34.6퍼센트였다. 반면 택지개발사업으로 조성한 목동(47.1%), 상계(40.9%), 중계(43.5%), 우면(44.8%), 대치(41.0%)의 공공용지 비율은 40퍼센트 이상이었다.[20] 택지개발사업이 단순 주거지가 아니라 자족적인 도시를 목표로 했기 때문이다.

목동에서 나타난 택지개발사업지구의 특징은 주거지역과 상업지역의 분리와 집중이다. 반면 구획정리사업지구에는 주거와 상업 공간이 블록 전체에 분산되어 있다. 블록 가장자리는 상업지역과 준주거지역, 이면부는 일반주거지역, 블록 중심은 전용주거지역으로 지정된다. 주거와 상업의 혼합 용도mixed use가 자연스럽게 자리 잡는다. 유럽과 미국의 도시이론가와 활동가들은 1960년대부터 주거와 상업을 분리한 근대 도시계획을 비판하고, 혼합 용도의 장점을 되돌아보기 시작했다.

1980년대 이후 서울은 이러한 비판에 역행하는 신도시를 왜 만들어왔는가? 분산된 상업용지보다 한 곳에 집약된 상업용지의 땅값을 더 높게 책정할 수 있기 때문이다. 사업 시행자는 공공용지는 무상으로 정부에 기부하고, 주거용지는 원가에 공급하지만, 상업용지는 경쟁 입찰로 매각한다. 상업용지는 개발 수익의 원천이다. 상업용지가 한 곳에 모여 있을수록, 대지 규모가 클수록 감정가가 높아진다. 이처럼 중심의 대형 상업건축을 주변의 아파트 단지가 감싸는 상업(중심)-주거(주변)의 공간 구조는 아보카도 씨와 과질에 비유할 수 있다. 양파 껍질처럼 벗겨지는 구획정리사업지구의 상업(가장자리)-주거(내부) 구조를 뒤집은 모양이다.

그리드의 실종

네글러의 초기 스케치는 하나의 축이 목동 중심부를 S자 모양으로 관통하고 결절점에 다양한 도시 기능을 배치했다. 그러나 실현된 목동에는 폭 25미터의 일방통행로 사이에 약 150미터×150미터(평균 2만 1,758m²) 크기의 장방형 블록이 자리 잡았다. 이렇게 형성된 중심업무상업지구

그림 1-9. 택지개발사업으로 조성한 목동 신시가지. 붉게 표기한 S자 모양의 지역은 상업용지

CBCD의 블록은 대형 필지(평균 7,615m²)로 나누어진다. 고층 오피스가 늘어선 강남 테헤란로 변의 필지(1,000~2,000m²)보다 크다.[21] 여기에 평균 용적률(595.4%)을 환산하면 건물 규모(지상 연면적 4만 5,000m²)는 테헤란로 변의 고층 오피스와 맞먹는다. 오목공원 주변에는 방송국, 통신사, 백화점, 상업, 업무시설과 대형 주상복합건물이 밀집해 있다. 그중 '하이페리온'(69층, 높이 252m, 용적률 817.6%, 연면적 38만 6,000m²)은 2003년 준공되었을 당시 우리나라에서 세 번째로 높은 타워로, 현대백화점과 함께 초대형, 초고층, 복합체의 아이콘이 되었다. 이처럼 토지이용계획과 획지계획을 거치면서 초기 설계안과 다른 모습으로 바뀌는 우리나라 신도시 건설의 문제를 목동은 잘 보여준다. 거시적 도시 구조보다 블록과 필지의 크기와 같은 미시적 도시 조직이 건축의 형태와 공간을 좌우한다는 교훈을 남겼다.

상업 공간을 감싸는 주거지도 대단지화되었다. 14개 아파트 단지는 평균 1,737세대가 사는 25개 동으로 이루어져 있다. 1가구에 4인이 산다고 가정하면 한 단지에 약 7,000명이 사는 셈이다. 목동을 포함한 우리나라 신도시 계획은 클래런스 페리Clarence Perry의 '근린주구近鄰住區 Neighborhood' 이론의 영향을 받았다고 알려져 있다. 페리가 정의한 근린주구는 주민 5,000~7,500명이 사는 반경 400미터 크기(약 50만m²)의 동네다. 페리는 중심으로부터 초등학교, 공원, 상점, 공공시설이 같은 거리에 있는 것이 이상적이라고 보았다. 페리의 근린주구는 작은 블록과 길로 구성되어 있다. 반면 목동 아파트 단지는 페리의 근린주구 면적의 4분의 1(13만 729m²)이지만 하나의 블록으로 이루어져 있다. 구획정리사업이 다수의 필지와 소블록으로 이루어진 거대 블록을 만들었다면, 택지개발사업은 소수의 필지로 구성된 거대 블록과 거대 단지를 만들었다.

주택 단지는 도로로 에워싸인 한 덩어리 토지를 말한다. 법에서는 이를 '일단一團의 토지'라는 표현을 쓴다. 일제강점기부터 사용해왔던 말이다. 「주택법」에서는 일정 폭 이상의 도로가 단지를 관통하면 법적으로 하나의 단지가 될 수 없다고 명시하고 있다.[22] 단지가 나누어지면 각종 법 규정을 받아 층수와 용적률이 대폭 줄어든다. 사업자의 관점에서 도로는 피하고 싶은 존재다. 그래서 개발자는 공도公道인 도시계획도로를 최대한 단지 가장자리로 밀어낸다. 대신 사도私道인 '단지 내 도로'를 만들어 단지의 규모를 키운다. 단지를 크게, 배타적으로 만드는 반도시적 독소 조항이 「주택법」에 있다.

도로가 사라진다는 것은 그리드의 실종을 의미한다. 택지개발사업으로 만든 상업용지와 아파트 단지에서 나타난 대형화, 단지화, 그리드의 실종은 도시와 건축에 근본적인 변화를 몰고 왔다. 서울 밖에 포도송이처럼 늘어나는 크고 작은 신도시는 중산층의 삶도 바꾸어놓았다. 1990년대 후반 처음으로 등장한 대형 할인점은 새로운 소비 행태에 대한 갈망과 맞아떨어졌다. 도심의 백화점이나 재래시장을 찾을 수밖에 없었던 소비자들은 이제 주말에 가족과 함께 자동차를 몰고 값싼 제품, 다양한 상품, 넓은 매장에 쉽게 접근할 수 있게 되었다.[23] 신도시는 자동차 중심의 소비문화와 전원도시에 대한 갈망, 정부 주도의 속도전과 대량전의 합작품이었다.

이렇게 만든 서울 안의 신도시 목동에 주택 재건축 움직임이 일어나고 있다. 목동의 향방은 한국 1기 신도시가 미래에 어떻게 변할 것인가를 가늠하는 시험대가 될 것이다.

4

도려내기와 덧대기

2014년 서울 건축 50년사에서 전례가 없던 사건이 일어났다. 토지와 건물 소유자의 요청을 받아들여 서울시가 144개 주택재개발사업구역을 해제하기로 한 것이다. 주민 요구에 의한 구역 해제는 개발 시대에는 상상할 수 없는 일이었다. 철거반이 저항하는 거주자를 강제로 몰아내고 집을 허물어버리던 것은 지난 50년 동안의 익숙한 풍경이었다. 불과 몇 년 전만 하더라도 뉴타운 사업은 정치인들의 가장 확실한 선거공약이었다.

뉴타운 사업은 재개발·재건축 사업의 덩치를 키운 이명박 시장이 주도했던 대규모 정비사업이었다. 2002년 길음, 왕십리, 은평, 3개 시범 뉴타운을 시작으로 이명박 시장 재임 기간에 서울에서 34개 뉴타운 사업구역이 지정되었다. 서울시가 직접 계획을 수립하고 사업을 주도했다. 전체 주거지의 10퍼센트에 해당하는 면적이었다. 개발사업에 기웃거리던 사람들이 정비 회사를 만들어 조합과 건설사 사이 틈새시장에 뛰어들었다. 2005년에는 「도시재정비촉진을 위한 특별법(약칭 도시재정비법)」이 제정되어 뉴타운 사업에 힘을 실었다. 난개발로 이어지는 재건축·재개발 사업의 문제점을 개선하고 주택 공급과 도로, 학교, 공원 등 도시기반시설까지 확충하는 종합적인 '도시재정비사업'이라는 취지였지만 뉴타운 사업은 건설 자본과 주민의 표를 의식한 정치적 의도가 있었다. 법과 제도는 중앙정부가 갖고 있었지만, 서울시는 사업을 통해 실질적으로 독자노선을 걸었다. 이 시기 서울의 집값도 폭등했다.

2011년 10월 취임한 박원순 시장은 뉴타운 사업을 포함한 모든 정비사업의 실태를 조사하고 주민 의견을 수렴했다. 2011년 11월 기준, 서울시 뉴타운·재개발·재건축 구역은 1,300여 개로, 서울시 행정구역의 10.2퍼센트, 시가화 지역의 17퍼센트에 해당하는 면적(61.6km²)이었다. 이 중 434개 구역은 사업이 완료되었고, 610개는 실태 조사 대상, 866개는 갈등 조정 대상으로 분류되었다.[1] 2012년 7월부터 2014년 1월까지 159개 구역을 조사한 결과, 144개 구역(63%)의 토지 등 소유자 30퍼센트 이상이 정비구역 해제를 요청했다.[2]

어떻게 이런 일이 벌어졌을까? 토지주, 조합원, 시행사, 건설사, 잠재적인 분양자 모두가 단일대오를 형성하고 달려왔던 개발 신화에 금이 가기 시작한 것이다. 새 건물이 자신의 이익을 보장해주지 않을 것이라는 의심, 새집을 지으면 자신은 쫓겨난다는 자각이 싹트기 시작한 것이다.[3] 그런데 구역 해제는 문제의 시작에 불과하다. 해제를 요청한 사람들보다 입을 다물고 있던 많은 사람이 여전히 재개발을 원하고 있고, 이들이 집단으로 움직이면 재개발보다 더 나쁜 방향으로 갈 가능성이 잠복해 있다. 여기저기서 이미 문제가 불거지고 있다.

주택 재개발

'재개발사업'은 「도시 및 주거환경정비법(약칭 도시정비법)」에서 정한 '정비사업'의 하나다. 우리나라 도시계획에서 '정비整備 Rearrangement'는 '개발'의 반대 개념이다. 기존 건물을 고치거나, 새 건물을 지으면서 도로, 상하수도, 공원, 주차장과 같은 공공시설을 확보하는 사업이다. 하지만 수십 년간 고치는 일보다 부수고 새 건물을 짓는 일이 더 많았다. '정비'와 '개발'은 사실상 차이가 없는 동전의 양면이었다.

2013년 「도시재생 활성화 및 지원에 관한 특별법(약칭 도시재생법)」이 제정되어, 법적으로는 건설 한국을 지배했던 '개발' 패러다임이 '재생'으로 전환되었다. 공공이 주도하여 쇠퇴하는 도시를 활성화하는 것이 특별법 제정의 취지다. 그런데 「도시재생법」이 없더라도 기존의 법 틀에서 재생하는 데 큰 문제가 없었다. '정비'는 '재생'의 내용을 이미 포함하고 있었기 때문이다. 「도시재생법」을 뉴타운 사업의 출구 전략으로 보는 이유다. 우리는 여전히 '개발', '정비', '재생'의 차이를 피부로 느끼고 공감하지 못하는 도시에서 살고 있다. 이런 가운데 '개발'은 악, '보존'은 선이라는 도식이 자리 잡았다.

재개발로 사라지는 달동네와 그 자리에 들어서는 아파트는 한국 영화에서 하나의 코드였다. 영화 〈완득이〉(2011)에서 필리핀 엄마와 척추장애인 아버지 사이에서 태어난 '완득이'와 선생 '동주'가 사는 달동네는 아파트의 반대편에 있는 세상이다. "이게 시끄러우면 아파트로 이사를 가든가, 고시 공부해." 등장인물들이 주고받는 대사에서 아파트는 사회적 지위와 특정한 삶을 압축한다. 노홍진 감독의 독립영화 〈굿바이 보이〉(2010)는 달동네를 떠나는 이삿짐 차에 앉아 눈물 흘리는 소년과 멀리 아파트 단지를 중첩하면서 막이 내린다. 떠나는 달동네는 흑백사진, 향하는 아파트는 컬러사진으로 채색되었다.

1970년대 소설은 재개발의 폭력성을 고발했다. 조세희의 『난장이가 쏘아올린 작은 공』(1978)은 서슬이 퍼런 군사독재 시대에 감히 다룰 수 없었던 도시 빈민들의 현실을 그렸다. 난쟁이들이 사는 '서울특별시 낙원구 행복동'에 고지대 건물 철거 지시 계고장이 날아든다. "여기서 그냥 사는 거야. 이건 우리 집이다."라고 가족들은 저항해보기도 하지만, "시에서 아파트를 지어놨다니까 얘긴 그걸로 끝난 거다."라는 아버지의 절망과 "그들 옆엔 법이 있다."라는 주인공의 말에 가족들은 이내 힘을 잃는다.[4]

재개발을 밀어붙인 계고장에 적힌 '그들의 법'은 어떤 법이었을까? 재개발사업이 법에 명문화된 것은 1971년에 개정한 「도시계획법」 조항이었다. 재개발사업은 1976년 단일법으로 제정된 「도시재개발법」으로 옮겨졌다. 이때 '재개발사업'은 도심과 부도심의 취약한 기반시설과 노후 건축물을 철거하고 기반시설을 확보하면서 상업·업무 등 대규모 건물을 건설하는 '도심 재개발'을 지칭했다. 무허가 불량 주택을 개량하는 '주택개량재개발사업'은 1973년 만들어진 「주택개량촉진에 관한 임시조치법(약칭 임조법)」에 따른 것이었다.[5] 소설 속 가족이 받아든 계고장은 한시법限時法이었던 「임조법」, 그리고 「건축법」과 서울시 관련 조례에 따른 것이었다. 1970년대 도시 빈민들이 도저히 대응할 수 없는 복잡한 법 체계였다.

1973년에 시작한 '주택개량재개발사업'은 처음에는 아파트 건설이 목적은 아니었다. 서울시가 공공시설을 설치하고 주민이 주택을 개량하는 사업이었다. 하지만 『난쏘공』에서 보듯이 가난한 도시 빈민들이 자력으로 주택을 개량한다는 것은 현실적으로 불가능했다. 1979년 서울시는 사업의 속도를 내고 재원을 마련하기 위해 대상지를 전면 철거하고 공동주택을 단지화하는 방향으로 정책을 바꾸었다. 대형 건설업체의 참여는 이렇게 시작되었다. 건설업체에 사업을 위탁했다는 뜻에서 '위탁 재개발'로 부르게 되었다. 이로써 주택 개량 재개발은 전면 철거 후 아파트 건설의 성격을 띠기 시작했다.[6] 1982년 '주택개량재개발사업'은 「임조법」에서 「도시재개발법」으로 들어갔다. 이때부터 법적으로 재개발은 '주택 재개발'과 '업무·상업건축 재개발'로 구분되었다.

'재개발=아파트'의 등식이 본격적으로 자리 잡기 시작한 것은 '합동 재개발 방식'의 등장 이후다. 사업을 추진하는 데 걸림돌이었던 재정 문제를 해결하기 위해 주민은 토지를 제공하고, 건설사는 사업비 일체를 부담한다는 뜻에서 '합동 재개발'이라고 불렀다. 1983년 천호 1구역에서 최초로 합동 재개발 방식을 시작한 후 대부분의 재개발이 이 방식으로 시행되었다. 그럴듯한 이름의 '합동 재개발'은 공공과 민간이 협력하는 공적 사업처럼 보이지만 사실상 건설 자본과 중산층, 정부가 손잡고 벌였던 부동산 개발 사업이었다.

1996년 「도시재개발법」 개정 시 '주택개량재개발사업'은 '주택재개발사업'으로 이름이 바뀌었다. 그로부터 6년 후 2002년 제정한 「도시정비법」은 「도시재개발법」, 「주촉법」, 「도시 저소득 주민의 주거환경 개선을 위한 임시조치법 (1989)」을 통합했다. 이때 '도심재개발사업'은 '도시환경정비사업'으로 이름이 바뀌어 정비사업의 하나로 「도시정비법」에 포함했다. 2017년 개정된 「도시정비법」에 성격이 다른 '주택재개발사업'과 '도시환경정비사업'이 다시 '재개발사업'이라는 이름으로 묶었다. 그 결과, 여러 개의 정비사업은 재개발사업, 재건축사업, 주거환경개선

사업, 세 가지로 압축되었다. 이처럼 40년간의 재개발·재건축 사업의 변화 과정은 극소수의 전문가만이 파악할 수 있을 정도로 실타래처럼 복잡하게 얽히며 변화해왔다.

주택 재건축

'주택재건축사업'은 '주택재개발사업'과 출발부터 성격이 달랐다. '주택재개발사업'은 공공이 주도하는 공적 사업이지만, '주택재건축사업'은 소유자가 주도하는 민간사업이었다. '주택재건축사업'은 서민주택 공급물량을 늘리기 위해 1972년 특별법으로 만든 「주촉법」에 뿌리를 두고 있다. 이 법에 근거해 노후 불량 주택 소유자들이 자발적으로 조합을 결성해 공동주택을 허물고 새로 아파트를 짓도록 한 민간주택 건설 사업이었다. 「주촉법」의 골자는 주택 건설과 공급, 이를 위해 필요한 자금의 조달과 운용이었다.[7] 각종 인허가 규정을 간소화했고 서민들에게 주택자금을 지원했다.

서울과 수도권에 대단위 아파트를 짧은 기간에 건설할 수 있었던 것은 「주촉법」과 「택촉법」(1980)이 있었기 때문이었다. 2003년 주택재건축사업이 「도시정비법」으로 옮겨 가고, 「주촉법」에는 주택 건설 관련 조항만을 담은 채 「주택법」으로 전부 개정되었다. 1970년 78.2퍼센트였던 주택보급률이 2002년 100퍼센트에 근접할 정도로 주택 공급의 목적을 달성했기 때문에 신축에서 리모델링으로 전환한다는 취지였다.[8] 주택재건축사업도 주택재개발사업과 함께 공적 성격의 도시계획사업으로 바뀐 것이다.

다른 궤도를 거쳤지만, 재개발과 재건축은 궁극적으로 대단위 아파트를 짓는 사업으로 귀결되었다. 전자는 단독주택을 허물고 아파트를 짓는 사업, 후자는 낮은 아파트를 허물고 더 높은 아파트로 짓는 사업이라 해도 크게 틀린 말은 아니었다. 2012년 서울시는 도시기반시설이 양호한 단독주택, 다가구·다세대 주택이 밀집한 저층 주거지를 아파트로 바꾸는 재건축사업의 법적 근거를 없앴다. 저층 주거지를 허물고 아파트를 짓는 일은 공공의 이름으로는 하지 않겠다는 결정이었다. 결과적으로 공적 재건축사업은 저밀 아파트를 고밀 아파트로 바꾸는 사업만 가능하게 된 것이다. 물론 민간 개발자와 조합이 주도하는 저층 주거지 아파트 건설 사업은 여전히 가능하다. 2008년 금융위기를 겪고 난 지금 재개발은 한풀 꺾였지만, 재건축은 여전히 중산층에겐 재산 증식의 최고 수단이고, 부유층에겐 황금알을 낳는 거위다. 국회 인사청문회에서 위장전입은 적당히 넘어가는 통과의례가 되었다. 정치인들의 위장전입에 대해 국민이 관대한 것은 재산 증식과 자녀 교육이 맞물린 이 탈법 행위가 사회 전반에 관행처럼 퍼져 있기 때문이다. 재산 증식 뒤에는 아파트가 있었고, 아파트 뒤에는 재건축이 있었다.

재개발과 재건축은 소유권을 가진 수많은 개인이 사업 주체이므로 갈등도 많고, 시간도 오래 걸린다. 두 사업은 최소 8~10년 이상이 걸리는 복잡하고 지난한 과정을 거친다. 계획수립 〉 구역 지정 〉 추진위 구성 〉 조합 설립 인가 〉 사업시행계획 인가 〉 관리처분계획 인가 〉 이주 및 철거 〉 분양 및 착공 〉 준공 및 입주에 이르는 과정이다. 다음 단계로 넘어갈 때마다 조합원의 동의를 얻어야 한다. 그런데 조합원의 자격과 요건에서 두 사업의 차이가 있다. 재개발은 구역 내의 토지 소유자, 건축물 소유자, 임대자(지상권자) 모두 조합원이 될 수 있다.[9] 반면 재건축은 구역 내의 토지와 건물을 모두 소유한 사람만이 조합원이 될 수 있다. 재개발의 조합원 범위가 더 넓은 것은 무허가 주택에 세 들어 살았던 사람들을 보호하려는 조치였다. 서울시는 합동 재개발 방식이 도입된 이후인 1987년부터 세입자들에게 소형 아파트의 방 한 칸 분양권을 받을 수 있는, 이른바 '딱지'라고 불리는 권리를 주기 시작했다.[10] 하지만 가난한 도시 빈민들은 딱지를 팔고 또 다른 도시 외곽 빈민촌으로 옮겨 갈 수밖에 없었다.

반면 재건축사업은 세입자는 배제하고, 땅과 건물 지분을 모두 소유한 자에게만 새 아파트에 입주할 지위를 인정했다. 재개발처럼 딱지를 팔고 나가는 소유자들도 있었지만, 땅과 집을 소유한 재건축사업의 조합원들은 새 아파트가 건설된 후에 주민이 되는 비율이 월등히 높았다. 이들은 전 과정에 참여하면서 강한 이익집단으로 결속되었다. 우리나라에서 가장 강한 주민 공동체는 주택재건축사업의 조합이라고 해도 과언이 아니다.

제3의 도시 조직

1970년대부터 2010년까지 정비와 개발 사업으로 조성한 땅 면적은 토지구획정리사업(132.4km²), 택지개발사업(38.7km²), 재개발사업(15.9km²), 재건축사업(5.1km²) 순이다.[11] 성격이 비슷한 재개발·재건축 사업구역을 합한 면적(21km²)은 택지개발사업지구에 이어 세 번째로 넓다. 제3도시 조직이다. 제1조직 구획정리사업지구, 제2조직 택지개발사업지구와 달리 제3조직 재개발·재건축 구역은 서울시 전역에 점으로 흩어져 있다. 재개발구역은 강북에는 성동구, 동대문구, 성북구, 서대문구 구릉지, 강남에는 동작구와 관악구 구릉지에 몰려 있다. 재개발구역이 강북에 몰려 있는 것은 서울이 팽창하면서 역사 도심을 감싸고 있던 구릉지에 무허가 불량 주거지가 형성되었기 때문이다. 재개발구역은 벌레가 갉아먹은 나뭇잎처럼 들쑥날쑥하다. 반면 재건축구역은 강남, 서초, 송파, 강동구의 평평한 땅에 많다. 재개발구역과 달리 경계가 네모반듯하고 구역 면적도 넓다.

서울시는 90제곱미터 이하 필지를 과소 필지로 규정하고 그 이하로 필지가 분할되는 것을 억제해왔다.[12] 하지만 이 기준보다 작은 필지가 역사 도심과 구릉지에 많이 있다. 이런 구릉지 소필지 위에 재개발사업구역이 덧대어졌다. 1973년에서 2017년까지 44년 동안 지정된 456개 주택재개발사업구역 평균 면적은 4만 4,164제곱미터, 366개 주택재건축사업구역 평균 면적은 4만 7,640제곱미터였다. 재개발사업, 재건축사업, 도시환경정비사업을 묶은 208개 뉴타운 구역 평균 면적은 7만 8,028제곱미터였다.[13] 「도시정비법 시행령」에서 주택재건축사업 요건으로 정한 최소 면적(1만m²)의 각각 4.4배, 4.8배, 7.8배이다.[14] 하나의 아파트 단지를 만들기 위해 수백 동의 단독주택을 철거하고 기존의 도시 조직을 완전히 지운 뒤 몇 개의 필지로 이루어진 새로운 조직을 만든 꼴이다.

2008년 금융위기를 겪으면서 아파트 건설은 한풀 꺾였다. 2014년에는 통계상으로 1970년대 이후 최초로 아파트 허가 면적이 다가구·다세대 주택의 허가 면적보다 작게 나타났다.[15] 이것이 일시적 현상인지 서울의 주거 유형이 바뀌는 골든크로스인지는 더 지켜볼 일이다. 그 시점을 전후로 서울에서 건설을 추진 중인 아파트 단지의 특성을 살펴보기 위해, 2013~2017년 기간 서울시 도시·건축 관련 위원회 심의 대상이었던 아파트 단지를 조사했다.[16] 이 기간은 주택시장이 2008년 세계 금융위기 이후 처음으로 대출 규제 완화, 철거 및 재건축 승인 요건 완화 등으로 다시 건설 호황을 누렸던 시기다.

재개발·재건축 사업으로 조성한 24개 아파트 단지의 평균 면적은 5만 2,289제곱미터였다. 1973~2017년 기간 주택재건축사업구역 평균 면적보다 연구 대상 24개 단지가 더 커진 것을 알 수 있다. 그중 강남 3구에 몰려 있는 10개 재건축 단지는 24개 전체 평균의 1.5배인 7만 7,704제곱미터였다. 재건축 단지와 인접한 곳은 대부분 구획정리사업으로 조성한 격자형 주거지로 필지는 서울의 전체 평균(250m^2)에 가깝다. 격자형 주거지 300개 필지를 합친 크기의 단지가 바로 옆에 있는 것이다. 10개 재건축 단지의 세대수(2,007)도 24개 전체 평균(1,439)보다 500세대 이상 많았다. 단지가 커질수록 사업성이 높아지기 때문에, 소유자와 개발자는 개발 단위를 최대한 키우려 한다. 재개발은 강북, 재건축은 강남에 몰려 있고, 재개발보다 재건축이 수익성이 높다는 부동산시장의 통설을 연구가 확인해주고 있다.

빗장 도시

재개발과 재건축은 사뭇 다른 양상으로 주변에 영향을 미친다. 구릉지에 집중된 재개발사업은 인접한 도로와 만나는 불규칙한 연접부에 사람 키의 몇 배나 높은 축대벽을 만들어낸다. 보행 흐름을 끊고 도시 경관을 차단한다. 최대한 넓은 지하주차장을 배치하고 그 위에 바닥판을 적게 만드는 설계 전략은 가파른 고저 차를 만듦으로써 필연적으로 자연 지형을 훼손한다. 나무와 조경은 자연 토양 대신 물을 흡수할 수 없는 콘크리트 인공 대지 위에 있다. 배수 설비를 했더라도 수십 년이 지나면 썩어서 바닥을 들어내야 한다. 아파트 밀도가 높아질수록 단지 안 환경이 열악해진다. 북사면에 아파트 단지가 들어서면 단지 북쪽 건물들은 하루에 몇 시간밖에 햇빛을 받지 못한다.

강남 3구에 가깝고 지가가 상대적으로 저렴해서 재개발사업의 최적지로 주목을 받는 성동구와 동작구에서 이런 특징이 나타난다. 궁극적으로 구릉지 고밀 개발은 주거지의 질을 높이지 못하고 장기적으로는 경제적 가치도 떨어뜨릴 것이다. 법이 허용하는 최대 규모로 지었기 때문에 노후화되더라도 더 이상 재건축은 어렵고 리모델링을 통해 환경을 개선해야 한다. 단지 지분을 공동으로 소유한 모든 사람이 동의해야 하지만 결속력이 약해진 주민들이 합의점을 찾아내는 것은 점차 어려워질 것이다. 내 집의 경제적 가치가 떨어지더라도 공동으로 대책을 세울 수 없는 상황이 올 수도 있다.

반면 평평한 대지에 집중된 주택 재건축은 사업이 끝나기 전에 부동산 가치가 폭등한다. 단지 안팎의 기반시설이 개선되고, 주변 도로가 넓어지고, 충분한 지하주차장이 확보되며, 지상의 탁 트인 공간은 나무와 잔디, 연못으로 단장된다. 강남 3구의 재건축 단지가 대부분 이렇다. 문제는 단지 안의 질은 좋아지지만, 밖으로부터 문을 걸어 잠그는 '빗장 도시gated community'가 된다. 님비NIMBY 태도를 가장 강하게 표출하는 곳이 재건축 단지 주민협의회다. 이들의 강한 기계적 연대가 강한 도시 울타리를 만들어냈다. 아파트가 노후화되더라도 집값이 내려가는 것을 막는 결속력이 유지될 것이다. 같은 재건축사업이지만 지역에 따라 격차가 벌어지고 있다.

서울시가 추진하는 공공주택 프로그램이 재개발과 재건축 사업에 실현되는 양상은 더 첨예한 차이를 드러낸다. 열악한 구릉지 원주민은 새 아파트가 지어지기 전에 절반 이상 떠난다. 준공 후 주택조합이 해체되기 때문에 지속 가능한 주거 환경을 감시할 안정된 주체가 없다. 집값을 떨어뜨린다고 믿는 공공임대주택에 대한 반대 목소리가 작다. 반면, 부유한 재건축 단지에서는 사업이 끝난 후에도 원주민이 대부분 주민으로 남는다. 이들은 사업 과정에 적극적으로 개입하면서 공공임대주택 건립을 피하려고 한다.

재개발사업과 재건축사업에 적용하는 임대주택 건립 의무의 차이는 불균형을 심화하는 요인이다. 현재 재개발사업은 전체 세대수의 일정 비율을 임대주택으로 지어야 한다. 반면 재건축사업에는 이런 임대주택 건설 의무가 없다.[17] 2005년 노무현 정부는 주택재건축구역 안에 거주하는 무주택 세입자들의 주거 안정을 도모하고, 도심지에서 임대주택을 늘리기 위해 주택재건축사업에도 임대주택을 짓도록 의무화했다. 4년 뒤 2009년 이명박 정부는 재건축사업의 임대주택 공급 의무화를 폐지하고, 소형주택 공급으로 대체했다.[18] 재건축사업조합 입장에서 굳이 기피 시설로 낙인찍힌 임대주택을 지을 이유가 없어진 것이다. 그 결과, 조합은 일정 비율의 임대주택을 지어야 하는 상한 용적률까지 올리지 않고 허용 용적률까지만 밀도를 높이려고 한다. 이처럼 결속력이 상대적으로 약한 재개발사업조합은 '양'에 집착하는 반면 결속력이 단단한 재건축사업조합은 '양'과 '질'을 저울질하여 장기적으로 더 큰 이익이 돌아온다고 믿는 적정 밀도의 개발안을 고수한다.

정부와 서울시의 정책 의도와는 달리, 공공주택 프로그램은 역설적으로 도시 내 격차를 더 벌리는 역할을 한다.

재개발·재건축 사업의 결과는 몸에 비유하면 상처 부위에 새살이 돋는 것과 같다. 상처가 심하고, 도려낸 부위가 크면 흉터가 남는다. 전형적인 구릉지 주거지인 성동구 금호동 일대는 재개발의 흉터를 잘 보여준다. 지하철 3호선이 관통하는 금호역을 중심으로 이 지역은 경사지를 따라 도시 조직이 불규칙하게 형성되었다. 2009년 자료에 의하면 금호역 생활권 내에는 100제곱미터 미만 필지가 전체의 50.8퍼센트를 차지했다. 서울의 평균(250m²)에 가까운 필지는 불과 8퍼센트가 되지 않는다. 도로도 좁고 경사지를 따라 구불구불하다. 폭 8미터 미만의 도로가 전체의 88.5퍼센트에 이른다.[19]

1980년대 중반부터 재개발사업을 통해 조성된 아파트 단지는 기존의 불규칙, 불균질한 자연발생형 조직과는 전혀 다른 모습을 띤다. 10여 개 아파트 단지 절반은 면적이 1만 제곱미터가 넘는다. 이 규모는 서울시 주택재개발사업구역 평균 면적의 4분의 1이지만 금호동 일대 필지 크기의 100배이다. 주변을 압도하는 거대한 단지 안에는 남향 일자형과 ㄱ자형 아파트 배치가 바깥과는 완전히 독립적인 영역을 구축한다. 옛 조직과 새로운 단지를 함께 그린 지도는 전혀 다른 무늬의 옷감을 덧댄 것 같다.

한강을 사이에 두고 금호동과 마주한 반포동과 압구정동에는 한강변을 따라 아파트 단지가 띠를 형성하고 있다. 1972년 반포 1단지 주공아파트를 시작으로 강남 아파트 시대를 열었다. 6층 높이였지만 3,786세대를 수용하는 대단지였다. 1977년에는 1단지에 이어 총 4,120세대의 2, 3단지가 착공되었다. 그로부터 30년 뒤인 2008년 3단지 자리에 44개 동

그림 1-10. 불규칙, 불균질한 구릉지 도시 조직과 주택재개발사업으로 건설한 아파트 단지가 맞닿아 있는 금호동

3,410세대의 자이 아파트가 재건축사업으로 들어섰다.[20] 5~6층 남향 판상형板狀形 배치는 최고 층수 32층의 ㄱ자형 타워형으로 바뀌었다. 기존의 단지를 도려내고 새로운 단지를 덧댄 셈이다.

경부고속도로를 사이에 두고 반포 1동은 동서로 나누어진다. 서쪽에는 자이 아파트 단지가 자리 잡고, 동쪽에는 토지구획정리사업으로 조성한 소필지 위에 다가구·다세대 주택, 상업건축이 빼곡히 들어서 있다.

그림 1-11. 경부고속도로를 사이에 두고 토지구획정리사업으로 조성한 동쪽 반포 1동과 주택재건축사업으로 건설한 서쪽 아파트 단지

자이 아파트 단지 면적(19만 4,458m²)은 700개 소필지를 합한 크기다. 자이 아파트 용적률은 268퍼센트, 구획정리사업 소필지는 200퍼센트 이하다. 건폐율 차이는 더 크다. 아파트 단지는 13퍼센트, 구획정리사업 소필지는 55퍼센트이다. 경부고속도로를 사이에 두고 서쪽은 넓은 단지에 고층·고밀 아파트가, 동쪽에는 소필지를 꽉 채운 중층 건축물이 들어서 대조를 이룬다.

그림 1-11a. 토지구획정리사업으로 조성한 남쪽 석촌동, 삼전동과 주택재건축사업으로 건설한 북쪽 잠실 아파트 단지

재개발 단지와 구릉지 주거지, 재건축 단지와 격자형 주거지, 두 쌍의 이질적 도시 조직은 그곳에 사는 개인과 집단의 특징을 표출한다. 서울에서 옆집 사람과 필지를 합쳐서 넉넉한 주차장과 오픈 스페이스open space(대지 안에서 건물을 제외한 공지)를 가진 건물을 공동으로 개발하는 것은 제삼자가 나서지 않는 이상 어렵다. 구릉지와 격자형 주거지의 소필지가 그대로 남아 있는 것은 소유권의 조정과 합의가 불가능하기 때문이다.

정비사업은 유형의 땅을 무형의 숫자로 바꿈으로써 개인 간의 갈등을 집단의 전체 이익의 문제로 치환해버린다. 25층 아파트에 사는 사람은 자신의 땅 지분만 중요하며, 그것이 어디에 있는지 알 필요가 없다. 정비사업을 거치면서 개인들은 거대한 이익집단으로 뭉친다. 사회학자 에밀 뒤르켐Émile Durkheim(1858~1917)이 말한 기계적 연대mechanical solidarity다. 이들의 연대는 이익과 관련이 있을 때 작동된다.

구릉지와 격자형 주거지에 남아 있는 사람들도 조건과 기회만 오면 언제든지 이익집단에 동참할 준비가 되어 있다. 1970년대 주거권을 박탈당했던 도시 빈민이 50년이 지난 지금 그때처럼 모두 약자인 것도 아니다. 그들은 정부와 정치인을 떨게 만들 수 있는 저항과 투쟁의 노하우를 알고 있다. 개발과 보존 갈등 뒤에는 민원을 두려워하는 시 정부와 개발론자로 매도당하는 것을 두려워 침묵하는 전문가 집단이 있다. 재개발과 재건축은 공적 사업이다. 해서는 안 될 정비사업도 있지만, 반드시 해야 할 정비사업도 있다. 중요한 것은 무자비한 전면 개발이 아니라 치밀한 정비와 재생이다. 방법론이 문제다.

언저리 건축

난항을 겪고 있는 노원구 백사마을 주택재개발사업과 잠실 5단지 주택재건축사업은 이해 당사자인 토지 소유자와 조합·정비 사업을 주도해야 할 서울시와 서울주택도시공사, 물리적 계획과 설계를 담당하는 전문가 집단 간의 소통과 협의, 주도면밀한 전략과 전술이 필요하다는 것을 절실히 보여주었다.

백사마을은 서울의 마지막 달동네로 불리는 곳으로 서울시는 2011년 이후 기존 주거지의 원형 보존과 아파트 건설을 결합한 새로운 방식의 재개발사업을 추진해왔다. 과거 천편일률적인 아파트 단지와는 다른 새로운 디자인을 마련하기 위해 서울시와 SH가 국제 지명 설계 공모를 대행했다. 해외 건축가들에게 파격적인 디자인을 기대했겠지만, 아파트의 현실적 문제를 이해하고 실현이 가능한 대안을 제시한 국내 건축가 안이 선정되었다.

하지만 설계 공모 당선안은 주민과 조합원의 격렬한 반대에 부딪혔다. 자연 지형, 경관, 주변 맥락을 고려한 설계안은 최고 25층 주동을 포함하여 높이가 다른 주동을 골고루 섞은 배치안이었다. 이 안에 대해서 조합원은 전체를 똑같이 16층으로 해달라고 요구했다. 같은 높이, 같은 평면으로 구성된 일률적 아파트 단지가 안정된 가격을 형성한다는 부동산시장의 통념 앞에서 새로운 배치안은 벽에 부딪혔다. 조합의 격렬한 반대 앞에 서울시와 SH는 전략적으로 모호한 태도를 보이면서 난항을 겪었다. 가까스로 당선안의 골격을 지킨 수정안이 서울시의 관련 위원회를 통과하여 진행 중이다.

한편 주민들의 주된 관심사가 아닌 저층 임대주택 영역은 12명의 건축가가 '주거지 보존'이라는 화두를 걸고 새로운 저층·중밀 집합 건축을 실험하고 있다. 엄밀히 말하면 기존 주택과 구릉지 원형 '보존'이 아니라, 낡은 집을 부수고, 현행법에 맞도록 길을 내면서 과거의 흔적을 '복원'하는 '신축'이다. 주거지 박물관인 셈이다. 문제는 4층 이하(대부분 2층 이하) 임대주택과 아파트 단지가 법적으로 하나의 사업으로 건설된다는 점이다. 어느 한쪽에서 손실을 보게 되면 주민이 이를 부담하거나 서울시가 이를 떠안아야 한다. 서울시는 초반에 사업구역에 건설되는 전체 주거의 절반을 임대주택으로 계획했지만, 건축가들이 제시한 계획을 따르면 이보다 훨씬 줄어들 가능성이 크다. 더구나 저층 임대주택과 고층 분양아파트 영역을 분리한 것은 임대와 분양을 섞는 혼합 배치 정책에서 후퇴한 것이다. 이 계획안이 실현되더라도 그린벨트를 해제하고 시민 세금을 투입한 이 사업에 대한 사후 평가가 있어야 할 것이다. 서울시, 주민, 사업자, 참여 건축가들은 지금까지 해보지 않았던 새로운 주택 재개발의 길을 가고 있다.

잠실 5단지는 15층의 3,930세대가 사는 대단지로 재건축 조합과 서울시는 최고 높이를 두고 팽팽하게 대립했다. 조합과 서울시는 35층 아파트와 50층 주거복합시설을 결합한 절충 방안에 합의하고 조합이 국제 지명 설계 공모를 서울시에 위탁하는 방식으로 사업을 추진했다.[21] 그러나 당선된 안을 두고 조합 내부에서 반대와 찬성의 논란이 계속되었다. 사업에 속도가 붙지 않자 조합은 서울시가 아파트 가격 상승을 빌미로 의도적으로 사업을 지연시키고 있다고 집단으로 반발하고 있다.

백사마을과 잠실 5단지 사업에서 시행자인 조합과 허가권자인 서울시 사이에 샌드위치처럼 낀 건축가들은 크고 복잡한 사업을 독자적으로 끌고 갈 권한이 없다는 것을 여실히 보여주었다. 국제 지명 설계 공모 당선자의 자격과 예우는 고사하고 제대로 된 설계비를 받는 것조차 불투명해졌다. 그런데도 조합(갑)과 민원을 들어주어야 하는 서울시(을) 앞에 힘없는 건축가(병)는 자기 생각을 고집하는 이기주의자로 비친다. 이 사업을 직간접으로 지원한 서울시 건축가들은 아파트 혁신을 가로막고 있는 「도시정비법」과 「주택법」의 힘을 과소평가했다. 아파트 단지를 비판하고 매도하는 것은 누구나 할 수 있다. 그러나 해법은 그리 단순치 않다. 건축가들이 디자인으로 바꿀 수 있는 것은 제한되어 있다. 개인과 집단의 욕망, 정치와 행정의 괴리, 그리고 새로움을 담을 수 없는 경직된 법이 버티고 있다.

2부

제약

땅과 법

옆집과 빈틈없이 다닥다닥 붙어 있는 좁은 집들. 고깔 모양 지붕과 다양한 색깔의 창문. 암스테르담 관광 엽서에 등장하는 이미지다. 상업이 발달한 도시에서는 특히 길에 많이 면한 건물이 경제적 가치가 높다. 암스테르담 토지주들도 건물 폭을 최대한 넓게 지으려고 했다. 그런데 운하를 끼고 있는 암스테르담 시가지는 지반이 약해 파일pile을 박는 것만으로는 침하를 막을 수 없었다. 네덜란드 정부는 건물 폭에 비례해 세금을 부과하는 법을 시행했다. 건물 하중을 억제하는 최선의 방법이었다. 그 결과, 좁고 깊은 종심형 건축이 운하를 따라 건설되었다. 커튼 폭이 세금을 결정한다는 이야기는 이런 역사적 배경에서 나왔다. 폭이 2미터밖에 되지 않는 건물도 생겨났다.[1] 관광 엽서에 등장하는 암스테르담의 건축은 도시 조직과 법의 산물이다.

스카이라인과 법

뉴욕 맨해튼 스카이라인은 1916년 새로운 도시건축법1916 Zoning Resolution이 제정되자 바뀌기 시작했다. 필립 스테드먼Philip Steadman은 법과 건축 형태의 상관관계를 분석한 『건축 유형과 형태Building Types and Built Forms』(2014)를 출간했다. 스테드먼에 따르면 1916년 이전 맨해튼 고층 오피스는 폭과 깊이가 약 20~30미터였다. 폭 7.5미터 단위 공간을 2열로 배열하기에 적합한 치수였다. 당시 오피스 기준층은 오픈 플랜open plan(벽이나 칸막이가 없는 내부 공간)이 아니라 벽으로 구획된 방과 복도로 구성되었다. 2열로 구성된 기본 평면은 L, U, F, E 자 모양으로 변형되어 기준층을 형성했다. 맨해튼이 세계 경제 중심지로 자리 잡으면서 사무 공간 수요가 폭발적으로 증가했다. 1915년 건설된 38층 에퀴터블 생명보험사 사옥Equitable Life Assurance Building 평면은 H자 형태로 가로세로 길이가 무려 51×94미터로 소블록 전체를 채웠다. 압도적 규모 때문에 바로 옆 건물 저층부에는 온종일 햇볕이 들지 않았다. 건물 높이를 도로 중심선까지 거리의 1.5배에서 2.5배 이하로 제한하는 법이 제정된 배경이다. 그 후 다양한 탑상형 고층 건물이 세워지면서 스카이라인이 변화했다.[2] 암스테르담 중층 집합 건축처럼 맨해튼 마천루도 종심형 도시 조직과 법의 결과물이다.

서울 이면도로 주택가에는 두부를 비스듬히 잘라낸 것처럼 벽이 위로 올라가면서 사선으로 바뀌는 건물을 볼 수 있다. 어떤 건물은 2, 3층의 벽이 1층 벽보다 안으로 물러난 다음 꼭대기 층으로 올라가면서 남쪽으로 기울어져 있다. 앞 사례는 건축물 높이를 도로 반대쪽 경계선까지 거리의 1.5배 이하로 제한하는 「건축법」의 높이 제한 조항 때문이며, 뒤 사례는 주거지역에서 일조권 확보를 위해 남쪽 앞집이 북쪽 뒷집을 가리지 않도록 일정 높이 이상에 적용하는 「건축법」의 정북 방향 높이 제한 조항 때문이다. 흔히 '사선 제한'으로 불렸던 첫 번째 조항은 2015년 폐지되었다. 이후 지어진 건물에서는 도로 면에 접한 사선 형태는 이제 볼 수 없다. 서울의 이면도로 경관 역시 도시 조직과 「건축법」이 결합한 산물이다.

암스테르담, 맨해튼, 서울의 공통점은 초고밀도 공간에 자본이 집중되었다는 점이다. 한정된 땅에 가해지는 고층 고밀 압력은 법에 민감하게 반응한다. 암스테르담은 16~17세기 유럽 상업 중심지로 황금기를 맞이했다. 이 시기에 당시 자본, 기술, 노동력으로 현재 서울의 평균 용적률보다 높은 중층 고밀 도시건축을 지었다.

17세기 중반부터 네덜란드 상인들은 대서양을 건너 허드슨강과 만나는 맨해튼 섬에 정착하여 뉴암스테르담을 세웠다. 이렇게 시작된 맨해튼은 20세기 초반 세계 금융 중심지가 되었다. 미드타운에는 서울의 중심상업지역 용적률 한도보다 높은 초고층 건축이 건설되었다.

20세기 후반 서울은 전 세계에서 가장 빠른 속도로 도시 집중화를 겪었다. 16세기 암스테르담, 20세기 초반 맨해튼이 받았던 개발 압력을 받았지만 이를 해소하지 못했다. 서울에서 법은 두 도시보다 더욱 강력한 힘으로 작동하고 있다.

뉴욕에서 동북쪽으로 비행기로 2시간 거리, 대서양 한가운데 섬의 도시 아베루니Averuni가 있다. 1348년부터 형성된 이 도시에는 지난 200년 동안 미국, 유럽, 아시아인이 이주해 다양한 문화가 공존한다. 도시 면적은 서울시의 2.4배(1,480km^2), 인구밀도는 서울시의 5분의 1(3,665명/km^2)이다. 아베루니 시장은 현재 상태를 과밀이라고 판단하고 남아 있는 녹지 지역을 개발하여 밀도를 낮추기로 했다. 아베루니의 현행 건축법은 미국의 영향을 받았다. 시장은 건축가들로 구성된 연구 그룹을 만들고, 아베루니와 비슷한 세계 도시를 선정하고 그 도시의 법이 건축에 어떤 영향을 미쳤는지 조사하도록 했다. 런던, 뉴욕, 파리, 베를린, 시카고, 홍콩, 취리히 등 19개 도시가 선정되었고, 이들 도시의 건축법 중에서 아베루니에 적용할 수 있는 115개의 코드를 뽑아냈다.

아베루니는 현실에 존재하지 않는다. 2009년 스위스 취리히 연방 공대ETH Zurich 건축학과 설계 스튜디오에서 설정한 가상도시다. 스튜디오 작업 결과를 묶어 『대도시법Grand Urban Rules』(2013)이란 책으로 출간했다.[3] 딱딱한 법과 창의적인 디자인이 상호작용하면서 어떤 도시를 만들 수 있는지 탐구한 기발한 과제다. 아무런 조건 없는 백지상태에서 상상력을 발휘하자는 것이 아니라 주어진 한계 내에서 틈새를 찾아가는 설계 교육 방식이다.

스위스와 한국을 오가며 활동하는 스토커 리 아르키테티Stocker Lee Architetti의 건축가 이동준은 두 나라에서 겪는 공통점을 이렇게 이야기한다.

> 스위스에서는 건축가가 법규 제정, 기술 개발, 현장 관리 등 도시와 건축 전반에 적극적으로 개입하고 주도합니다. 스위스에서도 프로젝트를 의뢰받았을 때 가장 먼저 하는 일은 서울과 마찬가지로 대지에 적용되는 법을 파악하는 일입니다. 법은 규모, 형태, 기능, 주변 건축물과의 관계를 설정하고 어떤 경우에는 재료나 색상 범위까지 정해줍니다. 법이 설계에 미치는 한계를 파악하는 일입니다. 법규가 정해주는 건축선은 눈에 보이지 않는 행정의 선에 불과하지만, 용적률, 건폐율 등 건축주의 재산과 직결된 권리의 선입니다. 건축가의 욕구가 건축주의 권

리를 침해하지 않아야 한다는 직업윤리를 잊지 않고 건축적 가치를 담는 일이 우리 몫입니다. 법의 제한을 직접 받는 평면을 최대한 합리적으로 해결하는 대신 단면은 감각과 창의의 영역으로 극대화합니다.[4]

서울, 암스테르담, 맨해튼뿐만 아니라 목가적 풍경의 스위스 티치노Ticino에서도 창의적 건축과 엄격한 법은 긴장 관계에 있다.

건축설계와 건축법[5]

건축설계를 할 수 있는 자격을 국가로부터 부여받은 유일한 전문가는 건축사建築士다. 「건축사법」은 "국토교통부장관이 시행하는 자격시험에 합격한 사람으로서 건축물의 설계와 공사감리 등에 따른 업무를 수행하는 사람"이라고 명시한다. 1963년 「건축사법」이 제정되었고, 1965년 이 법에 근거해 최초로 건축사 시험을 시행했다. 그런데 법 제정 과정에 건축 허가 서류 대행을 주로 해왔던 행정서사를 포함한 약 1,500명이 시험을 치르지 않고 건축사 자격을 얻는 특혜를 받았다.[6] 이때부터 법적인 지위를 가진 '건축사'가 건축 직능계를 대표하는 전문가라고 주장하는 대한건축사협회와 '작가' 성격의 '건축가建築家'를 표방하는 한국건축가협회가 2002년 새건축사협의회(약칭 새건협)가 등장하기 전까지 약 40년 동안 대립해왔다. 건축사와 건축가 명칭을 둘러싼 논쟁은 여전히 진행 중이다.

건축설계를 할 수 있는 자격, 의무, 책임을 명시한 「건축사법」에 근거해 '건축사'로 명칭을 통일하는 것이 원론적으로 맞다. 그러나 건축사 자격시험 과목, 내용, 출제 방식, 시험 방식, 합격률 등 실타래처럼 꼬인 문제를 해결해야 '건축가' 명칭을 고집하는 사람들을 포용할 수 있다. 자격시험은 피난, 안전, 무장애 설계, 건축사의 권리와 책임 중심으로 간소화해야 한다. 디지털 시대에 제도판 시험으로 건축설계 능력을 평가하는 것은 낡은 방식이다. 5년제 건축학 교육을 받고 실무 수련을 마친 예비 건축사의 설계 능력을 시험으로 판단하는 것은 수요와 공급 논리로 건축사 수를 제한하는 수단으로 밖에는 보이지 않는다. 도입한 지 18년이 지나 사회적 합의를 이룬 국제 기준의 건축학 교육과 인증 제도에도 역행한다. 무엇보다도 경직된 잣대로 예비 건축사의 기회를 제한함으로써 미래 인재 풀을 스스로 좁히는 우를 범하는 것이다.

건축물을 설계하고 인허가 대행 업무를 수행하고, 그에 따르는 법적 책임을 지는 것이 건축사의 일차적인 직무다. 하지만 건축의 품질, 품격, 공공성을 높이는 차원으로 건축사의 역할은 확장되어야 한다. 설계 저작권은 갖지만 법적 책임은 자격증 있는 건축사에게 위임할 수밖에 없는 건축가들도 국가공인자격 제도를 받아들이고 제도권 안으로 들어가야 한다. 건축사건 건축가건 건축설계 서비스를 제공하는 전문가이지 홀로 창작 활동을 하는 작가가 아니다. 설계하는 것과 이에 따르는 법적 책임을 지는 것을 분리해서는 안 된다. 건축계 위상을 낮출 뿐이다.

2007년 '건축의 공공적 가치를 구현하는 기본 이념'을 바탕으로 「건축기본법」이 제정되었다. 건축 영역을 확장하고 재정립하는 첫걸음이었다. 기존 「건축법」이 정의한 '건축물'에 '공간 환경'을 새롭게 추가하고 이를 '기획, 설계, 시공 및 유지 관리하는 것'으로 '건축'의 개념을 확장했다. 「건축사법」도 이에 부합하여 건축물과 공간 환경을 기획하는 일을 '설계' 행위에 포함했다. 「건축기본법」이 제정된 이후 13년 동안 건축계에는 많은 변화가 있었다. 국가건축정책위원회와 건축정책기본계획이 만들어졌다. 건축 문화 진흥을 돕는 재정 지원의 길이 열렸고, 공공건축물 설계는 가격 입찰에서 공모 방식으로 바뀌고 있다. 하지만 공간 환경을 기획, 설계하는 것이 구체적으로 어떤 일인지 법률로 명시하지 못했고, 다른 관련법에서도 이를 담지 못했다. 「건축기본법」은 건축 개념을 확장했지만, 현장에서의 실행을 담보하지는 못하는 선언적 성격에 머물러 있다.

여전히 건축사와 가장 가까운 법은 「건축법」이다. 건축사의 주 업무는 「건축법」에 있는 내용이 대부분이며 「건설산업기본법」, 「건축서비스산업진흥법」에 일부가 추가된 정도다. 「건축법」의 목적은 "건축물의 대지, 구조, 설비 기준 및 용도 등을 정하여 건축물의 안전, 기능, 환경 및 미관을 향상함으로써 공공복리의 증진에 이바지하는 것"이다. 「대한민국 헌법」에서 규정한 재산권의 공공복리 적합 행사 의무와 부합되는 취지다. 하지만 건축설계 행위를 다루는 「건축법」은 두 가지 근본적 문제점을 안고 있다. 첫째, '건축설계', '설계자', '설계도서'라는 말을 쓰지만 정작 '건축설계'가 어떤 행위를 말하는지는 구체적으로 정의하지 않았다. 따라서 건축 행위는 법률상 "신축, 증축, 개축, 재축, 이전"과 같은 기술적 내용에 머물러 있다. 둘째, 「건축법」은 필지 단위와 개별 건물에 국한되어 있다. 필지를 벗어나는 건축 행위와 건축물은 다른 법에 의존해야 한다. 사업의 인허가 방식도 달라진다. 예컨대 「건축법」에 의한 개별 건축물은 '건축 허가', 「주택법」에 의한 주택건설사업은 '사업계획승인', 「도시정비법」에 의한 재개발·재건축 사업은 '사업시행계획인가' 절차를 거쳐야 한다. 「건축법」은 건설·건축 산업계의 반쪽 세계만 담고 있다.

지구단위계획

우리나라 법체계는 최상위 법인 헌법, 법률, 대통령령(시행령), 총리령(시행규칙), 지방자치단체의 조례와 규칙 등 성문법 전체를 포함하는 4천여 건의 법령으로 이루어져 있다. 흔히 기본 6법이라고 부르는 민법, 형법, 행정법, 상법, 민사소송법, 형사소송법이 법령의 근간을 이룬다. 「건축법」은 기본 6법 중 행정법에 속한다. 위험 방지라는 공익을 이유로 토지 사용권을 제한하는 등 행정 주체와 사인과의 공법상 법률 관계를 규율하기 때문이다. 「건축법」은 기본적으로 일정한 대지에 건축물을 짓는 행위를 제한하고 요건을 충족하는 때에만 제한을 풀어주는 네거티브 속성이 있다.[7] 건축물의 허가 및 사용 승인 권한은 행정구역을 담당하는 시군구 지방자치단체가 갖고 있다. 따라서 법률, 시행령, 시행규칙뿐 아니라 지방자치단체에서 정하는 조례가 건축 행정에 중요한 역할을 한다.[8]

그런데 「건축법」과 관련 깊은 법은 「건축기본법」이 아니라 「국토계획법」이다. 1962년 제정된 「도시계획법」은 여러 차례 개정을 거쳤고, 2002년 「국토이용관리법」과 통합되어 「국토의 계획 및 이용에 관한 법률(약칭 국토계획법)」이 되었다. 이 법이 도시계획 관련 법의 구조, 위계, 관계, 관련 사업 실행을 규정한다. 내용상으로 보면 통합되기 이전의 「도시계획법」이라는 명칭이 긴 이름을 줄인 「국토계획법」보다 적절하다.

어쨌든 약칭 「국토계획법」은 시군 단위 지방자치단체가 장기적 도시 정책을 추진하기 위한 '도시기본계획'을 20년마다 수립하도록 정하고 있다. 국토종합계획, 수도권정비계획 등 상위 광역도시계획이 있지만 시·군이 수립하는 최상위 계획이 도시기본계획이다. 1966년 서울의 공간 구조에 관한 최초의 도시기본계획이 수립된 후 10여 차례 수정되었다. 시청과 구청 사무실 벽에서는 도로망, 녹지축, 개발축과 같은 공간 구조를 표시하고 있는 '도시기본구상도'를 볼 수 있다. 이것이 도시기본계획이다. 2014년에 수립한 '2030 서울시 도시기본계획'이 대표적 사례로, 미래의 기본적인 공간 구조와 장기 발전 방향을 제시한다. 약칭 '2030 서울플랜'이라고도 부르는 이 계획은 서울의 공간 구조를 3도심-7광역 중심-12지역 중심으로 재조정했다. 도시기본계획은 물리적 공간뿐만 아니라 경제, 산업, 복지, 환경, 안전, 역사, 문화를 아우르는 거시적이고 포괄적인 계획이다. 하지만 반드시 이행해야 하는 강제성이 없는 말 그대로 '계획'이다. 도시의 큰 그림을 그리는 미래 청사진이다.

항공기에서 내려다본 거시적 공간 구조가 '도시기본계획'에 담겨 있다면, 헬리콥터를 타고 저공비행하면서 자세히 들여다본 미시적 도시 표면은 '도시관리계획'으로 규정한다. 용도지역지구 세분화, 가구街區 및 획지 조성과 규모, 필지별 허용 및 제한 용도, 용적률, 건폐율, 높이 등 개별 건축 행위를 규제하는 모든 내용을 도시관리계획에서 다룬다.

도시관리계획의 대표적인 수단이 '지구단위계획'이다. 지구단위계획은 1980년에 도입된 '도시설계'와 1991년에 도입된 '상세계획'을 2000년에 통합한 것이다. 도입할 당시 도시설계는 기성 시가지 재정비, 상세계획은 새로운 도시 개발이 주목적이었다. 두 수법을 통합한 지구단위계획은 평면적인 도시계획과 입체적인 건축설계를 조율하는 중간 단계 성격이다. 또한 도시기본계획이 선언적 성격이라면 지구단위계획은 반드시 따라야 하는 법정 도시관리계획이다. 「국토계획법」은 "지구단위계획구역에서 건축물을 건축 또는 용도변경하거나 공작물을 설치하려면 그 지구단위계획에 맞게 하여야 한다. 다만 지구단위계획이 수립되어 있지 아니한 경우에는 그러하지 아니하다."라고 명시하고 있다. '건축설계'라는 용어를 명시하지는 않았지만, 도시계획, 도시설계, 건축설계 간의 위계가 여기에 규정되어 있다.

지구단위계획은 법적 구속력을 가진 관리 계획이지만 그렇다고 실행 수단까지 가진 것은 아니다. 건물을 지을 때 어떤 모습으로 하라는 전략은 있지만, 언제까지 어떤 방법으로 하라는 전술은 없는 셈이다. 10년 후 모습을 가정하고 만든 일종의 가이드라인이다. 개발 주체인 정부와 지자체가 예산을 투입하여 사업을 하거나 민간이 자금을 확보하여 사업에 뛰어들 때 비로소 지구단위계획은 효력을 발휘한다. 지구단위계획의 전신인 도시설계와 상세계획이 서울에 도입된 지 30여 년이 지난 2017년 지구단위계획구역은 모두 358개소로 총면적은 녹지를 제외한 서울시 시가화 면적(362km²)의 22.4퍼센트(81km²)를 차지한다.[9] 이미 수립된 지구단위계획은 여러 차례 변경됐고, 매년 새로운 구역이 늘어나고 있다. 하지만 지구단위계획 자체가 도시 변화를 몰고 왔던 것은 아니다.

도시기본계획의 이념과 구상이 지구단위계획으로 내려오면서 퇴색되고 변질되기도 했다. 용도지역을 상향하고 용적률 기준을 높이는 수단으로 오용되기도 했고, 주민 3분의 2의 동의를 얻으면 시작할 수 있는 주민 제안 지구단위계획은 시행사가 반대하는 주민을 압박하는 수단으로 악용되기도 했다. 하지만 이렇게 수립된 지구단위계획은 경제적 기대치를 높여 땅값을 올리지만, 오히려 사업성을 떨어뜨려 개발이 일어나지 않는 역현상이 나타났다.

서울의 3핵 중 하나인 강남 테헤란로에 1984년 도시설계를 도입했고, 1996년, 2007년, 2017년 지구단위계획이 수립되고 변경되었다. 세 차례 지구단위계획을 비교해보면 소필지를 합필하여 공동 개발한 몇몇 고층 건물을 제외하고는 큰 변화가 없었다. 새로운 도시계획 수법이 서울에서 가장 번화한 거리에 변화를 몰고 왔을 것이라는 예상과 다른 결과다. 서울의 큰 변화는 필지 단위를 넘어서는 대단위 사업이 주도해왔다. 토지구획정리사업, 택지개발사업, 도심재개발사업, 주택재개발사업, 주택재건축사업 등 국가와 민간이 추진했던 각종 개발과 정비사업이다.

앞 장에서 언급한 것처럼 1960년대 이후 각종 개발과 정비사업으로 조성한 땅 면적은 서울 시가화 면적의 70퍼센트에 육박한다. 그 위에 새로운 건물을 짓고, 부수고, 고쳐왔으니 개발과 정비사업이 건설산업을 먹여 살렸다고 해도 과언이 아니다. 이러한 사업의 근거가 되는 주요한 법률이 「토지구획정리사업법」, 「택지개발촉진법」, 「도시개발법」, 「도시재정비법」, 「도시정비법」, 「주택법」이었다. 관리 계획을 먼저 세우고 이에 따라 사업계획을 수립한 것이 아니라, 사업이 진행되면서 계획이 뒤를 따르거나, 사업계획이 곧바로 관리 계획이 되기도 했다. '선先 사업 구상–후後 계획 수립'이라는 기형적 과정이다.

개발과 정비사업

중요한 것은 개발과 정비사업이 서울의 도시 조직을 조성했고 그 땅에 적합한 건축 유형이 들어섰다는 사실이다. 지역과 장소의 특성은 각각의 사업법에서 나왔다. 「토지구획정리사업법」에 의해 서울의 격자형 주거지가 조성되었고, 그 위에 단독주택, 다가구·다세대 주택이 들어서면서 저층 밀집 주거지가 형성되었다. 「택지개발촉진법」은 목동 신시가지처럼 주거지역과 상업지역을 분리했고 아파트 단지와 대형 복합 상업건축이 들어서는 것을 가능케 했다. 「토지구획정리사업법」을 흡수 통합한 「도시개발법」은 강서구 마곡, 송파구 문정 지구처럼 주택 및 산업단지뿐만 아니라 복합기능 시가지를 건설할 수 있게 했다. 흔히 '도정법'이라 부르는 「도시정비법」은 도심의 작고 불규칙한 필지를 모아 고층 업무 건축을 건설하고, 구릉지 단독주택과 저층 아파트를 허물고 고층 아파트 단지로 바꿀 수 있게 했다. 「주택법」은 앞에서 열거한 모든 사업법과 함께 아파트 대량 공급을 가능케 한 가장 강력한 수단이었다.

우리나라는 중앙정부가 하향식으로 건설 사업을 주도하는 국가다. 정부 부처를 중심으로 정책과 법령이 입안되고 집행된다. 법령을 주관하는 부처 간 이해관계가 복잡하게 얽힐 때 칸막이 행정이 생긴다. 강한 법적 권한을 가진 정부 부처는 힘이 세다. 법에 근거해 예산과 인력이 편성되고, 관련 직능단체의 설립과 관리를 할 수 있다. 국토교통부의 힘은 「건축법」과 같은 행위 제한 네거티브 법보다 「토지구획정리사업법」, 「택지개발촉진법」, 「도시개발법」, 「도시정비법」, 「주택법」과 같은 포지티브 사업법에서 나온다. 서울시가 건설·건축 산업계와 직능단체를 움직일 수 있는 것도 법에 근거한 개발과 정비사업 주도권을 쥐고 있기 때문이다.

개발과 정비사업은 공적 사업이다. 공공 주도로 계획을 수립하고, 사업을 관리하고, 재정을 지원한다. 용적률을 통해 밀도를 제어할 수도 있고, 공공임대주택을 짓도록 유도할 수도 있다. 공적 사업 물량을 조절하여 건설산업에 활력을 줄 수도 있다. 1997년 외환위기에서 2008년 금융위기를 맞기 전까지가 제2의 건설 활황기였다. '건설 활동' 지표로 활용되는 민간건축물 허가 면적은 2001~2008년 기간에 증가와 감소를 반복했지만, 공공건축물 허가 면적은 경기에 영향을 받지 않고 꾸준히 증가했다. 2003~2007년 기간 중 공공건축물과 도시기반시설에 정부 투자가 지속되었다는 사실이 OECD 통계에서도 확인된다.[10] 개발이 재생으로 바뀐 지금도 건설산업의 몸집을 국가와 지자체가 떠받치고 있다.

「건축기본법」이 표방한 '건축의 공공적 가치 구현,' 「건축법」이 제시한 '공공복리의 증진,' 「건축사법」이 제시한 '공간 환경의 질적 향상'은 공통으로 공공성을 지향한다. 이익과 편리함을 만족시키는 사적 차원에서 시민 삶의 질을 높이는 공적 차원으로 확장이다. 이를 위해서는 「건축법」이 규정하는 개별 건축에서 각종 사업법이 규정하는 집합 건축으로 건축 영역이 넓어져야 한다. 블록, 단지, 지구, 지역을 아우르는 도시 스케일로 넘어가지 않는 한 건축의 공공성, 공익, 공유는 말에 그칠 수 있다.

새로운 아파트 디자인이 나오지 않는 것은 건축가가 생각과 의지가 없어서가 아니다. 중정형, 탑상형, 판상형 등 굳어진 유형, 직각 배치 구간, 단위세대 조합 호수, 단위평면 베이bay 개수, 지정된 층고 등 천편일률적 설계 지침을 따르면서 새로운 대안을 만들기 어렵기 때문이다. 암초는 설계 능력이 아니라 법률, 시행령, 규정, 규칙, 가이드라인, 설계 지침 안에 도사리고 있다.[11] 혁신의 뇌관은 총론보다 각론에 숨어 있다.

용적률

지난 50년간 건설산업의 성장 동력은 더 높은 용적률을 향한 집단적 욕망이었다. 전후 한국에서 부를 축적하는 최고 수단은 부동산이었다. 개인은 지하 월세방이나 열 평 전셋집에서 시작하여 좀 더 큰집으로 갈아타다가 담보를 끼고 '내 집'을 장만했다. 은행 빚을 안고 있지만, 부지런히 일하면 작은 '내 집'을 마련할 수 있었다. 장사해서 돈을 모은 자영업자도 임대료를 내지 않는 자기 소유 건물로 옮기면서 재산을 불릴 수 있었다. 농지에 공장을 지었던 중소기업 사장은 수십 년간 땀 흘려 번 돈보다 폐업 후 땅을 판 돈으로 부자가 되었다. 연예인, 운동선수, 스타 학원 강사들도 단기간에 벌어들인 큰돈을 지키기 위해서 궁극적으로 부동산에 투자한다. 기업 역시 생산과 수출로 벌어들인 돈으로 부동산을 매입하여 자산을 곱절로 불린다. 재벌이 동네 제과점을 내는 것이 빵을 팔아서 돈을 버는 것보다 좋은 목目을 선점하려는 다목적 전략이라는 것은 공공연한 비밀이다. 몇몇 재벌들은 강남 노른자 땅을 사들이는 영토

전쟁을 벌이고 있다.[1] 부자들에게 땅은 2, 3세들이 손쉽게 사업을 시작하도록 밀어주는 통로이자 자산을 가장 안전하게 불리는 수단이다. 가계, 자영업, 기업 모두가 종착지는 더 좋은 목에 더 큰 건물을 소유하고 더 높은 임대료를 받는 것이다. 건설산업은 시장의 이런 요구에 맞추어 가동되었다. 국가도 이 대열에 동참하고 지원했다. 2차 건설 활황기였던 1990년대 중반, 건설에 투자한 돈이 GDP(국내총생산)의 5분의 1을 차지했던 것은 모든 경제 주체가 부동산 신화를 향해 달려왔기 때문이다.[2] 용적률은 한국인의 욕망을 투영하는 지수다.

용적률 게임

2012년 8월 「용적률 게임」이라는 제목을 붙인 칼럼을 신문에 썼다. 2년 동안 기고한 글 중 호응을 가장 많이 받았던 글이다. 2016년 2월 인문학자들과 같이 펴낸 책, 『서울의 인문학』(창비)에 「땅과 용적률의 인문학」을 실었다. 2016년 베니스 비엔날레 한국관에 〈The FAR Game(용적률 게임)〉을 기획했다. 베니스 비엔날레 전체 주제는 총감독 알레한드로 아라베나Alejandro Aravena가 내건 '전선에서 알리다Reporting from the Front'였다. 전 세계 곳곳에서 벌어지는 건축의 전선을 알리고 공유하자는 의도였다. 나는 다섯 명의 큐레이터와 '한국 건축의 최전선은 용적률 게임'이라는 메시지를 던지고자 했다. 우리가 모두 알고 있지만, 건축 책에서는 다루지 않는 용적률에 관한 이야기를 세계 건축 플랫폼에서 공유하고자 했다. 전시가 끝난 후 여러 나라에서 특강 요청을 받았고, 영문으로 출간한 단행본은 찾는 이가 꾸준히 있다.

호평 뒤에는 싸늘한 시선도 있었다. 어떻게 건축예술을 용적률이란 숫자로 격하할 수 있냐는 항변이 대표적이다. 그렇다. 건축은 숫자로 치환할 수 없고, 치환되어서도 안 된다. 건축은 독립적이고 자율적이어야 한다. 문제는 지난 50년간 건축을 추동한 밑바닥에 용적률이 있었다는 부정할 수 없는 사실이다. 게임은 지금도 진행형이다. 서울시 도시건축 관련 위원회는 다양한 규모, 유형, 성격의 사업을 심의한다. 대부분 논쟁의 핵심은 용적률이다. 용적률 게임은 욕망을 향한 악으로 매도해서 끝날 문제가 아니다. 용적률로 대표되는 '크기'와 '양'에 대한 치열한 싸움, 법과 제도와 대면하지 않으면 서울의 뇌관을 건드릴 수 없다. 건축의 품격과 미학에 발을 내디딜 수 없다.

용적률은 관료, 시행사, 건설사, 건축사, 부동산 중개사들이 쓰는 기술 용어다. 그런데 검색 엔진에 '용적률'을 치면 10만 건이 넘는 기사와 20만 건 이상의 블로그 글이 뜬다. 구글로 검색하면 2억 개 이상의 결과가 나오긴 하지만 구글 검색 결과는 대부분 지식을 제공하는 학술적 내용이다. 과연 용적률 뉴스가 한국처럼 많이 뜨는 국가가 있을까? 용적률은 한국인 대다수가 한 번쯤은 들어보았거나 자신과 관련 있다고 생각하는 범용어다.

용적률을 향한 열망은 바짝 붙어서 사는 도시에서 증폭된다. 앞집 아줌마, 옆집 아저씨, 뒷집 사장님 모두 최대한 큰 집을 원한다. 개인 이익은 집단 형평성과 부딪힌다. 마을 사람 모두가 높은 집을 짓기 위해 경쟁하다가 햇볕도 들어오지 않는 흉측한 마을이 되자 결국 높은 집을 허물어버린다는 동화가 있다. 이 마을처럼 되지 않으려면 개인 욕구를 제어하는 규칙이 필요하다. 도시 적정 밀도를 유지하기 위해 정부는 용적률을 제한한다. 땅을 용도별로 세분화하고 용적률 한도를 정한다.

용적률은 「건축법」에서 정의한 용어로 대지면적에 대한 연면적(바닥면적의 합)의 비율을 말한다. 3차원 부피 비율이 아니라 2차원 바닥면적 비율이니 엄밀히 말하면 '면적률'이라고 부르는 것이 맞다. 용적률과 쌍을 이루는 것이 건폐율이다. 건폐율은 대지면적에 대한 건축면적(건물의 수평투영면적, 일반적으로 1층 바닥면적)의 비율이다. 크기 200제곱미터 대지에 1층 바닥면적이 100제곱미터, 2층 바닥면적이 100제곱미터인 이층집을 짓는다고 가정하면 건축면적은 100제곱미터, 연면적은 200제곱미터가 된다. 이 경우 건폐율은 50퍼센트, 용적률은 100퍼센트가 된다. 4층으로 올리면 건폐율은 50퍼센트로 같지만, 연면적이 400제곱미터로 늘어나 용적률은 200퍼센트가 된다. 20층으로 쌓아 올리면 연면적이 2,000제곱미터로 늘어나 용적률은 1,000퍼센트가 된다.

각층 임대료가 같다고 가정하면(물론 1층 임대료가 절대적으로 높다), 4층 집은 이층집의 2배, 20층 집은 이층집 10배 임대료를 받을 수 있다. 용적률은 돈이다. 건축주가 용적률 한도를 채우는 건물을 원하는 것은 당연한 일이다. 한국 건축가들이 민간 프로젝트를 의뢰받았을 때 가장 먼저 하는 일은 주어진 대지와 법 한도 내에서 찾을 수 있는 최대 용적률을 계산하는 일이다. 이 단계에서 경쟁자보다 낮은 용적률을 제시하면 프로젝트를 빼앗겼다고 보면 된다. 1차 관문을 통과하지 못하면 좋은 건축설계를 할 기회는 오지 않는다. 대부분 건축주는 건축의 양을 늘리는 데는 집착하지만, 건축의 질을 높이는 데 돈을 쓰는 것은 인색하다. 이런 사람들에겐 건축은 부수고 바꿀 수 있는 대체재이다. 중요한 것은 경제적 가치와 등가인 건물 연면적이다.

10평 남짓한 협소주택에서 35층 고층 아파트까지, 상업건축에서 종교건축까지, 민간건축에서 공공건축까지 용적률 게임은 규모와 유형에 관계없이 전 방위적으로 벌어진다. 뚜렷한 질서와 일관성이 보이지 않는 들쑥날쑥한 형태, 기이하고 우스꽝스러운 지붕 모양은 안목이 부족한 건축주 취향 혹은 변덕스러움 때문만은 아니다. 건축가의 거친 설계 솜씨 때문만도 아니다. 한 뼘의 면적과 한 치 높이라도 더 찾기 위한 치밀한 셈법과 술수의 부산물이다.

그런데 용적률을 계산하는 방식은 앞에서 설명한 것처럼 그리 간단치 않다. 법에 명확히 명시되지 않아 허가권자의 재량권 안에 있는 내용도 있고, 예외도 있고, 불법과 탈법의 모호한 경계에 있는 내용도 있다. 아파트 단지처럼 규모가 커지면 인센티브도 있다. 서울시의 각종 개발과 정비사업에 적용하는 용적률 계산식을 파악하고 있는 전문가는 극소수다. 숨어 있는 잉여 면적을 찾아내는 것은 시행사, 건설사, 건축가에게 차별의 기술이다. 이런 이유로 용적률을 찾아 먹는다는 표현을 쓴다. 최대 용적률을 원하는 소비자(토지주, 소유자, 잠재적 구매자), 공급자(시행사, 건설사, 건축가), 통제자(법과 제도, 공무원) 사이에서 치열한 게임이 벌어진다.

현재 서울에서 용적률은 개발 이익의 성패를 가늠하는 척도이며, 도시계획과 도시관리의 최고 수단이다. 용적률 게임은 왜 절대적 신화가 되었을까? 19세기 말부터 20세기 초에 도시화를 겪었던 도시가 많은데 왜 서울에서 이런 현상이 두드러질까?

인구 집중으로 도시 문제를 가장 먼저 겪은 도시는 런던이다. 런던 인구는 1801년 100만을 넘어섰고, 19세기 말에는 450만 명으로 치솟았다. 런던 외곽에도 200만 명 이상이 살고 있었다. 에버니저 하워드Ebenezer Howard의 전원도시를 실현한 레치워스Letchworth(1904), 햄프스테드Hampstead(1909), 웰윈Welwyn(1919) 신도시가 건설되었던 배경이다. 20세기 초에도 인구가 계속 증가해 1930년에는 800만에 도달했다. 100만에서 800만으로 증가할 때까지 걸린 시간은 129년이었다. 뉴욕은 1873년 100만을 넘어서, 2000년에 정점인 800만에 도달했다. 런던보다 2년을 당긴 127년이었다. 도쿄는 1883년 100만에서 1959년 800만에 도달할 때까지 76년이 걸렸다. 런던과 뉴욕이 도달했던 기간을 50년 이상 앞당겼다. 서울은 일제강점기인 1942년 100만을 넘었다. 런던, 뉴욕, 도쿄보다 200만이 많은 1,000만 인구를 돌파한 때는 1988년이다. 46년 만이었다.[3] 글로벌 도시 런던, 뉴욕, 도쿄를 능가하는 초고속 집중화였다.

서울은 행정구역 인구수 1,023만 명으로 2006년 세계 1위였다.[4] 하지만 서울을 에워싼 수도권 인구를 포함하면 순위는 바뀐다. 우리나라 수도권 인구는 2,500만 명이다. 도쿄 수도권에는 이보다 1,300만 명이 더 많은 3,800만 명이 살고 있고 상해 대도시 권역에도 3,400만 명이 살고 있다. 도시 경계를 어떤 범위로 볼 것인가에 따라 인구수가 달라지므로 단순 비교가 어렵다. 서울에는 1제곱킬로미터 안에 1만 6,400명이 살고 있다. 서울시와 면적이 비슷한 도쿄의 1.2배, 싱가포르의 2.5배, 서울시 면적의 2배인 홍콩의 2.5배다. 물론 1제곱킬로미터에 2만 1,000명 이상이 사는 뭄바이 같은 도시도 있다. 그런데 뭄바이 인구는 인도 전체인구 1퍼센트에도 미치지 못한다. 반면 서울 인구는 남한 인구의 20퍼센트를 차지한다. 서울은 절대 인구수, 인구밀도, 국가 전체 인구 대비 집중도가 모두 높은 도시다. 이것이 서울에서 용적률 게임이 치열한 첫 번째 이유다.

인구밀도가 높다고 용적률 게임이 벌어지는 것은 아니다. 땅값 상승이 받쳐주어야 한다. 1964년 한국의 1인당 GDP(국내총생산)는 106달러였고, 서울의 땅값은 1제곱미터에 4달러였다. 2015년 서울의 1인당 GRDP(지역내총생산)는 3만 달러를 넘어 300배 증가했다. 땅값은 1제곱미터당 2,640달러로 660배가 뛰었다. 이는 실질명목소득 상승 비율의 3.7배였다. 원화로 환산하면 3,000배 이상 뛰었다. 이 통계는 공시지가로 환산한 통계다.[5] 실거래가로 계산하면 이보다 더 높을 것이다. 고도성장, 지가 상승, 개발 압력 등 세 조건이 갖추어졌다.

이런 조건에서 땅값은 개발 성패를 가르는 최대 변수가 된다. 서울에서 건물을 지을 때 사업비 총액에서 땅값이 차지하는 비율은 평균 절반을 넘는다. 전체 130만 개 필지 중 상위 2퍼센트 필지 공시지가는 1제곱미터당 5,500달러(2,200만 원/평) 이상이다. 이 경우 땅값은 사업비의 70퍼센트 이상을 차지한다.[6] 1990년 강남 최고 지역은 3.3제곱미터(평)당 3,950만 원, 2000년에는 4,620만 원, 2010년에는 1억 3,000만 원으로 올라 47년 전인 1964년보다 32만 5,000배로 뛰었고, 강북 중구 일부를 제외하고는 대한민국 땅값 최강자의 자리를 지켰다.[7] 높은 땅값을 상쇄하는 방법은 용적률을 최대한 높이는 것이다. 크게 지을수록 분양과 임대 수익도 커져서 공실 위험을 상쇄했다. 서울에서 건물을 짓는 것은 땅을 적층하는 것이라고 해도 과언이 아니었다.

세계 도시의 용적률 경쟁

뉴욕 맨해튼도 인구와 자본이 집중되었던 19세기 말에서 20세기 초에 이르는 기간에 용적률 게임을 치렀다. 지가가 급등하면서 토지와 건물주는 임대 수익을 최대한 올리기 위해 건설 기술과 법이 허용하는 한도 내에서 대지를 꽉 채우면서 높이 올라가는 고층 건물을 건설했다. 보편화한 철골구조공법과 승강기 보급은 초고층 고밀 건축 붐을 견인했다.

하지만 자연 환기와 채광이 되지 않는 밀폐된 방들이 생겨나 위생 문제가 대두되었다. 1916년 뉴욕시는 이런 문제점을 해결하기 위해 최소 공지, 중정, 최고 높이, 이격 거리에 관한 법령을 제정했다.[8] 개발자들은 새로운 법을 지키면서 용적률을 극대화하기 위해 중정을 없애고 상부로 올라가면서 건물이 계단처럼 뒤로 물러나는 셋백setback 형태를 선택했다. 평면 노른자인 중심부를 비우지 않는 것이 임대 수익을 높이는 데 유리했기 때문이었다. 건물 외곽선을 지키면서 높게 지을 수 있는 망사드 지붕mansard roof도 생겨났다. 평면에서 시작하여 입면立面과 매스mass로 발전시키는 전통적인 설계방법론은 3차원 가상 외곽선building envelope에서 시작하여 입면과 평면으로 좁혀가는 방법론으로 역전되었다.[9] 1890~1930년 월스트리트에 세워진 112개 건물과 1930년대 이후 미드타운에 세워진 66개 건물 평균 용적률은 1,200퍼센트를 넘는다. 용적률 규제에 대응하는 설계 전략은 고전건축 미학과는 다른 20세기 마천루 도시를 만들어냈다.

반면 유럽에는 19세기 이전 중층·고밀 건축이 도시 골격을 형성했다. 파리 무프타르Quartier Mouffetard 지역은 중세 도시 조직을 보존한 곳으로 500×500미터 범위 안에 416개 건물이 있다. 평균 건폐율은 70퍼센트, 용적률은 277퍼센트였다. 중심업무지역 포부르 뒤 룰Faubourg du Roule에는 455개 건물이 있고 건폐율은 80퍼센트, 용적률은 525퍼센트였다.

런던의 역사·업무·상업 지역인 세인트폴St Paul's 500×500미터 범위 안에는 169개 건물이 있다. 건폐율은 69퍼센트, 용적률은 370퍼센트였다. 상업 중심가 옥스퍼드가Oxford Street 718개 건물의 건폐율은 95퍼센트, 용적률은 483퍼센트였다.[10] 19세기 이전 파리와 런던 도심에 용적률이 300~500퍼센트인 건물이 자리를 잡았다. 이렇게 밀도를 높일 수 있었

던 것은 5~7층 건축물이 옆 건물과 벽을 맞대고 블록을 가득 채웠기 때문이었다.[11]

최근 런던에는 색다른 고층 건물 경쟁이 벌어지고 있다. 1980년대 마거릿 대처 총리는 규제 철폐 정책으로 용적률 규제를 풀고 협상에 따라 규모와 높이를 결정하는 제도로 선회했다. 그 결과, 우스꽝스러운 향수병 모양 고층 건물이 스카이라인 위로 튀어나오고 있다. 용적률 경쟁에 높이 경쟁까지 가세한 양상이다.[12]

어쨌든 19세기 이전 유럽 대도시에는 서울의 현재 용적률에 버금가는 고밀도 건축이 지어졌다. 게다가 석재로 쌓은 두꺼운 벽 구조에 아치, 철골, 목재로 슬래브를 지탱하는 구조 방식은 견고해서 다른 용도로 고쳐 쓰는 데 큰 문제가 없었다. 현대적 설비시설을 설치할 만큼 천장고도 충분했다. 유럽 도시의 보존과 재생은 튼튼한 구조 방식과 고밀도 도시 건축 때문에 가능한 것이다.

1990년대 초 부동산 거품이 꺼지기 전 일본도 용적률 게임을 치렀다. 일본은 고도성장기였던 1963년 높이 제한에서 용적률 제한으로 건축물 규제 방식을 전환했다. 높이 제한이 없어지자 1970년대 이후 도쿄 제2도심 신주쿠에는 용적률 한도를 채우면서 하늘로 치솟는 초고층 건설 붐이 일었다.[13] 니시 신주쿠 500×500미터 안 23개 건축물 평균 건폐율은 41.7퍼센트, 용적률은 1,129퍼센트였다. 높이도 대부분 30층 이상이었다. 오피스 건축은 30~54층, 상업건축은 20~30층이었다. 서울의 역사 도심에 해당하는 치요다구 마루노우치에도 1980년대 이후 재개발을 통하여 고층 건물이 들어섰다. 500×500미터 반경 안 23개 고층 건물 평균 건폐율은 75.5퍼센트, 용적률은 1,076퍼센트였다.[14]

중국 도시도 용적률 게임을 치를 것이다. 중국의 모든 땅은 법적으로 국가 소유다. 개인이 70년간 빌려 쓰고 있다.[15] 중국 정부는 도시계획대로 건설을 좌지우지할 수 있는 절대적 행정력을 행사한다. 공간을 확장하고자 하는 개인 욕망을 사회주의 국가 권력이 다른 방식으로 통제하면서 용적률 게임은 서울과 다른 양상으로 벌어질 것이다.

서울시 용적률 체계

한양의 단층집은 수직으로 쌓을 수 없는 목구조와 온돌 결합 방식이었다. 대지를 최대한 채우는 집이라고 하더라도 건폐율은 70퍼센트를 넘지 않았다. 구한말 한양은 건폐율과 용적률이 70퍼센트로 같았던 수평도시였다. 2016년 서울의 평균 용적률은 145퍼센트이다. 지난 100년간 변화는 용적률을 70퍼센트에서 145퍼센트로 2배 올리는 과정이었다고 할 수 있다. 현재 평균 건폐율이 50퍼센트라고 가정하면 높이 평균은 2.9층이다. 서울시 130만 개 필지에 현행 「서울시 도시계획조례」가 허용하는 범위에서 최대 규모로 건축물을 짓는다고 가정하면 이론상 용적률은 208퍼센트이다. 그래도 19세기 이전 유럽 대도시 용적률보다 낮다. 개발 압력과 가용 용적률 사이의 괴리다. 서울에서 용적률 게임이 첨예하지 않을 수 없는 또 다른 이유다.

여기에 간과한 사실이 있다. 서울의 평균 용적률 145퍼센트는 건축물대장에 기초한 공식 통계 자료를 바탕으로 환산한 것이다. 〈용적률 게임〉 전시는 공식적 자료에는 나타나지 않는 잉여 공간을 만들어내는 건축가의 실험과 도전을 보여주었다. 그런데 용적률 게임으로 얻은 잉여 공간은 익명의 보통 건축물에 더 많이 숨어 있다. 중산층이 사는 다가구·다세대 주택 지하방, 계단실, 옥탑 등 불법과 편법 경계를 오가는 숨은 공간은 우리 주변에 널려 있다. 압권은 아파트 발코니 확장이다. 2005년 정부는 아파트 발코니 확장을 합법화하기에 이른다. 만연한 불법을 법적 울타리 안으로 가져와 관리하겠다는 취지였다. 엄밀히 말하면 행정력을 동원해 원상 복구하기에는 불법 건축물이 광범위하게 퍼져 있기 때문이다. 2006년 이후 발코니 확장을 전제한 기형적인 평면이 분양 시장에 등장했다. 발코니 확장으로 늘어난 연면적은 30퍼센트를 넘는다. 용적률에 관한 한 한국은 이중장부를 가진 셈이다.

서울시는 두 가지 체계로 용적률을 규제한다. 첫째, 「국토계획법」 한도 내에서 「서울시 도시계획조례」를 통해 용적률 한도를 세분화한다. 도시계획의 최상위법인 「국토계획법」은 용도지역별로 용적률 최고 한도를 정해놓고 있다. 용적률 규정은 1970년 「건축법」에 최초로 도입되었다. 「건축법」에서 정했던 용적률 조항을 「국토계획법」으로 이관한 것은 용도지역제와 최고 한도를 같은 법에서 정하자는 취지였다. 예를 들어 「국토계획법」은 주거지역은 500퍼센트, 상업지역은 1,500퍼센트로 용적률 최대 한도를 정하고 있다. 「서울시 도시계획조례」는 이 범위 안에서 2종 일반주거지역은 200퍼센트, 3종 일반주거지역은 250퍼센트, 준주거지역은 400퍼센트, 사대문 안 일반상업지역은 600퍼센트, 사대문 밖 일반상업지역은 800퍼센트, 사대문 안 중심상업지역은 800퍼센트, 사대문 밖 중심상업지역은 1,000퍼센트로 세분화한다. 이 규정에도 불구하고 국가 및 지방자치단체가 소유한 대지에는 용적률 한도를 완화할 수 있다. 민간 대지에도 대지와 건축물 일부를 공공에 기부채납해도 한도를 완화할 수 있다. 이것이 일반적으로 알려진 용도지역별 용적률 체계다.

둘째, 도시관리계획의 대표적인 수단인 지구단위계획을 통하여 수립한 별도의 용적률 기준이다. 기준 용적률, 허용 용적률, 상한 용적률로 구성된 3단계 용적률 체계다. 기준 용적률은 조례에서 정한 용도지역별 용적률 범위 안에서 입지 여건을 고려하여 블록별, 필지별로 정한 용적률이다. 허용 용적률은 대지 안의 공지, 친환경 계획, 공공보행로 등 특정 계획 요건을 충족할 경우 주어지는 인센티브와 기준 용적률을 합산한 것이다. 허용 용적률은 조례상 용도지역별 용적률 한도와 비슷하다. 예컨대 지구단위계획구역 안 3종 일반주거지역 허용 용적률은 조례상 용적률 한도인 250퍼센트 이하이다. 상한 용적률은 토지와 건물 일부를 도로, 공지, 공공시설 등으로 제공할 경우 주어지는 인센티브와 허용 용적률을 합산한 것이다. 토지주와 개발자의 관점에서 공공에 내놓은 땅과 건물 가치, 덤으로 획득한 용적률에 상당하는 임대 수익을 저울질하여 기부채납을 결정한다. 대부분은 상한 용적률로 얻는 이익이 더 크기 때문에 땅과 건물 중 어디를 내놓을지를 치밀하게 계산한 후 기부채납을 택한다. 허용 용적률은 당연히 얻어야 하는 필수치이고 상한 용적률은 얻을 수 있는 목표치가 된다

지구단위계획구역으로 지정된 면적은 서울시 면적의 13.4퍼센트, 시가화 면적의 22.4퍼센트이다. 택지개발지구 등 지구단위계획구역에 상당하는 기타 구역을 합산하면 서울시 전체의 30퍼센트에 육박한다. 하나의 구역은 몇 개 행정동을 합한 크기이다. 단위 면적이 넓을수록 사업이 커질수록 용적률 인센티브를 얻어내는 방법과 폭이 커진다. 개별 필지 단위 설계를 본연의 업무라고 생각해왔던 건축가들은 이런 용적률 전쟁터에서 한 발짝 물러나 있다.

세 가지 건축 유형

밀도를 측정하는 두 가지 지수指數, 건폐율과 용적률 조합이 건축 유형을 좌우한다. 프랭크 로이드 라이트가 제안한 이상 도시 '브로드에이커 시티Broadacre City(1932)는 인구 3만 명으로 한 사람이 1에이커(약 4,047m², 1,224평)를 소유하는 '넓은 땅'의 도시다.[16] 라이트의 대표작으로 꼽는 2층 주택 로비 하우스Robie House(9,000sqft, 842m²)[17]를 1에이커 대지에 짓는다고 가정하면 건폐율과 용적률은 각각 10퍼센트, 20퍼센트가 된다. 로비 하우스는 라이트가 설계했던 프레리 주택Prairie Houses 중에서도 대저택이다. 이보다 소박한 주택을 짓는다고 가정하면 건폐율과 용적률은 더 낮아질 것이다. 브로드에이커 시티는 저층 저밀도 건축이 흩어져 있는 도시다.

라이트의 경쟁자 르코르뷔지에Le Corbusier(1887~1965)는 '빛나는 도시La Ville Radieuse'(1935)를 내놓았다. '브로드에이커'가 저층 전원도시라면 '빛나는 도시'는 역사 도시를 대체하는 마천루 도시다. '빛나는 도시'에는 1에이커 땅에 1,200명이 산다. 도시 면적의 5퍼센트에는 고층 건축, 10퍼센트에는 저층 건축이 들어서고 나머지 85퍼센트는 녹지로 보존한다. 도시 중심에 르코르뷔지에 대표작 '유니테 다비타시옹Unite d'habitation'(약 100m²) 아파트가 자리 잡는다. 1가구에 4인이 산다고 가정하면 1,200명이 살 수 있는 300가구 아파트(연면적 3만m²)가 필요하다. 1에이커에 이 아파트를 짓는다고 가정하면 용적률은 750퍼센트이다. 물론 두 건축가가 건폐율과 용적률을 계산한 바 없다. 자신들의 구상이 실제로 구현된다고 믿지도 않았을 것이다.

'브로드에이커 시티'와 '빛나는 도시'는 변형된 형태로 미국에서 실현되었다. 19세기 말부터 20세기 중반에 걸쳐 강과 바다로 에워싸인 뉴욕 맨해튼에는 집적된 자본을 바탕으로 높은 건폐율과 높은 용적률의 마천루가 빽빽이 들어섰다. 반면 2차 세계대전 후 고속도로를 따라 미국 전역에 건설된 교외 도시에는 건폐율과 용적률이 낮은 건물이 들어섰다.

서울이 주목해야 하는 것은 저층·저밀 건축과 고층·고밀 건축 사이의 대안이다. 건폐율과 용적률의 관점으로 유럽 도시건축을 비교한 연구를 보자.[18] 제1유형은 19세기 주거난을 해소하기 위해 도심지 외곽에 조성한 중층·고밀 건축이다. 암스테르담 데 페이프De Pijp, 베를린 하케셰Hackesche, 바르셀로나 에이샴플레Eixample 지역을 꼽을 수 있다. 건폐율 50~55퍼센트, 용적률 180~290퍼센트의 건축이 블록을 가득 채운다.

제2유형은 2차 세계대전 이후 품질 높은 사회주택을 공급하기 위해 지방정부가 직접 계획하고 건설한 고층·저밀 건축이다. 넓은 대지에 건폐율 15~20퍼센트, 용적률 80~180퍼센트로 지었다. 베를린 메르키셰스 피어텔Märkisches Viertel, 암스테르담 콜렌키트Kolenkit, 베를린 지멘슈타트Siemenstadt 지역을 꼽을 수 있다.

제3유형은 역사 도시의 과밀 건축 문제점을 해소하면서 르코르뷔지에와 그로피우스와 같은 근대 건축가들이 주장했던 고층 아파트에 대한 대안으로 1960년대 건설한 중층·중밀 집합 건축이다. 제1, 제2유형 중간으로 건폐율 27~35퍼센트, 용적률 160~240퍼센트로 블록과 가로에 대응하면서 여유 있는 중정을 배치했다. 스톡홀름 함마르뷔 쇼스타드Hammarby Sjostad, 로테르담 란통Landtong, 암스테르담 자바 아일랜드Java Island 지역이다.

이 연구에서 건폐율과 용적률은 도로를 포함한 블록 면적을 기준으로 계산했다. 우리나라 기준으로 환산하면 건폐율과 용적률은 더 높다.

세 유형 모두 서울의 평균 용적률보다 높다. '고층=고밀' 등식이 반드시 성립하는 것이 아니라는 것을 시사한다. 유럽 도시는 제1중층·고밀 유형과 제2고층·저밀 유형에 대한 비판적 대안으로 제3중층·중밀 건축을 실험해왔다. 한국 건축가들이 오랫동안 실험해보고자 했지만 실패했던 고밀과 저밀 사이의 중간건축이다.

토지구획정리사업으로 조성한 강남은 제1유형에 가깝다. 반면 반포, 잠실 아파트지구와 택지개발사업으로 조성한 목동 신시가지는 제2유형에 가깝다. 호세 루이스 세르트Jose Luis Sert, 제인 제이콥스Jane Jacobs가 격렬하게 비판했던 르코르뷔지에의 고층·고밀 유형이다. 아파트 단지의 문제는 높은 용적률 자체가 아니라 낮은 건폐율과 맞물려 있다는 점이다. 길과 블록을 무시한 배치, 담장으로 에워싼 폐쇄적 단지, 주변을 압도하는 높이가 문제다.

서울시 전체 필지 4분의 1을 차지하는 제2종 일반주거지역에서 법정 건폐율과 용적률을 채우려면 최소 4층이 되어야 한다. '건폐율 60퍼센트-용적률 200퍼센트-높이 4층'은 서울에서 개발 기준점이다. 중요한 것은 밀도를 얼마나 높이는가가 아니라 어떻게 높이는가 하는 방법이다. 양과 질의 균형 문제다.

도시경제학자 리처드 플로리다Richard Florida는 「창조 도시를 위해서는 하늘도 한계가 있다」라는 기고문에서 고밀 도시가 저밀 도시보다 창조 역량이 많다고 역설한다. 다만 상하이와 맨해튼을 예로 들어 높게 짓는다고 혁신이 배가 되지는 않는다고 주장한다.[19] 고층, 중층, 저층이 섞여 있고 대면 접촉이 활발하게 일어나는, 길이 살아 있는 도시가 혁신을 촉발한다. 건폐율과 용적률은 숫자에 불과하지만, 건축과 도시를 디자인하는 변수다.

시간과 비용

실험적 건축이 혁신인가

1990년대 이후 건축계에서 가장 영향력 있는 건축가를 꼽는다면 맨 앞에 렘 콜하스Rem Koolhaas가 있을 것이다. 그는 작품보다 글로 먼저 건축계에 등장했다. 러시아 구성주의와 일본 메타볼리즘을 결합한 독특한 시각으로 거대 도시 맨해튼을 정신분석학적으로 해부한 『광기의 뉴욕Delirious New York』(1978)은 불과 34세에 쓴 책이지만 단번에 세계 건축계의 주목을 받았다. 1995년 출간한 『스몰, 미디엄, 라지, 엑스라지S, M, L, XL』에서는 비례, 스케일, 디테일과 같은 고전건축 원리를 뒤엎는 거대성Bigness 이론을 내세웠다.[1] 과감한 이론만큼 그의 작품도 파격적이었다. 1975년 설립한 사무소 OMA가 45년 동안 설계한 수많은 건축물 중에서 베이징 CCTV 사옥과 시애틀 도서관을 대표작으로 꼽는다. CCTV 사옥은 하중, 응력, 모멘트 등 역학 원리에서 벗어난 불합리성을 드러냈다. 높이 56미터 육면체를 4개 바닥판으로 나누고 좌우로 이동시켜 사방으로 돌출하게 한 시애틀 도서관 역시 도서관 건축의 전형을 깼다. 두 건물은 편안함, 안락함을 의도적으로 뒤집고 매끈한 재료와 꼼꼼한 디테일을 비웃는다. 이런 이론과 실험이 건축의 본질과 가치를 새롭게 정립했는지, 아니면 또 다른 방식의 형태적 유희인지는 50년 뒤쯤에 냉정하게 평가될 것이다. 어쨌든 과감한 형태, 공간, 구조, 외피는 역설적으로 당대 최고 엔지니어들의 도움으로 실현되었다.

CCTV 사옥과 시애틀 도서관의 실험적 외피를 기술적으로 풀어낸 사람들은 컨설팅 그룹 프론트FRONT Inc. 전문가들이다. 마크 시몬스Marc Simmons, 마이클 라Michael Ra, 브루스 니콜Bruce Nichol이 2002년 뉴욕에 설립한 회사다. 런던에 본사를 둔 아럽Arup이 1945년 설립한 이래 여러 분야를 다루는 종합 컨설팅 회사로 성장했지만, 프론트는 커튼월curtain wall, 외피, 조명, 구조를 포함한 건물 파사드 시스템facade system 컨설팅으로 특화했다. 21세기 건축의 새로운 틈새시장을 집중적으로 공략한 사람들이다. 프론트 작품집이나 홈페이지를 열면 스타 건축가에서 글로벌 대형 사무소에 이르기까지 전 세계 최고 건축가들이 총망라되어 있다.[2] 프로젝트 유형, 규모, 형태도 하나로 묶을 수 없을 정도로 다양하다.

최고 스타 건축가들을 자문할 수 있는 프론트의 경쟁력은 무엇일까? 그들만의 고유한 비법이 무엇인가 물어보았다. 남들에게는 없는 특별한 기술보다는 수백여 개 프로젝트를 수행하면서 쌓은 경험을 바탕으로 문제를 정확히 판단하고 최적의 해법을 찾는 문제 해결 능력이었다. 건축가가 원하는 디자인에 적합한 재료와 시스템을 제작할 수 있는 회사를 전 세계에서 찾는다. 그들은 자신을 "제조업체 사냥꾼hunter for manufacturers"이라고 했다. 이들의 도움 때문에 도면상에 머물 수 있었던 건축가들의 실험이 구현될 수 있었다. 이런 과정에서 그들은 건축가들의 진정한 면모 혹은 숨은 이면을 비평가들보다 더 깊고 예리하게 파악하고 있었다. 나는 이들이 현대건축 지형도를 정확히 진단하고 있는 사람들이라고 생각한다.

그런데 건축 기술을 선도하는 아방가르드라고 생각했던 그들의 '혁신'에 관한 견해는 뜻밖이었다. 마이클 라는 우리 도시 저변을 형성하는 보편 건물의 질이 높아지지 않는다면 건축은 상위 극소수의 전유물이 될 뿐이라고 했다. 한때 건축의 미래라고 내세웠던 비정형, 파라메트릭parametric 디자인은 컴퓨터 소프트웨어를 사용하여 그림(렌더링)을 잘 그렸을 뿐 기술 혁신과는 거리가 멀다는 것이다.[3] 디지털 기술을 활용한 DDP(동대문 디자인 플라자)와 같은 비정형 건축이 사람들의 호기심을 자극하겠지만 새로운 미래 가치가 없다면 형태의 유희에 불과하다. 디지털 패브리케이션digital fabrication 분야에 방대한 국가 예산과 인적 자원을 집중적으로 투자하는 스위스 연방 공대 건축학과는 연구와 실험의 목적을 새로운 형태를 찾는 데 두지 않고 더 적은 에너지를 쓰는 지속 가능성에 두고 있다. 가치는 형태가 아니라 구조와 재료의 혁신에 있다.[4]

건설 현장과 지역성

건축 기술은 보수적이다. 변화하는 데 오랜 시간이 걸린다. 3D 모델 기반 소프트웨어 BIM(건물 정보 모델링)을 활용하면 제작과 시공 정밀도와 효율성을 높일 수 있다. 하지만 복잡한 요소는 기계가 아니라 사람의 손을 거쳐야 한다. BIM에서 출력한 도면을 제조업체와 시공 현장에서 이해하지 못하면 고난도의 형태를 오차범위 안에 제작하고 설치하기 어렵다. 제조업체와 현장 설치 전문가들이 사용하는 장비와 기술이 다르기 때문이다. 이 경우 BIM 소프트웨어가 기본으로 제공하는 표준 도면을 현장에서 사용하도록 바꿔야 한다. 제조업체와 설치 전문가들과 협의할 커스텀 도면custom drawings(특정 사용자의 요구에 맞춘 도면)을 만들기 위해 엔지니어가 시간을 쓰는 이유다.

그나마 BIM과 같은 소프트웨어 활용은 1퍼센트의 고급 건축과 공공건축에 한정된다. 나머지 중규모 중저가 건축물은 현장 의존도가 더 높다. 세계 금융위기 이후 사회에 첫발을 내디딘 한국 4세대 건축가들은 홀로서기를 위해 완성된 건축물로 실력을 입증해야 한다. 현장 상황에 따라 재료와 디테일을 바꾸고, 현장 직영과 실비 정산 방식을 유연하게 받아들여야 한다. '제이와이에이JYA 건축'의 조장희, 원유민 건축가는 우레탄 샌드위치 패널, 포장재 플라스틱 뽁뽁이와 같은 값싼 재료와 '잡철 사장님 디테일'(각종 철물 공사를 하는 소규모 시공자가 현장에서 임기응변으로 구사하는 저급한 공법의 희화적 표현)을 역이용하는 독특한 설계 방식으로 차별화를 시도했다.[5] 관념적 이론 대신 구체적인 재료, 현장, 생산방식, 강화되는 친환경 기준에 집중해야 하는 4세대 건축가들은 이전 세대보다 현실적이고 미래지향적이다.

공장에서 생산하는 완제품과 달리 건축은 땅을 딛고 있으므로 '하이테크'와 '로테크'를 모두 필요로 한다. 최고급 디자인도 건설 기술자와 목수, 벽돌공, 미장이 등 현장 숙련공에 의해서 구현된다. 전 세계 건설 현장은 주로 이민자나 외국인 근로자들이 채워가고 있는 것이 현실이다. 건축가가 구상한 실험을 현장에서 받쳐주지 못하는 디자인은 시행착오를 겪어야 하고 큰 비용이 발생한다. 결국, 시간과 비용의 문제다.

왕수王澍(1963~)의 대표작 닝보宁波 역사박물관은 대나무 거푸집으로 만든 콘크리트, 재활용 벽돌, 타일로 마감했다. 폐허가 된 인근 마을에서 수거한 벽돌과 타일은 종류만 20가지 이상이었다. 수백만 개 벽돌과 타일을 붙이는 작업은 중국의 값싼 노동력 때문에 가능했다. 동시에 숙련도가 낮은 인부들에게 높은 품질의 시공을 기대할 수 없었다. 설계 의도와 다르게 비뚤비뚤하게 쌓은 벽돌과 타일을 왕수는 그대로 둘 수밖에 없었다.[6] "왕수는 중국 도시가 직면한 논란을 뛰어넘어 지역성에 뿌리를 두면서도 세계적인 것을 보여주었다."[7] 2012년 프리츠커상 심사평이었다. 왕수도 중국의 도교 사상까지 인용하면서 거칠고 투박한 자신의 작품이 중국의 산과 배를 형상화했다고 거창한 의미를 부여했지만, 닝보 박물관의 '중국성'은 값싼 중국 건설 노동력의 결과다.

반면 저렴한 노동력을 쓸 수 없는 일본 건축가들은 일본 건축 산업의 정밀함에 의존한다. '사나SANAA'의 세지마 가즈요妹島和世(1956~)와 니시자와 류에西沢立衛(1966~)의 트레이드마크인 얇은 슬래브, 가는 기둥, 가벼운 유리는 일식집의 노련한 주방장이 얇게 썬 생선을 연상케 한다. 일본 건축 저변에는 칼 솜씨 좋은 셰프에 비견할 수 있는 최고 수준의 시공 기술자와 해외 협력 전문가들이 있다. 오하이오주 톨레도 미술관Toledo Museum of Art(2006)과 맨해튼 뉴뮤지엄New Museum(2007) 파사드 시스템은 '프론트'가 컨설팅했다. 톨레도 미술관 글라스 파빌리언Glass Pavilion에 사용된 실내외 곡면 유리 원자재는 독일에서 가져와 중국에서 제작하여 톨레도 현장으로 보냈다. 이렇게 국가 경계를 벗어난 프로젝트는 지역성을 넘어선다. 중국 왕수와 일본 사나의 건축이 드러내는 지역성과 정체성은 생산 공정, 현장 숙련도, 시간, 비용의 산물이다. 사나의 건축이 산업 정밀도에 기대고 있다면, 왕수의 건축은 수많은 노동자의 손에 기대고 있다.

구마 겐고는, 일본 목수들은 바로 뒷산에서 최고 품질의 목재를 구할 수 있고 정교한 손기술을 갖고 있으므로 이름 없는 건축가들도 섬세한 건축을 만들 수 있다고 했다. 2013년 프리츠커상 수상자 이토 도요오伊藤豊雄는 "건축가의 힘이 아니다. 시공 건설사의 힘이 크다. 건축가가 어려운 과제를 제시하면 장인職人(쇼쿠닌)들이 달려든다."[8]라고 겸양을 섞어 일본 건설산업 자랑을 늘어놓았다.

중국 건축의 거친 디테일은 일본인의 평균 눈높이에 들어오지 않고, 일본의 정교한 디테일은 크고 화려한 것에 익숙한 중국인의 눈에는 그렇게 중요한 것이 아니다. 한·중·일 현대건축을 오랫동안 관찰해온 독일건축미술관 피터 슈말 관장의 표현을 빌리면 일본 사회와 중국 사회가 기대하는 건축 품질의 차이가 시간과 비용에 녹아 있는 것이다.[9] 건축의 정체성은 건설 시간과 비용에서 나온다.

함인선은 『정의와 비용』의 서문에서 이렇게 진단했다.

> 삼성 갤럭시와 현대자동차는 우리 사회를 대표하지 못한다, 한류와 김연아도 마찬가지이다. 그들은 우리 사회의 특이점이다. …… 한국의 도시와 건축은 한국의 평균을 표시한다. …… 결국은 공학과 돈의 문제이다. …… 한 나라 건축의 불법 부실의 정도는 그 사회가 지불할 수 있는 총비용과 균형을 맞추고 있는 것이다.[10]

국가와 집단의 미적·윤리적 인식과 수준의 문제로 보았던 그간의 인문사회학적 진단과는 다른 관점에서 핵심을 꿰뚫은 말이다.

1987년 최초의 건축사회운동이었던 '청년건축인협의회(약칭 청건협)' 활동에 뛰어들었던 함인선은 "한국 건축의 담론이 반쪽짜리 세계에서

만 통용되었다."라고 술회했다.[11] 청건협은 당시 금기시되었던 주거·도시·환경 문제를 건축계 안으로 끌어들이고, 건축 미학과 사회적 역할의 갈등에 대해서 발언했다. 그는 모더니즘이 추구했던 형태, 공간, 구조의 정합성을 환기한다. 기이하고 특이한 형태와 구조를 찾는 소수 리그의 경쟁이 아니라 한 사회가 지급할 수 있는 비용으로 보편 건축을 업그레이드하는 것이다. 이것이 건축이 한 사회와 집단에 기여할 수 있는 정의이며 윤리이며 혁신이다.

건물 수명과 유지 관리

전 세계 최고 품질을 유지하는 스위스 건축은 어느 정도의 비용과 시간이 들까? 인구 850만의 작은 나라 스위스의 건축사와 건축 엔지니어의 숫자는 1만 6,000명으로 인구 5,000만 명인 남한의 건축사 수에 육박한다. 기존 건축사들의 생존을 위협한다고 건축사 합격자 수를 암묵적으로 조절하는 한국보다 경쟁이 더 치열하다. 유럽 대부분의 나라에서는 건축학과 졸업장이 곧 건축사 자격증이 된다. 학교에서 실무에 투입될 기본 지식과 소양을 갖추었다고 사회가 인정하기 때문이다. 건축사와 건축 엔지니어가 주축이 된 협회[SIA][12]는 도시와 건축 관련법을 주도적으로 만들고 개정한다. 더 나아가 건축사가 시공 과정 전체를 총괄하고 책임을 진다. 건축주가 시공자와 계약을 맺고 돈을 지급하지만, 건축사가 동의하고 서명하지 않으면 시공자는 일을 진행할 수 없다. 실질적으로 건축사가 재료를 선택하고 시공을 주도하는 것이다. 실시설계 도면을 건축주에서 납품한 후 시공에 더 참여하지 못하게 하는 우리나라의 터무니없는 제도와 비교된다. 건축사 직능단체가 이를 반대하지 않거나 심지어 원하고 있다는 사실이 한국 건축의 현주소다. 한국 건축가들이 수행하는 업무 범위를 스위스 건축법에서 정한 비율로 환산하면 스위스 건축가의 48.5퍼센트에 해당한다.[13]

1인당 국민소득과 건축사의 업무와 책임을 고려하면 스위스의 건축 설계비가 높을 수밖에 없다. 한국의 3배 이상이다. 건축사사무소에서 일하는 인턴 임금도 한국의 3배 이상이다. 평당 공사비도 3배 이상이다. 이렇게 지은 건물은 재산세를 부과할 때 감가상각비를 70년에 걸쳐 나누어 계산한다. 금융업계는 실질적으로 감가상각비를 영구적으로 계상하지 않는다. 사용자가 건물을 잘 관리하기 때문에 품질이 떨어지지 않는다고 보는 것이다. 세계 최고 스위스은행이 이를 보증한다. 한편 70년 동안, 사고팔 때는 양도세를 단계적으로 낮추고 건물의 유지보수 비용은 양도차액에서 공제한다.[14] 자신이 소유한 건물을 쓰면서 최상의 품질로 유지 관리하는 국민에게 국가가 혜택을 주는 것이다. 이런 조건에서는 100년이 지난 건축은 손도 댈 수 없는 문화재가 아니라 고쳐 쓰는 보편 건물이 된다.

2019년에 묵었던 취리히의 어느 호텔 로비에는 1933년 준공 사진이 걸려 있었다. 처음에는 없었던 승강기도 설치하고 실내장식도 현대적 재료로 바꾸었다. 뒤 건물과 이으려고 두 건물 사이에 다리도 놓았다. 90년 된 이런 건물이 특별한 문화재가 아니라 도시 곳곳에 퍼져 있는 보편 건축이다. 품질과 품격이 높은 건축이 저변을 형성하고 오랫동안 유지되면 하나의 양식이 된다. 양식화에 성공한 도시는 정체성을 갖는다. 실상 취리히에는 스타 건축가들의 작품이 아시아 신생 도시보다 많지 않다.

주택 재개발과 주택 재건축 사업 요건을 충족하는 건축물 최소 연한은 30년이다. 2007년 20년이었던 연한을 30년으로 강화한 것이다. 살 만한 집을 허물고 아파트로 바꾸는 것을 억제하기 위해서였다. 2019년 현재 한국인의 평균수명은 81세이다. 사람의 수명보다 건물의 수명이 짧은 이러한 현상을 어떻게 보아야 할까. 산업화와 도시화가 본격적으로 시작된 1960년대 이후 취약한 경제력, 한정된 재료와 구법, 낮은 수준의 시공 능력의 조건에서 빠른 속도로 건물이 지어졌다. 1인당 국민총소득GNI이 1994년 1만 달러, 2006년 2만 달러를 넘어서면서 의식주에 대한 눈높이가 높아졌다. 부실한 건물을 부수고 새로 짓는 2차 건설 붐이 일어났다. 이 과정에서 일자리도 만들었고 경제도 성장했다. 기업, 가계, 개인은 부를 축적했다.

문제는 지금부터다. 앞으로도 30년 수명의 집을 짓고, 부수고, 다시 지을 수 있을까? 70년 수명의 집을 한 번 짓는 것과 30년 수명의 집을 두 번 짓는 것은 경제·사회·환경적으로 어떤 차이가 있는가?

일반상업지역에 2개 주상복합건물이 나란히 서 있다. 하나는 용적률이 최고 한도 800퍼센트로 준공한 지 10년 된 건물이고, 다른 하나는 용적률 400퍼센트로 준공한 지 20년 된 건물이다. 낡은 건물 안에 있는 아파트가 더 비싸다. 깨끗하고 관리도 잘된 새 건물보다 낡은 건물의 가치가 높은 현상을 서울 사람들은 이상하다고 생각하지 않는다. 400퍼센트라는 개발 잠재력이 가치에 포함되어 있기 때문이다. 지난 수십 년간 서울에서 건물의 가치는 땅 가치의 종속 변수였다. 땅 지분이 얼마인가에 따라 시장에서 가치가 형성되었다. 재개발과 재건축을 염두에 두고 땅을 사고팔 때는 건물 가치를 매기지 않기도 한다. 건물을 쉽게 부수고 새로 짓는 요건을 법으로 강화하면 건물 가치는 역전될 것인가?

땅의 개발 잠재력이 수명이 짧은 건물의 사용가치를 압도하면 건물의 유지 관리를 고민할 필요가 없어진다. 준공과 함께 건물의 개발 잠재력이 소진되기 때문에 개발업자는 건물을 팔아버리는 것이 가장 좋다. 1977년 도입된 아파트 선분양제도는 이를 제도적으로 공고하게 만들어왔다. 건설사가 분양 당첨자에게서 무이자로 돈을 빌려 집을 지어 판 다음 사업에서 손을 떼는 구조다. 국가도 기업도 대형 개발사업을 끌고 갈 경제력 여력이 없었지만, 주택을 빠른 시간에 공급하기 위해 만든 한국의 특이한 개발 방식이다. 선분양제도의 문제가 지속해서 불거지자 2004년 이후 정부는 후분양제도로 정책을 전환했지만, 건설사의 반대로 시행하지 못하고 있다.

도시학자 김경민은 『도시 개발, 길을 잃다』(2011)에서 제대로 된 디벨로퍼(시행사)가 없이 진행했던 용산국제업무지구, 뉴타운 사업, 가든파이브 등 굵직한 도시개발사업을 해부하고, 임대보다는 분양만 고수하는 한국 부동산 관행을 비판했다.[15] 건설의 최고 활황기였던 1990년대 중반 「민간투자법」(1994)이 제정되어 디벨로퍼의 법에 따른 조건이 갖추어졌고,[16] 1997년 외환위기 이후에는 구조조정을 거치며 강력해진 금융자본이 프로젝트 파이낸싱PF에 돈을 대고 부동산 개발의 판을 키웠다.

하지만 한국의 부동산 개발은 기획, 계획, 설계, 시공, 유지 관리 전 과정을 처음부터 끝까지 책임지는 주체가 없는 불완전한 방식이다. 시공자인 건설사가 지급보증을 서고 돈을 빌려준 은행은 뒤에 있는 구조에서 디벨로퍼는 변질한 형태의 분양 대행자이다. 건축물이 준공되기 전에 분양을 끝내고 이익을 거둔 뒤 사업에서 발을 뺀다.

한국 주택시장을 견인해왔던 선분양제도에는 이처럼 '유지 관리' 개념이 없다. 시행사와 건설사는 공기와 공사비를 최대한 줄여 이익을 극대화하는 것이 최고 전략이었고, '유지 관리'는 집을 산 개인의 몫이었다. 개인도 집은 부동산 투자의 사다리였기 때문에 사고팔기 위해 최소의 유지 관리만 생각한다. 오히려 집값이 내려갈까 봐 관리비가 많이 나오는 것을 쉬쉬해왔다.

공기와 비용

「유리 건축, 이상한 아이콘」이란 제목의 칼럼을 2011년 신문에 기고했다.[17] 도심, 농촌, 어촌 할 것 없이 창문을 열면 맞바람을 통하게 할 수 있는데, 여닫는 창문이 없거나 쪽창이 전부인 유리로 감싼 건물 이야기였다. 이론상으로 커튼월은 겨울에는 태양열을 흡수하고 여름에는 차단할 수 있는 공법이다. 실제로는 겨울에는 약간의 이점이 있지만, 여름에는 찜통 유리 상자를 만든다. 품질이 우수한 재료와 공법이 받쳐주지 않으면 커튼월로 데워진 실내를 에어컨으로 식혀야 한다. 전기료가 엄청나게 들어가는 유리 상자가 왜 유행일까? 주변 건축인들에게 물어보았지만 수긍할 수 있는 답을 듣지 못했고 지금도 마찬가지다. 당시 유리 건축은 세련된 아이콘으로 여겨졌다. 저녁노을을 반사하는 환상적 분위기의 커튼월 조감도가 당시 현상 설계 전술의 하나였다. 커튼월이 없는 설계안은 당선 가능성이 적다고 용역사들이 건축가에게 조언하기도 했다. 커튼월이 유행하는 것은 공사 기간과 비용 때문이라는 것이 설득력 있는 추론이다.

경제가 성장할수록 건설 현장 노무비가 재료비 상승을 능가한다. 노무비를 줄이기 위해 건물을 지어 분양하는 시행사, 건설사, 토지주는 공기工期가 늘어나는 복잡한 디테일보다 공기를 줄이는 쉬운 방법을 택한다. 철근콘크리트 구조물을 유리판으로 감싸는 커튼월이 선택지 중 하나다. 문제는 주인 없는 공공건축과 분양용 민간건축에 사용하는 커튼월 시스템은 고품질 사양이 아니라는 점이다. 창호 기술이 발달한 유럽 건축과 겉모양은 비슷하게 만들지만, 성능은 따라가지 못한다.

아파트 디자인도 마찬가지다. 불법이었던 발코니 확장이 2005년 합법화되자[18] 아파트 벽면은 매끈한 벽과 유리면으로 바뀌고 있다. 벽면보다 들어간 창을 만들면 공정이 추가되고 공기가 늘어나고 공사비가 증가한다. 발코니가 사라지면서 직사광선이 실내로 곧바로 유입된다. 유리 성능이 좋아졌지만, 폭이 좁은 루버 louver (외벽 창문 위에 부착한 수평 판)와 커튼으로 직사광선을 차단하는 것은 한계가 있다. 한옥 처마처럼 차양을 설치하면 복사열을 줄일 수 있지만, 공정이 추가되는 디자인을 시행사와 건설사는 꺼린다. 관리에서 발생하는 비용은 입주자 몫이다. 준공 후 30년 동안 여름철 냉방비를 모두 합친다면 창 위에 단순한 눈썹을 설치하는 공사비를 상쇄하고도 남을 것이다. 위도가 한국보다 높은 유럽은 물론 위도가 낮은 일본과 대만의 아파트 입면은 깊은 창과 처마가 있다. 요철로 생기는 입면의 깊이감도 디자인을 중후하게 만든다. 건설 공기에 집착하는 한 이런 디자인은 요원하다.

서울시는 피난, 방재, 열 손실의 문제점을 인식하고 발코니의 본래 목적을 살리기 위해 건축물 심의 기준에서 '벽면율' 개념을 도입했다.[19] 발코니를 확장한 벽면 길이 혹은 확장한 발코니 면적이 벽면 전체 길이와 전용면적의 70퍼센트를 넘지 못하게 했다. 외벽의 30퍼센트는 닫힌 벽으로 막으라는 것이다. 대신 상부에 슬래브가 없는 '개방형 발코니' 혹은 상부에 슬래브가 있더라도 1미터 이상 돌출한 '돌출형 발코니'를 설치하도록 유도하고 있다. 벽면 디자인을 다양하게 한 공동주택은 건축

심의에서 우수 디자인으로 인정하고 용적률 인센티브를 준다. 이를 확인하기 위해 서울시 건축 심의도서에는 발코니 설치 계획에 외벽 길이, 삭제 길이, 발코니 면적 산출식을 첨부하게 한다.

민간 아파트의 에너지 소비를 줄이기 위해 용적률 인센티브까지 주면서 발코니를 본래 취지대로 만들고 창 면적을 줄이도록 유도하는 것이다. 정부와 지자체가 굳이 나서지 않더라도 자신이 살 집이라면 에너지를 적게 소비하는 집을 설계하거나 선택할 것이다. 선분양제도는 이러한 프로세스를 불가능하게 만든다. 공기와 공사비 절감이 우선이며, 건축물의 품질은 분양과 준공 시점에 맞추어져 있다.

건축물 가치와 서비스 대가

마르크스는 노동자들이 생산한 상품의 '가치value'가 시장에서 어떻게 '가격price'으로 전환되는지를 규명하고 이론화했다. 자본주의하에서 상품 가치는 기술적 관계가 아니라 사람의 관계에서 형성된다고 했던 마르크스 가치론은 논쟁거리로 남아 있다. 그가 『자본론』을 집필한 지 150년이 지난 지금, 건물을 생산하기 위해 들어간 비용(가치)과 시장 가격의 괴리와 모순은 한국 부동산시장에서 첨예하게 드러난다. 2015년 도입하려고 했지만, 사문화되었다가 2019년 11월에 다시 정부가 꺼낸 민간 분양가 상한제가 그것이다. 분양가 상한제란 주택을 분양할 때 택지비와 건축비에 건설업체의 적정 이윤을 보탠 분양 가격을 산정하여 그 가격 이하로 분양하도록 정한 제도이다. 뛰는 아파트값을 잡기 위해 정부가 꺼낸 카드다. 이 때문에 재건축사업을 추진하는 조합과 시장이 숨죽이고 있다는 기사가 쏟아져 나오고 있다. 분양가 상한제, 개발 이익 환수제와 같은 제도가 본격적으로 도입되는 2020년 이후 재건축사업 대상 아파트와 준공된 아파트의 가격이 역전될지 지켜볼 일이다.

민간에서 생산한 상품의 가격 산정 내역을 공개하라는 것은 아파트가 유일할 것이다. 삼성 스마트폰과 현대자동차의 부품, 인건비, 이윤을 국가가 공개하라고 하지는 않는다. 건축이 자동차, 스마트폰과 근본적으로 다른 것은 공공재라는 점이다. 주택은 국가의 경계를 넘나드는 공산품이 아니라 땅에 고정된 공공재의 성격을 갖고 있으며, 국가는 국민에게 안전하고 안정된 최소의 주거를 마련해줄 의무가 있다. 대한민국 헌법 23조는 "모든 국민의 재산권은 보장"되지만, "재산권의 행사는 공공복리에 적합하도록 하여야 한다."라고 규정한다. 또한, 헌법 제35조는 "국가는 주택개발정책 등을 통하여 모든 국민이 쾌적한 주거생활을 할 수 있도록 노력하여야 한다."라고 규정하고 있다. 정부 정책이 힘을 얻는 것은 기형적인 부동산시장과 건축물의 생산 비용과 가격에 대한 뿌리 깊은 불신이 사회 저변에 깔려 있기 때문이다. 함인선의 이론을 빌리면 '공학적 신뢰'가 건설산업에 형성되지 않았기 때문이다. 값을 정하는 기준이 모호하기 때문에 신뢰의 시스템도 취약하다. 이런 상황에서 부동산 가격 상승을 기대하는 '상징적 교환가치'가 시장을 압도한다.

건설산업이 한국 경제에서 차지하는 비율이 높지만 다른 산업 생산품이 비해 건축물의 가격 형성 과정은 불투명하다. 소비자가 가격을 비교할 수 있는 객관적 자료가 존재하지 않는다. 문제는 건축물의 독특한 생산방식에 있다. 사례 하나를 들어보자. 한국 건설산업의 대표주자 현대건설은 2001년 부도를 맞아 현대그룹에서 분리되어 현대엔지니어링 등과 함께 현대건설그룹에 속해 있다가 2011년 4월 자동차, 철강, 부품,

물류, 금융서비스를 아우르는 현대자동차그룹에 인수되었다.[20] 최대 주주인 현대자동차가 경영을 맡게 되면서 기존 현대건설 경영진과 마찰이 생겼다. 자동차의 작은 부품 하나하나는 표준화되어 있고 가격이 책정되어 있다. 부품 조립 생산방식에 익숙했던 현대자동차 경영진은 현대건설의 전근대적 공정과 사업 방식에 적응하는 데 어려움을 겪었다고 한다.

건축물은 특별 주문생산 방식으로 만든다. 시장을 예측하며 생산하는 다른 상품과 달리 주문이 없으면 생산을 시작하지도 못한다. 주문이 있더라도 중간에 무산되는 경우가 무수히 많다. 그래서 건축은 첨단기술과 보수적인 생산방식의 혼합 산물이다. 가장 보편적인 건축 공법은 여전히 습식 철근콘크리트 구조다. 검증된 기성 부품을 자동화된 로봇과 숙련된 기술자들이 조립하는 자동차 공장과, 목수들이 거푸집을 짜고, 철근공이 배근하고, 콘크리트를 타설하는 건설 현장은 비교가 되지 않는다. 오차가 있는 철근콘크리트 구조에 외장, 창호, 문을 시공하면서 또 다른 오차가 발생한다. 공장에서 제작한 재료도 현장에서 재가공해야 한다. 인부, 기후, 날씨, 교통, 민원 등 예측할 수 없는 변수가 건설 현장에 영향을 준다. 설계 변경에 따른 시공 변경도 잦다. 오차와 변수가 많다 보니 정확한 가격을 책정하기가 어렵다. 공사비를 산출하는 건축 적산에서 미리 오차 범위를 크게 잡게 된다. 오차, 변수, 여유치가 많다 보니 어두운 구석도 많다. 마음먹으면 현장에서 검은돈을 만들 수 있는 여지가 상대적으로 많다. 생산과정의 특수성 때문에 건물 가격을 대중하게 이해시키는 것은 쉬운 일이 아니다.

아파트 공사비와 단독주택 공사비는 평당 얼마 정도라는 개략치가 시장에서 공유된다. 민간건축 설계비 역시 평당 얼마로 책정된다. 건축사의 업무는 기획, 설계, 인허가, 시공, 입주 후 관리까지 넓다. 이런 광범

위한 지적 서비스 대가를 면적에 따라 매기는 '설계비'가 여전히 통용되고 있다. 세분된 업무 대가 산정 기준도 없고 들쑥날쑥하다. 건축사 직능단체에서 해야 할 일이지만 자신의 서비스 대가를 말하지 못하는 복잡한 이유가 있다.

박철수와 박인석은 76명의 건축가가 지은 108개 주택에 대해 엮은 책 『건축가가 지은 집 108』(2014)을 기획했다.[21] 다른 책에서는 볼 수 없었던 평당 공사비와 총공사비, 설계비 정보를 독자들에게 알리고자 했다. 이 책에 따르면 단독주택 평당 공사비는 시장의 개략치와 비슷한 400만 원대에서 600만 원대였다. 100여 채의 준공 건물로 확인한 의미 있는 통계 수치다. 특히 건축사들이 대외비로 생각하는 설계비를 공개한 것은 대단한 시도였다. 정당한 설계 서비스 대가를 받기 위해 건축계가 오랫동안 노력해왔지만, 현재 직능단체의 구도와 구성원을 볼 때 전망은 그리 밝지 않다. 냉정히 말하면 5년제 건축학 교육을 받은 건축사들이 전체의 과반이 되고 전면에 등장하기 전에는 정당한 설계비를 받는 환경은 기대하기 힘들다. 함인선의 이론을 빌리면 현재 건축사들이 받는 서비스 대가는 한국 사회가 지불할 수 있는 총비용과 균형을 맞추고 있다.

건축설계 시장은 앞으로 세 갈래로 분화될 것이다. 첫째, 건축생태계 피라미드 맨 아래다. 익명의 집 장사와 영세한 시공업자들의 무대였고 앞으로도 그럴 이 시장에 5년제 건축 교육을 받고 디자인을 꿈꾸는 젊은 건축사들은 들어가지 않을 것이다. 인허가를 위한 도면과 도서를 꾸리고 이를 시공자에게 넘겨주는 최소한의 서비스만 담당한다. 둘째, 피라미드 꼭대기다. 과거에도 있었지만, 앞으로는 더욱 격차를 벌릴 이 시장은 패션쇼의 의상이나 명품 가방을 만드는 유명 디자이너와 같은 부류로 자신의 사회적 지위를 생각하는 스타 건축가들의 세계다. 이들의 리그는 국경을 초월한다. 그들 아래에는 과노동과 저임금을 마다하지 않고 이력서에 넣을 한 줄 경력이 절실한 세계 명문대 졸업생들이 대기하고 있다.

셋째는 피라미드 중간이다. 1인당 국민총소득이 1만 달러를 넘었던 1990년대 중반 이후에 태어난 세대가 건축주로 등장하는 시장이다. 개발도상국에서 벗어나 선진국으로 접어든 시기에 태어나고 교육을 받은 세대가 원하는 건물의 평균 품질은 높다. 직능단체의 노력으로 불합리한 제도가 바뀌는 것이 아니라 우리 사회 눈높이에 맞는 품질을 만들어내는 자본주의 원리가 작동할 때 서비스 대가가 높아질 것이다. 현재 한국 건축 생태계는 끝은 뾰족하고 허리는 잘록한 예각 피라미드가 이등변 삼각형 피라미드형으로 바뀌는 과정에 있다.

4

건축 방언과 버내큘러

별 모양 계단 난간, 꽃무늬 처마, 툭 튀어나온 발코니, 덧댄 옥상, 서울 뒷골목에서 흔하게 볼 수 있는 풍경이다. 대학 건축학과에서는 '건축'으로 여기지도 않는 익명의 건축사와 집 장사들이 지은 다가구·다세대 주택이다. 화가 강성은은 2003년부터 사적인 향수, 기억, 감정들을 제거하고 이런 집들을 가는 붓으로 정교하게 그려왔다. '남의 집The House of Others' 시리즈가 묘사한 반복적 패턴은 '디자인' 교육을 받은 사람의 눈으로 보면 진부한 요소들이다. 그런데 재질과 색깔을 소거하고 벽돌 한 장 한 장까지 세필로 그린 흑백 입면은 탁본으로 뜬 것처럼 절제된 아름다움이 있다. 건축가들이 사용하는 스케일을 쓰지 않고 그린 입면도는 축척도 정확하다. 촌스러운 장식과 편법으로 증축한 요소까지도 어색하지 않다. 작가는 그림을 통하여 묵직하거나 감상적인 메시지를 전하려고 하지 않는다. 어떻게 받아들일까는 보는 사람의 몫이다.

백승우의 '4327 Houses'는 수년 동안 골목길을 찾아다니면서 카메라 렌즈로 포착한 4,000여 장의 다세대·다가구 주택 모음이다. 디자인은 없고 복제만 있는 이런 집에서 작가는 중산층의 현실과 욕망을 읽는다. 더 많은 임대인을 수용하기 위해 지하층이 지면보다 더 높게 얼굴을 내밀고, 옥상 물탱크가 있어야 할 자리는 방으로 개조되었다. 발코니는 처마 끝까지 얇은 유리창으로 확장되어 기이한 모습으로 변모했다. 백승우는 편법과 불법 사이의 교묘한 경계 위에 있는 보잘것없는 풍경에서 서울다움을 본다. 하지만 비판하고 대안을 제시하지 않는다. 강성은의 그림처럼 카메라로 채집한 고고학적 기록이다.

버내큘러

2016년 베니스 비엔날레 한국관에 두 작가의 그림과 사진이 걸렸었다. 작품 앞에 오래 머물면서 꼼꼼히 감상한 관람객이 이런 질문을 했다. "이 건물들이 '어번 버내큘러urban vernacular'인가요?" 전시를 기획한 큐레이터들은 평범한 주택을 바라보는 작가들의 시선을 담고자 했지만 '버내큘러' 개념으로 접근하지는 않았기에 순간 허를 찔린 기분이었다. 부정적으로 한 말은 아니었다. 하지만 보통 수준의 문화적 소양을 가진 유럽인이 던지는 이 질문에는 비유럽인인 '우리'를 불편하게 하는 무엇이 있다.

버내큘러를 번역할 우리말이 마땅치 않다. 영어 사전은 "특정 그룹의 화자가 비공식적 상황에서 자연스럽게 쓰는 언어 형태,"[1] "비문학적·비문화적·비표준적 지역 언어 또는 방언," "특정 기간, 장소, 그룹의 특징,"[2] "공식 언어가 아닌 평범한 사람들이 사용하는 언어 형태"[3]로 정

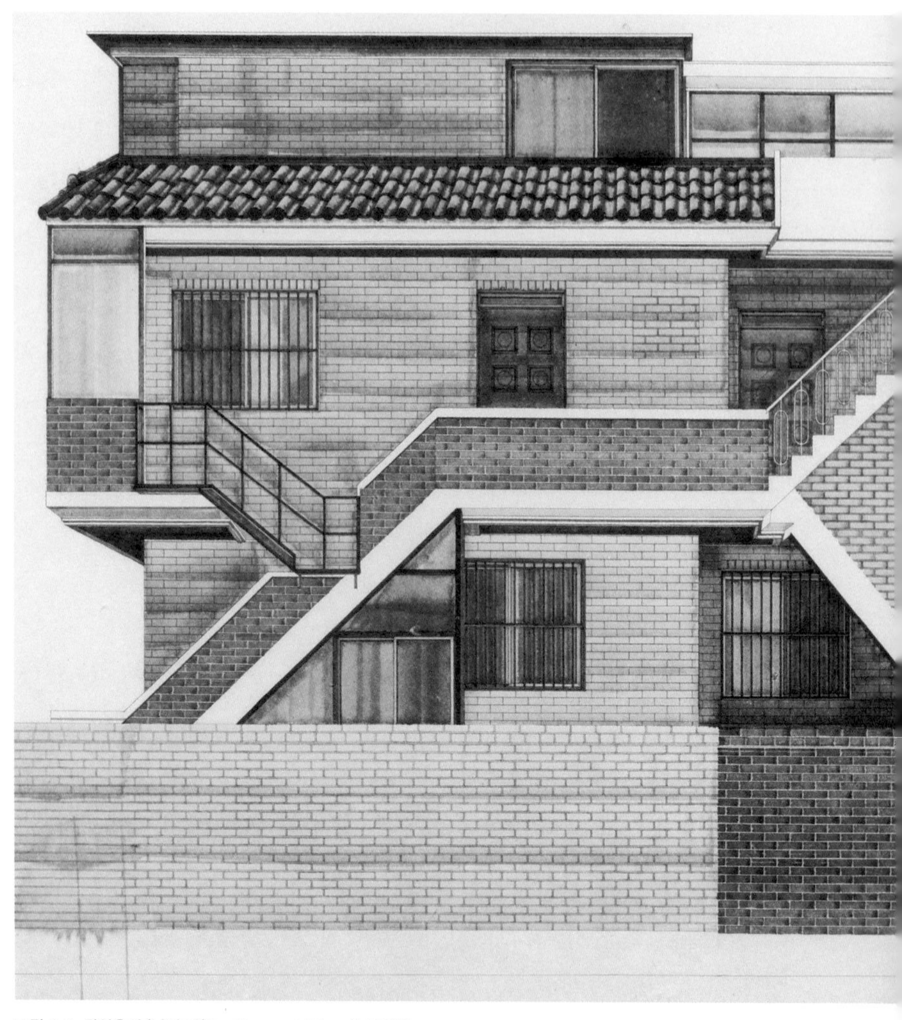

그림 2-1. 강성은의 '남의 집(The House of Others)' 시리즈

의한다. 건축에서는 "평범한 집을 짓는 데 사용하는 지역 양식"[4]을 뜻한다. '평범,' '비공식,' '비표준,' '장소,' '지역,' '언어,' '방언,' '양식'을 포괄하는 단어다. 버내큘러가 사전에 처음 등장한 것은 1700년경이다. "집에

서 태어난 노예, 원주민"을 뜻하는 라틴어 '베르나verna'에서 파생한 말이다.[5] 영국이 아메리카와 서인도에 방대한 식민지를 구축했던 시기다.

서유럽 사람들은 식민을 겪은 동아시아에서 근대적 보편성을 획득한

건축보다 '토속 건축vernacular architecture'을 기대한다. 이런 시각으로 보면 서울의 건축은 기준에 미치지 못한다. 그 이면에는 유럽 건축은 세계 어디에도 이식할 수 있다는 전제가 깔려 있다. 한편으로는 냉소의 대상으로, 다른 한편으로는 기회로 아시아 도시와 건축을 바라보는 시각은 렘 콜하스의 글에서 잘 드러난다. 그는 울창한 가로수와 조경 사이에 들어선 쇼핑몰의 도시 싱가포르를 상업주의가 만들어낸 유교적 포스트모던, 잡종 버내큘러로 규정했다. 중국 도시는 특징 없고 무미건조한 도시를 뜻하는 '제네릭 도시generic city'로 일반화했다.[6] 버내큘러-제네릭'에 담긴 시선은 실상 같은 전제를 깔고 있다. 유럽의 문화, 과학, 제도를 받아들이는 비유럽을 위에서 아래로 내려다보는 것이다.

서울의 모습을 만들어낸 고유한 조건들을 관찰했던 홍콩대 피터 페레토Peter Ferretto의 시각도 연장선에 있다. "현대 건축가는 할 수 있는 것보다 할 수 없는 변명거리를 찾는다."라는 렘 콜하스를 인용하면서 페레토는 서울은 도시계획가와 건축가들이 통제할 수 있는 상황을 넘어섰다고 보았다. 대부분 건물은 특별한 가치나 장점이 없어 보인다, 다만 표피는 카멜레온처럼 변화에 기민하게 변신한다는 것이다. 건축가의 손이 닿지 않는 익명의 건축이 서울 정신Seoul's elan을 담고 있다는 것이 그나마 긍정적인 해석이다.[7]

디페시 차크라바티Dipesh Chakrabarty는 유럽이 아시아에 무지한 것은 용인되지만 아시아는 유럽을 알아야 한다는 '무지의 불평등inequality of ignorance'이 현대를 지배하고 있다고 일갈했다. 유럽의 철학과 과학이 절대적·이론적 통찰력을 제시하는 반면, 동양 철학은 실용적, 보편적이라

2-2. 익명의 건축, 화곡동의 단독·다가구 주택

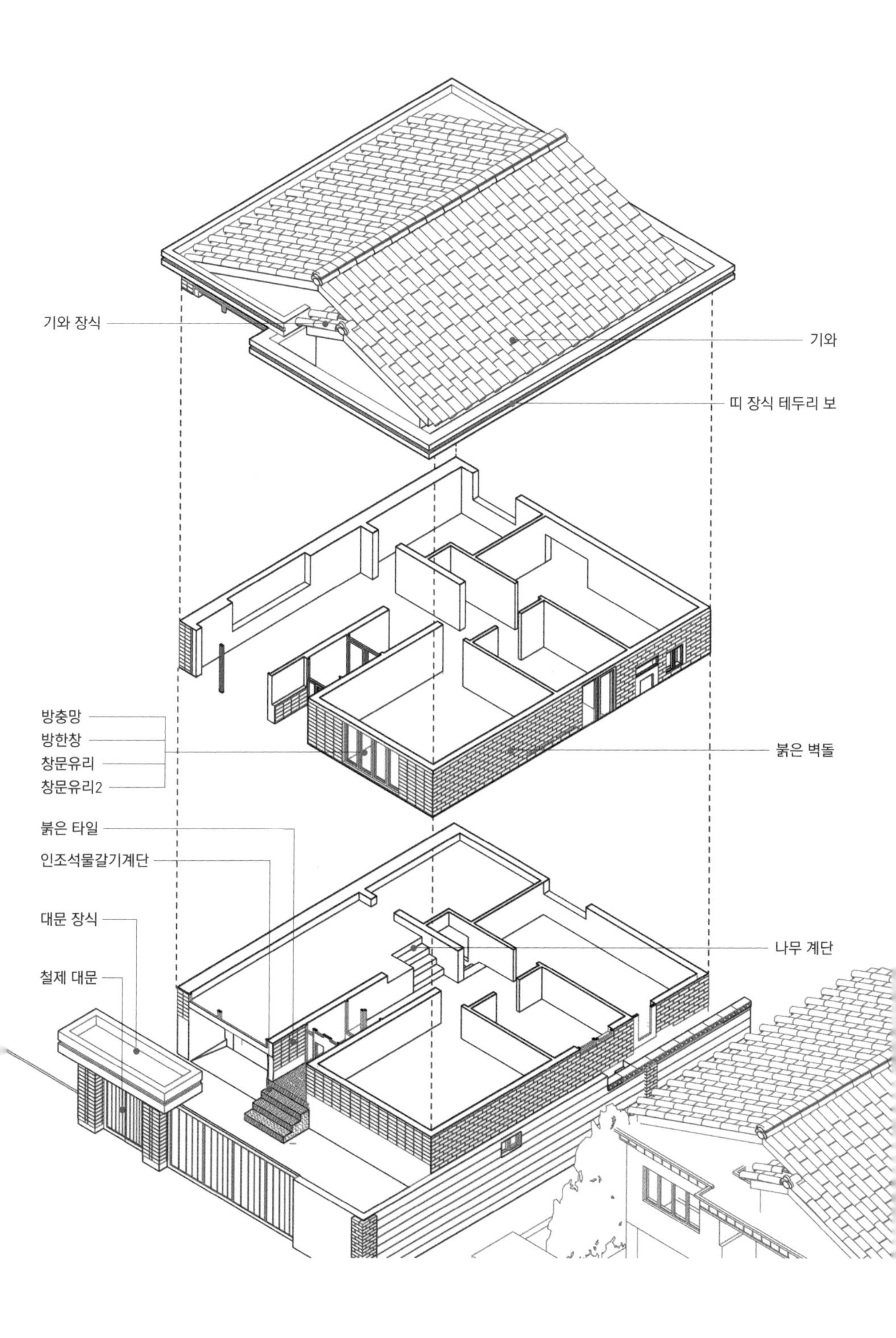

기와 장식
기와
띠 장식 테두리 보
방충망
방한창
창문유리
창문유리2
붉은 벽돌
붉은 타일
인조석물갈기계단
대문 장식
나무 계단
철제 대문

는 에드문트 후설Edmund Husserl(1859~1938)도 겨냥한다. 유럽이 비유럽을 바라보는 기본적 인식은 자신은 이론을 만들고 타자는 그 이론에 살을 붙이는 것이다.[8] 아시아 건축은 토속적이거나, 반대로 그들을 모방한 아류이거나, 아니면 이것들을 섞은 잡종이다.

모더니즘

2007년 독일건축박물관에서 한국 현대건축전을 열었을 때는 '이것이 한국적Koreanness인가?' 하는 질문을 받았다. 버내큘러와 결이 다른 질문이었다. 왜 한국 건축가들의 작품이 유럽 건축가들의 것과 크게 다르지 않은가? 이것이 지역과 장소의 고유한 특징을 표현하고 있는가? 예상했던 질문이었기 때문에 이렇게 되물었다. 당신은 렘 콜하스의 건축을 보고 '네덜란드적Dutchness'인가? 비아케 잉겔스BIG 건축을 보고 덴마크적Danishness인가 묻는가?

2016년 MVRDV의 위니 마스Winy Maas와의 대담에서 같은 질문을 했다.[9] 만약 서울 시민이 당신이 설계한 '서울로 7017'이 '네덜란드적'인가 묻는다면 어떻게 대답할 것인가? 위니 마스의 답변은 나름대로 설득력이 있었다. 모더니즘은 고전주의와 절충주의를 전복하고 청산하려는 '전선'에서 시작되었다. 산업혁명 이후 새로운 공간에 대한 욕구, 새로운 재료와 기술, 그리고 시각예술과 밀월이 결합한 모더니즘은 과거와의 전투에서 승리했고, 500년 이상 긴 시간에 걸쳐 굳어진 고전주의에 버금가는 또 하나의 고전을 만들었다. 지역별, 장소별 특징은 있지만, 유럽이 공유하는 공통분모 위에서 파생된 갈래로 보는 것이다. 네덜란드 건축, 덴마크 건축과 같은 국가 단위 정체성은 큰 의미가 없으며 개인의 문제라는 것이다. 위니 마스는 이렇게 되물었다. 아시아 속 한국 건축계는 과거와의 전투를 치르고 새로운 관계를 정립했다고 선언한 적이 있는가?

1960년대 후반 미국에서는 20세기 전반기 건축계를 지배해온 모더니즘을 비판하고 새로운 양식을 찾는 움직임이 일어났다. 다양한 흐름과 경향을 포스트모더니즘으로 규정했던 찰스 젱크스Charles Jencks는 유명한 '진화의 나무'를 그렸다. 히스토리시즘, 리바이벌리즘, 네오버내큘러, 어버니스트, 메타포, 포스트모던, 컨텍스추얼리즘contextualism 등 화려한 이름을 붙인 계통도였다.[10] 그중 '네오버내큘러neovernacular'는 근대건축이 간과했던 지역과 장소의 특징을 현재로 불러오려는 시도였다.

1970년대 로버트 벤투리Robert Venturi는 저급하고 대중적인 것으로 치부했던 라스베이거스의 간판과 네온사인에서 미국만이 가진 버내큘러 건축을 찾으려 했다.[11] 벤투리의 이론은 미국에서 반향을 일으켰지만, 유럽 주류 건축계에서는 그다지 힘을 얻지 못했다. 찰스 젱크스와 로버트 벤투리를 포함한 포스트 모더니스트들은 건축을 대중과 소통하기 위한 표피적 이미지로 축소했다는 비판을 받았다. 여러 요소를 맥락과 무관하게 빌려서 쓰는 포스트모더니즘은 상업주의에 편승해 제3세계 도시에 잡종적 모습으로 자리 잡았다.

모더니즘은 건축, 회화, 조각, 가구 등 전방위적 예술운동이었다. 모더니즘이 꽃을 피웠던 때로부터 100년이 지난 지금까지도 이를 대체하거나 넘어서는 건축 언어는 나타나지 않았다. 모더니즘은 여전히 진화하는 과정에 있을 뿐이다. 위르겐 하버마스Jurgen Habermas는 "모더니즘은 고전주의 이후 삶에 깊은 영향을 미친 최초이며 유일한 양식"이라고 하지 않았던가. 우리 주변에 서 있는 대부분의 건축 형식은 모더니즘에 뿌리를 두고 있다. 콘크리트 기둥, 보, 슬래브로 세운 골조에 유리를 씌운 대부분 건물은 이때 체계화된 구축법이다.[12] 유럽이 만든 건축 언어는 세계 공용어가 되었다.

1960~1970년대 한국 건축가들은 자신이 배운 건축 언어의 뿌리가 무엇인지 고민했던 세대다. 일본 신사를 닮았다는 김수근의 부여박물관 논쟁, 법주사 팔상전을 콘크리트 덩어리로 차용했다는 강봉진의 국립민속박물관 논쟁은 모더니즘의 수동적 학습자이면서 전통 원형에 대한 혼돈과 목마름을 앓았던 1세대의 필연적 결과였다. 그로부터 50년이 지난 지금 3~4세대 건축가들은 '전통'과 '한국성'과 같은 무거운 짐에서 훨씬 자유롭다. 태어나고 자란 집이 아파트이거나 철근콘크리트나 벽돌로 지은 주택이었다. 대학 건축학과에서 처음 배웠던 구법도 철근콘크리트 구조였다. 미국과 유럽에서 유학하고, 지명도 높은 글로벌 건축사사무소에서 수년간 경험을 쌓고 국내에서 활동하는 건축가들도 수백 명에 이른다. 국내에 정착한 해외 건축가들도 늘어나고 있다.

건축 언어를 익히는 과정도 말과 글을 배우는 것과 같다. 세련되고 수준 높은 단어와 문장을 쓰는 집에서 자란 어린이가 더 풍부한 말을 구사할 수 있다. 소설가가 되기 위한 습작은 좋은 글을 많이 읽고 필사하는 것이다. 디자인 역시 천재가 무에서 갑자기 유를 만드는 것이 아니라 다양하고 풍부한 역사적 전례를 익히는 데서 시작된다. 어떤 전례를 배우는가에 따라 그 사람이 쓰는 건축 언어가 형성된다.

한국 베이비붐 세대 건축가들은 르코르뷔지에의 도미노 주택과 건축의 5원칙을 동아시아 목구조 양식보다 먼저 배웠다. 비판하고, 저항하고, 전복시킬 과거가 마땅히 보이지 않는 상황에서 일본이 이식한 서구 모더니즘의 수동적 학습자가 되었다. 도서관의 자료, 작품집, 역사 이론 책

대부분이 모더니즘에 뿌리를 둔 건축이며, 전 세계 곳곳에서 지어지는 건축물이 매일매일 스마트폰 화면에 전달되고 있다.

반면 전통은 우리 일상과는 동떨어진 궁궐과 사찰에서나 그 흔적을 읽을 수 있다. 그나마도 훼철과 복원을 거쳤다. 동아시아 목구조는 국악이나 판소리처럼 마음먹고 찾아 나서지 않는 이상 주변에서 쉽게 접할 수 없다. 유럽이 수 세기에 걸쳐 겪었던 전통의 복고와 매너리즘, 혼돈과 전복의 과정을 건너뛴 채 건축가들은 전 세계 건축가들과 동시대에서 작업하고 있다. 국가 개념으로 문화적 정체성을 정의하는 것 자체가 모호해지고 있는 시대에 '이것이 서울의 버내큘러인가', '이것이 한국적인가'라고 묻는 것은 공평하고 합당한가?

건축 방언

일본 근·현대 건축을 연구하고, 호주와 일본을 오가며 교육과 집필 활동을 하는 줄리언 워럴Julian Worrall은 버내큘러와 제네릭을 이렇게 구분했다. 첫째, 버내큘러는 지역 노동력과 재료를 사용하여 실용적이고 관습적으로 만든 건물이다. 서울의 블록 내부 어디에서나 볼 수 있는 다가구·다세대 주택 하나하나는 다르고 독특하기까지 하다. 그렇다고 일정 수준의 지속성을 유지하거나 도시 정체성을 형성하지는 못한다. 국가와 건설 산업이 주도하여 대량생산한 아파트, 소수 건축사(가) 리그의 전유물이었던 고급 단독주택 사이에서 건축 역사와 이론의 그늘에 있었던 건축 유형이다. 둘째, 제네릭은 시장의 요구 조건을 정형화된 방식으로 만족시키는 건물이다. 아파트에서 보듯이 제네릭 원리는 지역과 장소와 관계없이 무차별적으로 반복 복제된다.

그는 버내큘러와 제네릭의 대안으로 '중성neutral' 방법론을 제안한다. 개념, 의미, 상징과 같은 관념을 배제하고 땅과 조건에 대응하면서 가능성을 최대한 열어놓는 방법이다. 워럴은 종로 낙원상가를 사례로 꼽았다. 미학적 기준으로는 볼품없는 이 건물은 도시의 역동적 삶과 기능을 담는 중성적 용기neutral container라는 것이다. 요시하루 쓰카모토Yoshiharu Tsukamoto가 집필한 『메이드 인 도쿄Made in Tokyo』에 수록된 고가도로 아래 건물, 광고판 건물처럼 '익명의 건물'이다. 그러나 고급 건축가의 작품보다 도시 현실을 더 선명하게 보여준다는 것이다. 중성 건물은 무엇을 의미하거나 상징하지 않는다. 의도된 형태와 요소를 소거한 인프라스트럭처이다.[13] 같은 맥락에서 페레토도 도심 한가운데 화석처럼 방치된 것처럼 보이는 세운상가의 잠재력을 주시했다. 형태와 스타일을 드러내려고 하는 건물 사이에서 세운상가는 구조적 중성체다. 프로그램과 비교하면 세운상가의 형태와 외관은 부차적이다. 도시의 모든 기능이 교차하는 유기체가 세운상가다.[14]

워럴은 서울의 현실을 잘 드러내는 중성적 인프라스트럭처와 달리 건축가들은 저마다 무언가를 말하거나 보여주어야 한다는 중압감을 느끼고 있다고 보았다. 형태와 요소에 무거운 의미를 부여하려고 한다. 하지만 서울은 건축을 작품으로 보이려는 시도를 무력하게 만드는 도시다. 버내큘러와 제네릭 건물들 사이에서 건축가들의 치열한 작업도 "개인 방언의 모음collection of idiolects"으로 읽힌다.

방언dialect은 특정 지역, 집단, 그룹이 공유하는 언어의 특징이다. 경상도 사투리, 전라도 사투리처럼 지역 방언을 의미하거나 특정 사회계층, 연령대가 공유하는 표준어에서 변형된 말이다. 반면 개인 방언idiolect

은 다른 사람과 구별되는 한 개인의 독특한 '말투'다. 어휘, 문법, 억양, 발음이 모여서 그 사람의 말투가 된다. '방언'이라는 말은 도시 사람이 지방 사람을, 혹은 지배자가 피지배자를 내려다보는 저의를 내포한다. 반면 건축의 개인 방언은 건축가의 개성을 드러낸다. 개성이 없으면 버내큘러나 제네릭과 다를 바 없다. 다만 미학과 현학의 틀에서 벗어나 도시 생태계에 대응하는 다른 방식의 개성을 건축가에게 기대하는 것이다.

식민

동아시아 서울에서 버내큘러, 제네릭, 중성 언어, 개인 방언의 의미와 차이가 중요한가? 이 모든 것은 유럽이 비유럽을 바라보는 방식이다. 미국 원주민에게 그들과는 아무런 관계가 없는 인디언이라는 이름이 붙여진 것처럼, 중동에서 인도를 거쳐 한·중·일에 이르는 방대한 세계는 아시아라는 이름으로 일반화되었다. 에드워드 사이드Edward Said의 표현을 빌리면 유럽 이외의 세계는 상상의 지리에 의해 동양Orient이라는 하나로 묶여버렸다.[15] 과거의 동아시아는 자신을 버내큘러라고 생각한 적도 없으며 현재를 제네릭이라고 규정한 바도 없다. 동아시아 속 서울은 왜 그런 틀을 의식해야 하는가?

포스트 식민주의 연구자 조앤 샤프Joanne Sharp에 따르면 서구 지식인들은 비서구가 습득하는 지식 형태를 신화myth와 민속학folklore으로 치부함으로써 지적 담론의 언저리로 격하시킨다.[16] 유럽은 이론을 만들고 타자는 그 이론에 살을 붙인다는 후설의 인식 연장선에 있다. 아시아·아프리카·중동 건축에서 이국적 신비와 버내큘러를 기대하는 것도 지적·문화적 주도권을 유지하려는 후기 식민주의의 속성이다. 이러한 비대칭 구도에서 비서구는 역사를 거슬러 올라가 원형을 찾아야 한다는 압박을 받는다.

아시아 대부분 나라는 19세기 이후 유럽과 미국 식민지가 되었다. 이를 피해 간 나라는 중국, 일본, 태국 세 나라밖에 없다. 식민시대 이후 동아시아 삼국 한·중·일은 다른 방식으로 문화적 좌표를 설정했다. 중국은 한자와 유교를 기반으로 한 동아시아 문명 발신지로 자처하면서 서구 과학과 기술, 경제체제는 선별적으로 받아들이되 사상, 언어, 체제, 제도는 독자적으로 구축한다는 태도를 보였다. 반면 일본은 19세기 말부터 스스로 아시아이기를 거부하고 유럽에 들어가고자 했다(탈아입구脫亜入歐). 20세기 초부터 일본 근대건축은 유럽 모더니즘과 동시대에 영향을 주고받으면 진화했다.[17] 그 결과, 서구 근대를 전통과 결합하는 데 성공한 동아시아 선두 주자로 서구에 각인되었다.[18]

반면 조선은 열강의 힘에 의해 문이 열렸고 일본에 강점당했다. 동아시아 문명의 원류를 자처하는 중국과 아시아 속 유럽을 자처하는 두 강대국 사이에 있는 한반도는 매우 복합적이고 모순적인 상황에 놓일 수밖에 없었다. 서구에 문을 가장 늦게 열었던 한국의 문화적 정체성은 중국과 일본의 '하위 범주sub-classification'로 오독되곤 했다.

한국 건축이 본격적으로 태동한 1960~1970년대 건축계는 두 가지 상호모순적인 태도를 보였다. 첫째, 일본이 남긴 문화적 잔재를 지우고, 일제강점기 이전 전통 건축에서 '문화적 원형'을 찾고자 했다. 둘째, 동아시아 후발 주자로서 모더니즘의 충실한 학습자가 되고자 했다. 양립할 수 없는 두 태도는 일제강점기가 끝난 지 75년이 지난 현재도 진행형이

다.[19]

서울시가 1990년대 이후 시행했던 공원복원사업을 타자의 시선으로 해부한 수잰 안Susann Ahn의 연구는 사업 과정, 결과물, 서술 방식에 공통적으로 '거대 서사master narratives'가 깔려 있다는 사실을 밝혀냈다. 연구자는 한자 문화권과 서양에서 사용하는 조경, 경관, 풍경, 자연의 개념에 관한 방대한 문헌과 자료를 비교하고, 4년간 70여 차례에 걸쳐 남산공원, 낙산공원, 수성동계곡 복원사업에 참여한 공무원, 설계자, 시민 인터뷰를 진행했다. 세 프로젝트에 내재된 거대 서사는 장소에 얽힌 구전된 이야기에 기반하고 있지만 고증할 수 없는 일종의 만들어진 신화다. 역사를 대하는 회고적 태도, 민족국가 이념, 지역 정치가 복합적으로 얽혀 이러한 태도와 경향이 나타난다고 해석했다.[20] 논문은 이것이 동아시아와 식민을 겪는 국가의 공통적 현상인가 하는 질문으로 남겨놓았다.

15세기 이후 식민을 경험한 국가 중 유럽과 미국이 아닌 이웃 국가에 강점을 당한 나라는 한반도밖에 없다. 일본은 대만과 만주도 강점했지만 엄밀하게 국가 전체의 주권을 빼앗은 것은 아니었다. 식민을 이웃에게 당한 한국인의 집단적 정서는 인도나 중동처럼 유럽 식민지에서 태어나거나, 그 사이 경계인으로 살아가는 지식인이 느끼는 포스트 식민주의와 전혀 다르다. 이들에게는 지배자가 곧 서구 문명의 주도자로 비판하고 전복할 대상이다. 반면 한국인에게 지배자였던 일본은 서구 문명의 중간 전달자일 뿐 씻어내고 싶은 잔재이다. 과거사에 대한 일본의 태도, 동북공정을 통한 중국의 역사 만들기는 삼국 사이의 문화적 간극을 전혀 좁히지 못한다.

안토니 문타다스Antoni Muntadas의 〈아시아 프로토콜Asian Protocol〉은 한·중·일 사이의 같음, 차이, 갈등을 타자의 눈으로 본 서울, 도쿄, 베이

그림 2-3. 빌라 샷시
건축가 권태훈은 용산구 청파동 열 채의 빌라를 관찰, 기록, 분석하여 "내재된 기하학," "제작의 효율성," "체화된 문법"이 익명의 건축에도 숨어 있음을 읽어냈다.

징 순회전이었다. 유럽인 문타다스에게 아시아는 음악, 무용, 건축, 음식, 그림, 서예, 정치, 종교를 아우르는 강력한 상상imaginaire의 세계다. 18세기부터 지금까지 이러한 상상의 세계는 오리엔탈리즘과 이국적 정취exoticism의 옷을 입은 채 여행가들에 의해 서구 세계에 구연이 되고 번역됐다. 그는 세 나라가 사용하는 이미지와 코드의 틈새에서 지난 두 세기에 걸쳐 서구가 어떻게 아시아를 자신의 문화 생산에 포함했는지를 보려고 했다.[21] 문타다스에게 한·중·일의 문화 원류나 원형은 중요하지 않다. 문화는 끊임없이 이동하고, 섞이고, 변화한다. 중요한 것은 같음과 차이의 깊이다. 문타다스는 스스로 자신의 작업이 아시아의 영향을 받고 있다고 했다.

현재성

주변과 무관하게 고유한 것이 있었다고 믿는 것은 환상이며, 만들어낸 가공이다. 탁석산의 표현을 빌리면 '원조 콤플렉스'다. 그가 꼽은 세 가지 정체성의 판단 기준은 설득력이 있다. 지나간 역사보다 지금 일어나고 있는 현상에 주목하는 현재성, 영화 〈서편제〉보다 〈쉬리〉가 더 한국적이라고 보는 대중성, 현상을 주체적으로 접근하는 주체성이다.[22] 그중 현재성은 한국 현대건축이 더 깊고 예리하게 들여다보아야 할 대상이다. 중국의 중앙집권체제, 부패와 은폐를 공개적으로 비판하고 혁신적인 작품을 만들어왔던 중국 예술가 아이웨이웨이艾未未(1957~)는 '여기 지금 Here and Now'이 예술, 건축, 디자인에서 가장 중요한 요소라고 했다.[23]

나는 서울의 건축이 개인 방언으로 비치는 것을 조금 다른 각도에서 진단한다. 서울에는 모두 건물 64만 동이 있다. 국가나 지방자치단체가 소유한 공공건축물을 약 1만 동으로 추정하면 약 63만 동이 개인과 법인이 소유한 민간건축물이다. 이중 전문 교육을 받고 실무 경험을 거친 전문가가 치열하게 작업하여 만든 건물은 과연 몇 퍼센트가 될까? 1퍼센트라면 6,000개 건물이다.

서울시가 편찬한 『서울2천년사』의 민간건축 부문을 집필하기 위해 1950년 중반 이후 지어진 건축물 중에서 공인된 기관과 단체에서 수상한 건축물, 서울시의 기록물 및 단행본에서 논의된 건축물, 잡지에 게재되었거나 전시에 출품되었던 건축물을 전수조사하고 목록을 만든 적이 있다. 그 수가 약 400여 개였다.[24] 0.1퍼센트에 미치지 못하는 숫자다. 논의 대상이 절대적으로 적은 것이다. 서울만 그럴까? 작품으로서의 건축이 차지하는 양은 전 세계 어느 도시나 마찬가지다. 1퍼센트의 세계다.

본질은 피라미드 꼭대기 1퍼센트를 받치고 있는 중간건축의 품격과 품질의 평균치가 낮은 것이다.

서울의 '제네릭' 아파트, '버내큘러' 다세대·다가구 주택, '키치' 근린생활시설, 그리고 '유니버설' 고층 오피스 건물이 방문자의 눈을 압도한다. 도시 대부분을 차지하는 이런 건물은 건축가들의 손길이 미치지 못한 것으로 비친다. 반면 그 사이에서 건축은 존재가 미미하다. 표준어와 방언의 차이는 사용하는 사람들의 수와 관계된다. 절대다수가 사용하는 언어를 방언이라 부르지 않는다. 방언은 소수의 언어다. 만약 최소한의 품질과 품격을 갖춘 건물이 다수를 형성할 때도 개인 방언으로 보일까? 그렇지 않을 것이다. 한국 건축을 바라보는 비딱한 시선이 사라질 것이다. 결국, 건축 피라미드 구조와 규모의 문제다.

서울을 향한 타자의 비판, 냉소, 폄하, 훈수에 대해 부정할 필요도 외면할 필요도 없다. 제3의 시선을 냉정하게 받아들이면 된다. 지금 서울이 당면한 많은 문제는 세계 도시가 공유하는 것들이다. 기후변화, 지속가능성, 인구 변화, 도시 불평등, 도시재생, 젠트리피케이션, 공간 사유화 등 동시대적 문제다. 전 세계가 공유하는 건축 언어로 이 문제를 대면하면 된다. 한국 건축이 잃어버린 것은 '목구조 어휘'가 아니라 칸을 기반으로 하는 '건축 문법'이다. 대지 조건과 상황, 독립적인 건축 공간 구성 원리가 있었다는 사실은 잊고 외적 힘에 따라가는 절충주의적 태도가 합리화되었다. 현대 도시가 요구하는 밀도와 프로그램을 수용하면서 방과 같은 단위 공간과 복도와 같은 공용 공간을 여러 겹 수평, 여러 층 수직으로 결합하고, 평면과 지붕을 결구하는 문법과 어휘를 전복, 반전, 정립하지 못했다. 건축가들의 작업이 개인 방언으로 읽히는 것은 그 기저에 공통 문법이 보이지 않기 때문이다. 이상헌이 『대한민국에 건축은 없

다』에서 지적한 교육, 실무, 건축물을 관통하는 규율의 부재와 맥락을 같이한다.[25]

문제의 양상과 해법은 자연스럽게 달라질 것이다. 그 차이가 도시 정체성을 만들어낸다. 현재를 이해하기 위해 역사를 읽는 것은 필요하다. 그러나 고증을 통해 입증할 수 있는 사실과 상상에 기댄 가공은 구분해야 한다. 기록이 진실이 아닐 수도 있다. 남아 있는 기록은 승자의 것이다. 지배자, 승자, 강자의 틀에서 벗어나 '여기, 지금'에 집중할 때 창의와 혁신이 시작된다.

3부

관성

정지된 물체는 외부의 힘을 받지 않으면 영구히 정지하고, 운동하던 물체는 등속 운동을 지속하려는 성질이 있다. 이를 관성慣性 Inertia이라 한다. 서울의 도시건축에도 이처럼 지속적으로 나타나는 특성이 있다. 지리와 기후에서부터 법과 제도, 기술과 노동력, 사회적 관습과 통념, 집단적 욕망에 이르기까지 다층적 요인이 결합되어 한 개인과 특정 집단이 쉽게 바꿀 수 없는 집합적 산물이 만들어진다. 3부에서는 서울에서 나타나는 세 가지 관성으로, 방의 구조(횡장형 평면), 프로그램(근린생활시설), 단면 구성(건축물 저층부 주차장)을 다룬다. 세 가지 관성은 건축가들이 풀어야 할 숙제이자, 창의적으로 반전시킬 수 있는 실마리이다.

방의 구조

얕은 평면 vs 깊은 평면

평면도는 허리 높이에서 건물을 수평으로 자르고 위에서 바닥면을 내려다보고 그린 도면이다. 실험적 건축가들은 벽을 뒤틀고 바닥을 기울이기도 하지만 인간이 발을 딛고 살아가는 한 바닥은 평평해야 한다. 땅 위에서 있는 건축물은 중력 법칙을 거스를 수 없다. 집을 짓기 전에도, 집을 지은 후에도 건물을 수평으로 절단하는 것은 불가능하다. 평면도는 보고 그리는 것이 아니라 가정하고 그리는 가상 도면이다. 부동산중개소 벽에 걸려있는 평면도는 대중들에게는 실상 이해하기 어려운 추상적 표현법이다.

건축가들은 2차원 평면도와 단면도를 보고 3차원 공간을 상상할 수 있고, 역으로 3차원 공간을 경험한 후 평면도와 단면도를 그릴 수 있다. 삼각자와 치수를 재는 스케일바 없이 축척이 다른 도면들을 그려내는 노련한 건축가들도 있다. 건축설계는 이처럼 2차원 가상도면과 3차원 현실 공간을 오가는 과정이다. 건축을 구상하고, 만들고, 이해하는 과정적 수단이 평면이라는 의미에서 르코르뷔지에는 "평면도는 생성자다The plan is the generator."라고 했다.[1]

건축설계는 장방형, 정방형, 원형과 같은 기본 도형의 조합, 분화, 변형 과정이다. 파라메트릭 디자인parametric design은 디지털 기술을 활용하여 부정형 형태를 만든다. 하지만 쓸모 있는 공간을 만들기 위해 복잡한 형태는 단순한 기하학적 평면으로 분해해야 한다.

서울시립대 건축학과 1학년 학생들은 학교 근처에 있는 어린이도서관을 탐방한 후 평면도를 그리는 팀 작업을 한다. 강당 바닥에 대형 천을 깔고, 먹줄로 중심선을 치고, 벽체, 창문, 문, 계단을 여러 두께의 검은 테이프로 붙여서 축척 1:1 도면을 완성한다. 흰 천 바닥 위에 검은 테이프로 그린 방안에 옹기종기 모여 있기도 하고, 눕거나 걸어 다니기도 하면서 내부 공간을 몸으로 느낀다. 강당 2층에서 내려다본 이 광경은 재미있다. 천 바닥 위 학생들의 행동을 보면서 실제 어린이도서관이 어떻게 사용되는지 상상할 수 있다.

천 바닥에 그린 평면도는 방의 연결을 표현한다. 아무리 크고 복잡한 건축 공간도 방, 복도, 계단과 같은 단위 공간으로 분해할 수 있다. 방을 점으로, 문을 선으로 표현하면 건축 공간은 점과 선의 연결망이 된다. 1980년대 후반 영국 런던대에서 정립한 공간구문론space syntax 이론은 이를 공간 '연계도justified graph'라고 정의했다.[2] 연계도는 방의 크기, 형태, 비례와 관계없이 단위 공간의 관계만을 표현한 그림이다. 이를 공간 구조(방 구조)라 한다.[3]

공간 구조는 '문화 전달자cultural transmitter'다. 용도와 기능뿐만 아니라 공-사, 상-하, 남-여, 노-소, 주-객 등 사회적 관계를 함축한다. 한 개인이 자의적으로 바꾸기 어려운 것이 공간 구조다. 한 사회가 오랜 시간에 걸쳐 만들어낸 집합적 산물이기 때문이다. 건축가가 새로운 생각을 가졌다 하더라도 아파트 평면을 쉽게 바꿀 수 없다. 아파트는 지난 수십 년에 걸쳐 한국 부동산시장이 검증한 상품이다. 복도를 따라 한쪽으로 교실이 붙어 있는 초등학교 편복도 구조는 50여 년 전 내가 다녔던 '국민학교'와 크게 다르지 않다. 한국 교육계가 만든 표준 상품이다. 교육 방법이 근본적으로 바뀌지 않는 한 교실 구조는 바뀌지 않는다.

19×19 바둑판 위에서 가능한 기보의 수는 무한에 가깝다고 한다. 건축도 바둑처럼 방을 가로세로 붙여서 만들기 때문에 이론상으로 방 구조는 무한하다. 바둑처럼 직각 방향으로 붙여야 하는 것도 아니고, 방 크기와 비율도 다양하므로 조합의 수는 더 많다. 하지만 방의 조합은 바둑보다 더 많은 제약이 따른다. 방에는 반드시 문을 내야 한다. 방과 방을 연결하는 복도도 필요하다. 채광과 통풍을 위해 창도 내야 한다. 거실은 남향이어야 하고, 화장실은 침실 옆에 붙여야 한다. 건축 형태는 무한하지만, 공간 구조는 제한적이다.

방 7개를 조합하여 가능한 평면 유형을 만들어보기로 하자. 가장 간단한 방법은 한 방향으로 붙여 긴 평면을 만드는 것이다. 이 경우 방문을 어떻게 내느냐에 따라 방 구조는 달라진다.

1. 모텔

7개 방문을 모두 밖으로 내는 조합 방법이다. 주차장에서 문을 열고 곧바로 객실로 들어가는 미국 고속도로 변 모텔이나, 툇마루가 붙어 있는 방들이 마당과 마주하는 여인숙을 떠올려보자. 방을 점, 문을 선으로 표현하면 외부에서 모든 방은 1단계 거리에 있다.

2. 바실리카

같은 방법으로 방 7개를 한 방향으로 붙이되, 방과 방 사이에만 문을 내는 조합이다. 서양 공공건축과 종교건축의 뿌리인 바실리카와 흡사하다. 입구와 제대 사이에 회중석nave이 종렬로 연결된 구조다. 밖에서 가장 깊은 제대까지 가려면 7단계를 거쳐야 한다.

3. 도시 한옥

바실리카 평면을 ㄷ자로 구부리면 마당을 에워싸고 있는 도시 한옥이 된다. 이 경우 대청과 4개의 방은 마당으로부터 1단계, 안방과 건넌방은 2단계 거리에 있다.

창덕궁 대조전大造殿도 같은 공간 구조다. 왕과 왕비의 침실을 양 끝에, 거실을 중간에 둔 정면 9칸, 측면 4칸 건물로 북촌 도시 한옥보다 훨씬 크지만, 문을 열면 안마당과 대청마루를 향해 시각적·공간적으로 열리는 점에서 같다. 겹겹이 싸인 궁궐 안의 담과 문을 포함하면 침전은 여러 단계를 거쳐야 하지만 채의 단위로 보면 한두 단계에 있는 홑겹 구조다. 위상학적으로 방을 많이 거쳐야 하는 평면은 깊은 평면, 반대는 얕은 평면이다. 서양 바실리카는 깊은 평면deep plan, 북촌 도시 한옥과 창덕궁 대조전은 얕은 평면shallow plan이다.

4. 매트릭스

도시 한옥 마당을 내부 공간으로 바꾼 평면이다. 가로, 세로 각각 방 3개를 조합한 정사각형 9분할 평면이다. 방과 방 사이에 모두 문이 있다.

르네상스 시대 건축가 안드레아 팔라디오Andrea Palladio(1508~1580)가 설계한 빌라 대부분은 9분할 평면이다. 역사학자 로빈 에번스Robin Evans(1944~1993)는 이를 '매트릭스'라고 불렀다.[4] 9분할 매트릭스 평면은 한국 건축에서 흔치 않은 형식이다. 예외가 있다면 1세대 건축가 김중업이 설계한 프랑스 대사관과 주택에서 나타난 3×3 모듈 평면이다.[5]

5. 아파트

도시 한옥에서 중정을 없애고 횡 3열, 종 2.5열로 단순화한 3×2.5베이 아파트 평면이다. 방 3개, 거실, 주방, 복도, 화장실 2개 등 모두 9개 단위 공간의 조합이다. 현관에서 복도를 지나 거실과 주방으로 연결된다. 침실에 딸린 화장실을 제외한 모든 방은 홀에서 3단계 거리에 있다.

6. 고층 오피스

매트릭스 평면에서 중심은 남겨두고 8개 방의 벽을 트면 고층 오피스 건축 기준층 평면이 된다. 사무 공간을 요철(凹凸)이 없는 4개 사각형 방으로 나누고 연계도로 표현했다.[6] 고층 오피스 코어는 수직, 수평 동선을 연결하고 분배하는 곳이다. 승강기로부터 코어(a)를 거쳐 사무 공간까지 깊이는 2단계이다.

7. 원형 텐트

가장 단순한 방이자 집이다. 밖에서 문을 열면 내부 공간 전체가 드러난다. 몽골 유목민의 천막집 게르가 대표적이다.

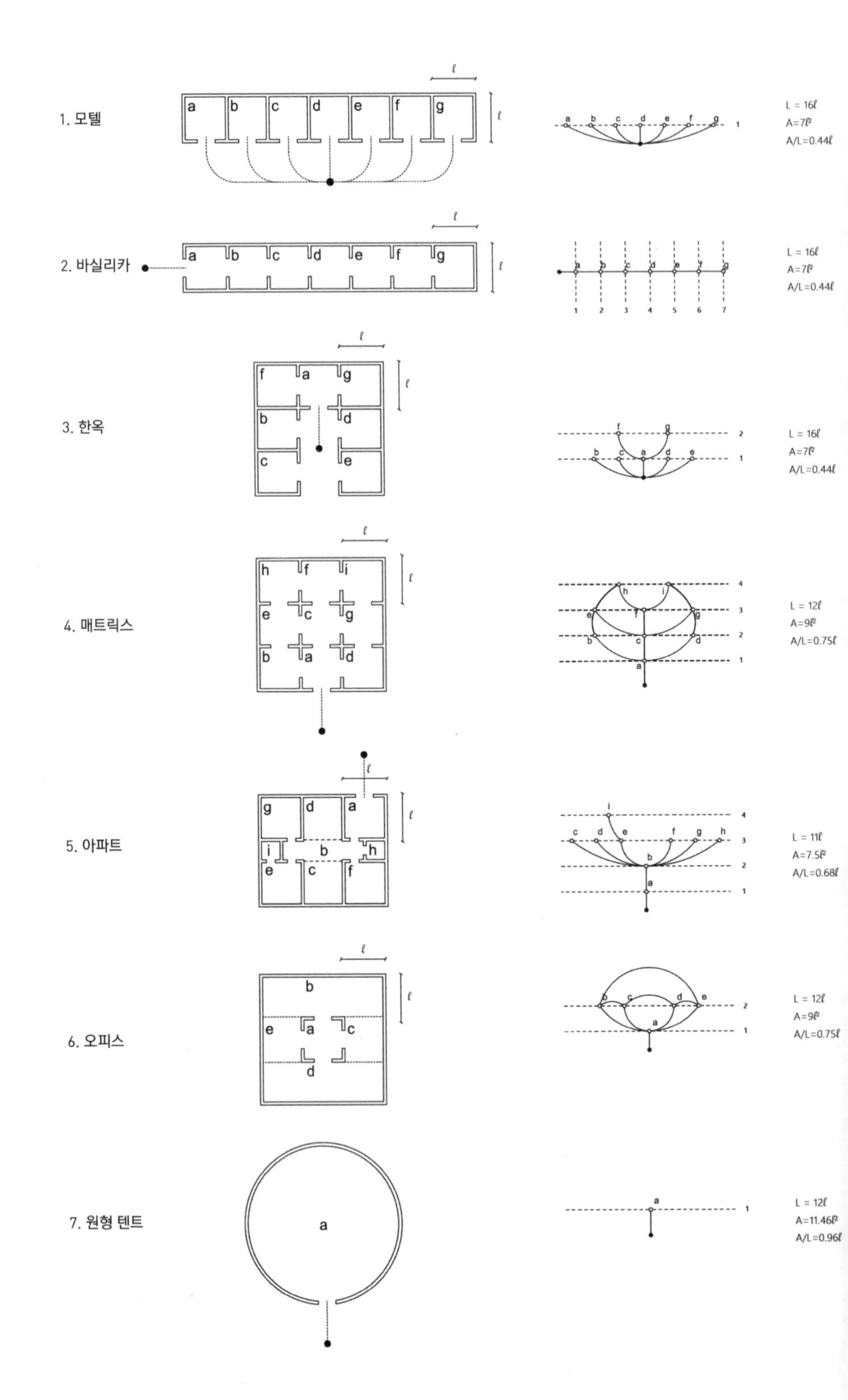

1. 모텔
L = 16ℓ
A=7ℓ²
A/L=0.44ℓ
2. 바실리카
L = 16ℓ
A=7ℓ²
A/L=0.44ℓ
3. 한옥
L = 16ℓ
A=7ℓ²
A/L=0.44ℓ
4. 매트릭스
L = 12ℓ
A=9ℓ²
A/L=0.75ℓ
5. 아파트
L = 11ℓ
A=7.5ℓ²
A/L=0.68ℓ
6. 오피스
L = 12ℓ
A=9ℓ²
A/L=0.75ℓ
7. 원형 텐트
L = 12ℓ
A=11.46ℓ²
A/L=0.96ℓ

지금까지 열거한 7개 평면 유형을 비교해보자. 외부 공간에서 가장 깊숙한 방까지 깊이(단계)는 바실리카(7단계) 〉 매트릭스, 아파트(4단계) 〉 한옥, 오피스(2단계) 〉 모텔, 원형 텐트(1단계)이다. 바실리카가 가장 깊고, 모텔과 원형 텐트가 가장 얕은 평면이다.

연계도에 나타난 또 다른 특징은 나뭇가지와 고리 모양이다. 원형 텐트는 줄기가 자라기 시작한 나무, 바실리카는 곁가지 없이 하나의 줄기로 뻗은 대나무, 매트릭스와 오피스는 줄기와 가지를 묶어놓은 모양, 나머지는 줄기에서 가지가 갈라지는 모양이다.

그런데 매트릭스와 오피스를 제외한 5개 평면은 어떤 방에서 다른 방까지 갈 수 있는 경로는 같은 경로를 왕복하지 않는 이상 단 하나밖에 없다. 나뭇가지에 다람쥐 한 마리가 있다고 가정해보자. 다람쥐가 다른 가지로 이동하기 위해서는 점프하지 않는 이상 줄기로 되돌아간 다음 다른 가지를 타는 방법밖에 없다.

반면 매트릭스와 오피스에서는 어떤 방에서 다른 방으로 가는 경로는 여러 개 있다. 예컨대 매트릭스 평면의 방 a에서 방 i까지 같은 경로를 왕복하지 않고 갈 수 있는 경로는 9개다.[7] 오피스에서는 방 a에서 방 e까지 경로는 7개다. 매트릭스와 오피스 연계도는 구부러진 철사 고리가 4개 엮여 있는 모양이다. 이를 링 구조 혹은 순환 구조라고 한다. 링이 많으면 경로도 많다. 경로가 많으면 동선도 교차하고 프라이버시도 확보할 수 없다. 이렇게 보면 매트릭스의 링 구조를 유지하면서 깊은 구조를 얕은 구조로 바꾼 것이 코어 오피스다. 공간 구조의 관점에서 현대 건축 오픈 플랜open plan은 '깊은 링 구조'가 '얕은 링 구조'로 진화한 과정

그림 3-1. 7개 평면 유형의 방 연계도와 바닥/벽 비율

이다. 또한 아파트는 '얕은 평면'의 도시 한옥이 '깊은 평면'으로 바뀌고 있는 과정으로 해석할 수 있다.

가는 평면 vs 두꺼운 평면

지금까지 방과 방의 위상학적 관계를 보았다. 이제 7개 평면의 기하학적 특성을 살펴보자. 방 한 변 길이가 l이라 하고 둘레(L)에 대한 면적 비율(면적/둘레)을 환산해보자. 모텔, 바실리카, 한옥은 면적/둘레 비율이 $0.44l(7l^2 \div 16l)$이다. 아파트는 $0.68l(7.5l^2 \div 11l)$, 매트릭스와 오피스는 $0.75l(9l^2 \div 12l)$이다. 오피스와 둘레가 같은 원형 텐트의 면적/둘레 비율은 $0.96l(36/\pi l^2 \div 12l)$이다.

모텔=바실리카=한옥($0.44l$) 〉 아파트($0.68l$) 〉 매트릭스=오피스($0.75l$) 〉 원형 텐트($0.96l$) 순으로 면적/둘레 비율이 커진다. 이 수치는 무엇을 의미할까? 같은 양의 외벽 재료를 사용하여 집을 지을 때 원과 정사각형 평면을 선택하면 직사각형 평면보다 더 넓은 집을 지을 수 있다는 의미다. 역으로 바닥면적이 같은 집을 지을 때, 원과 정사각형 평면이 외벽 재료의 양이 가장 적게 든다는 뜻이다.

기하학적으로 설명하면 한 점을 중심으로 조밀도가 가장 높은 도형이 원이고, 정다각형, 정사각형, 직사각형 순서로 조밀도가 낮아진다. 이 차이를 '두껍다thick,' '가늘다thin'라고 정의한다. 베이징 천단天壇의 원형 평면은 매트릭스보다 두껍고, 일자형 모텔, 바실리카, ㄷ자형 도시 한옥은 가늘다.

'얕다-깊다', '가늘다-두껍다' 두 쌍의 개념을 중첩해보자. 모텔과 한

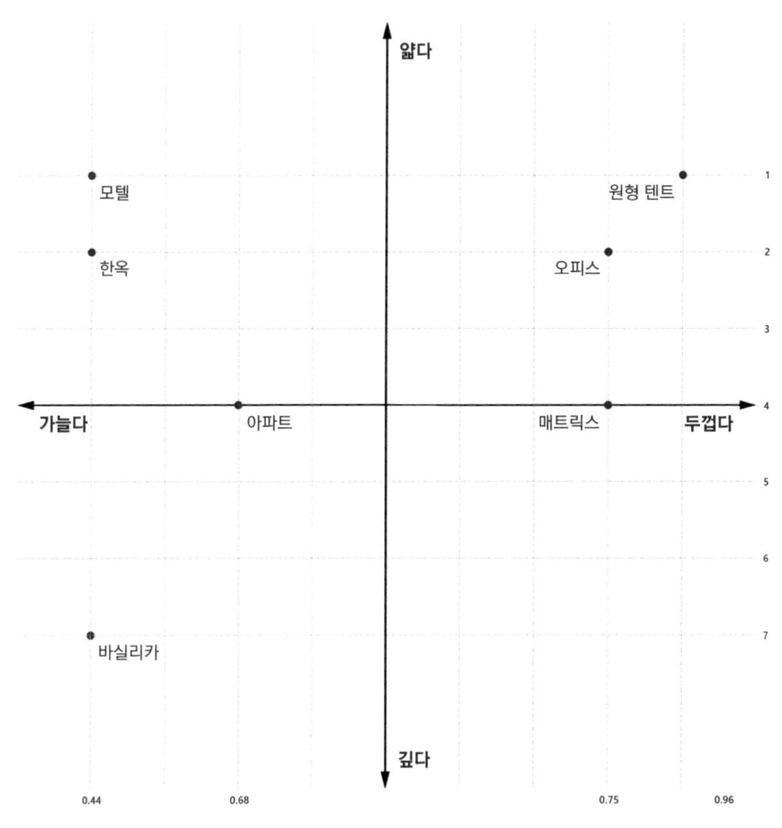

그림 3-2. '얄다-깊다', '가늘다-두껍다' 좌표

옥은 '얕고-가는' 평면, 바실리카는 '깊고-가는' 평면, 오피스와 원형 텐트는 '얕고-두꺼운' 평면이다. 매트릭스와 아파트는 '얕다-깊다' 축(y축) 중간 지점에 있다. 또한, 아파트는 '가늘다-두껍다' 축(x축) 왼쪽에, 매트릭스는 같은 축 오른쪽에 있다.

원형 텐트, 모텔, 도시 한옥, 바실리카, 매트릭스, 아파트, 오피스 건축은 시대, 장소, 규모, 용도에서 공통점이 없다. 르네상스 빌라의 전형이었던 매트릭스, 종교건축의 전형이었던 바실리카를 서울의 도시 한옥, 아파트와 비교한다는 것은 역사학자의 관점에서 우스운 일이다. 건축계획 각론에서는 규모와 용도가 전혀 다른 모텔, 아파트, 오피스는 비교 대상 자체가 되지 않는다. 건축가들조차 복잡다단한 현대건축을 몇 가지 유형으로 환원할 수 없다고 생각할 것이다. 실제 건축물은 예로 든 다이어그램보다 훨씬 복잡한 모습을 띨 것이다. 그런데 서울의 횡장형 평면을 이해하기 위해서는 두 쌍의 개념('얕다-깊다', '가늘다-두껍다')이 필요하다.

횡장형 평면

아파트

방 3개, 화장실 2개, 거실, 주방 겸 식당, 전용면적 25평(84m^2), 발코니 확장 후 33평(110m^2), 남향, 지하주차장 직통 엘리베이터, 1,000세대 이상 단지. 2020년 서울 시민이 꿈꾸는 아파트 표준이다. 거실과 침실은 앞면에 주방·식당, 작은 방은 뒷면에 있다. 앞면 3베이, 옆면 2.5베이다. 주택 정책 기준으로 삼는 국민주택(85m^2) 아파트 3×2.5베이 평면이다. 베이 길이는 2.5~5미터이다. 여기에 앞뒤 각각 2분의 1 베이 발코니를 확장하면 옆면이 3.5베이가 된다. 모서리 세대는 거실과 주방을 앞으로 배치하여 4×3.5베이로 만든다. 이보다 큰 대형 평수는 방이 커져서 베이 수는 같지만, 앞면이 비대칭적으로 길어진다. 전용면적이 42평형(140m^2)을 넘으면 앞면은 5~6베이까지 늘어나 앞면이 옆면 길이의 2배가 넘는다. 발코니 확장 합법화 이후에는 15~18평형(50~60m^2)조차 3~4베이로 만드

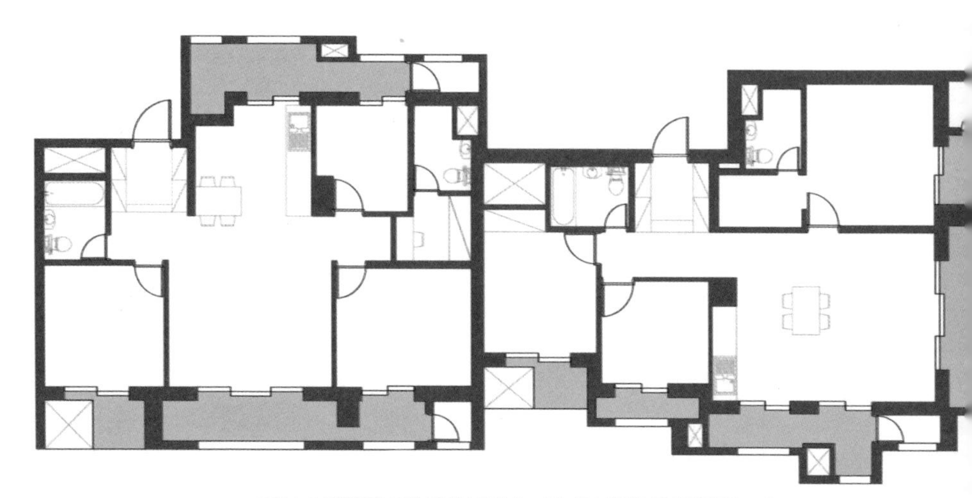

그림 3-3. 전용면적 25평, 발코니 확장 후 33평, 서울 재건축 아파트 평면(2018)

는 추세다.[1] 앞면이 옆면보다 긴 평면이 발코니를 더 넓게 확장할 수 있기 때문이다. 이처럼 서울의 아파트 평면은 위상학적으로 깊고deep 기하학적으로 가는thin, 횡장형 평면으로 변하고 있다.[2]

한국 부동산시장은 복도 양쪽에 아파트 유닛unit(단위 세대)이 붙어 있는 중복도형 평면을 기피한다. 복도 한쪽에 남향 유닛을 배치하면 반대쪽에 북향 유닛을 배치할 수밖에 없기 때문이다. 엘리베이터, 비상계단, 전기·기계 설비 덕트를 모아놓은 코어core를 사이에 두고 33평 유닛 2개를 조합하는 것이 기본이다. 이를 옆으로 붙여나가면 일자형 배치가 된다. 천편일률적인 성냥갑 모양이라고 비판했던 판상형이다. 주택 공급을 주도하는 한국토지주택공사LH와 서울주택도시공사SH는 도시 통경축通經軸을 열기 위해 판상형 길이를 유닛 숫자로 제한하는 기준을 적용해왔다. 그 결과, 좌우 3개 유닛이 붙은 '3호 조합'이 만들어졌다. 꼭짓점은 정남향을 향하고, 좌우 각각 유닛 3개가 동남향 45도와 남서향 45도를 향한다. 장소와 관계없이 곳곳에 양산되고 있는 부메랑을 닮은 주동 평면이다.

아파트 설계 다음 단계는 채광창이 있는 벽면으로부터 인접 대지 경계선까지 일정한 거리를 두는 규정, 마주 보는 건축물 높이에 대한 일정 비율 이상으로 거리를 두는 규정 등 일조권 인동간격鄰棟間隔 규정을 지키면서 부메랑 모양의 주동을 단지 내에 최대한 많이 배치하는 것이다. 디자인이라기보다는 평형, 조합, 향, 인동간격, 지하 주차 등 복잡하게 얽힌 변수를 풀어내는 숫자와 배치의 복합 방정식이다. 목표는 부동산시장이 절대 신봉하는 남향, 조망, 프라이버시, 세 가지 요건을 충족하면서 최대 용적률과 최고 높이를 달성하는 것이다. 앞면이 옆면보다 긴 횡장형 평면과 부메랑 배치가 아파트 프로토타입prototype 典型으로 굳어지고 있다. 아파트의 문제는 단지의 문제이고, 단지의 문제는 남향 횡장형의 획일화된 복제다.

단독주택

아파트가 대세로 자리 잡기 이전 단독주택도 횡장형 평면이었을까? 1968년부터 1989년까지 대한건축사협회와 한국건축가협회가 각각 출간한 『건축사』와 『건축가』에 실린 150개 단독주택을 비교한 강윤정의 연구를 보자.[3] 평균 대지면적 148평(488m²), 건축면적 41평(134m²), 연면적 80평(264m²), 층수 2층이었다. 서울의 평균 필지 면적 76평(250m²)의 2배 크기 땅에 이런 규모의 단독주택 설계를 건축사(가)에게 의뢰할 수 있는 사람은 소수 상류층이었다. 1970년대 대규모 단독주택은 서대문구와 성북구에 많이 지어졌고 1980년대 이후에는 강남으로 옮겨 갔다. 150개 주택 중 대표성이 있는 32개 주택 배치도와 평면도를 분석한 결과를 보자.

넓은 대지에 도로, 향, 경사를 고려하여 집을 여유 있게 앉혔다. 그 결과 평균 건폐율(27.5%)과 용적률(54%)은 법정 한도보다 낮았다. 대부분 북쪽에 집을 붙이고 남쪽에 마당을 두었다. 1층 면적 41평(134m²)은 전용면적 30평대 발코니 확장 아파트와 비슷한 면적이다. 마당 쪽에 거실과 안방을, 반대쪽에 주방과 식당을 배치했다. 앞면 3~4베이, 옆면 2.5베이가 가장 많았다. 발코니를 확장하기 전 국민주택 아파트 베이와 같다.

그림 3-4. 서울의 단독주택 1970~1980년대

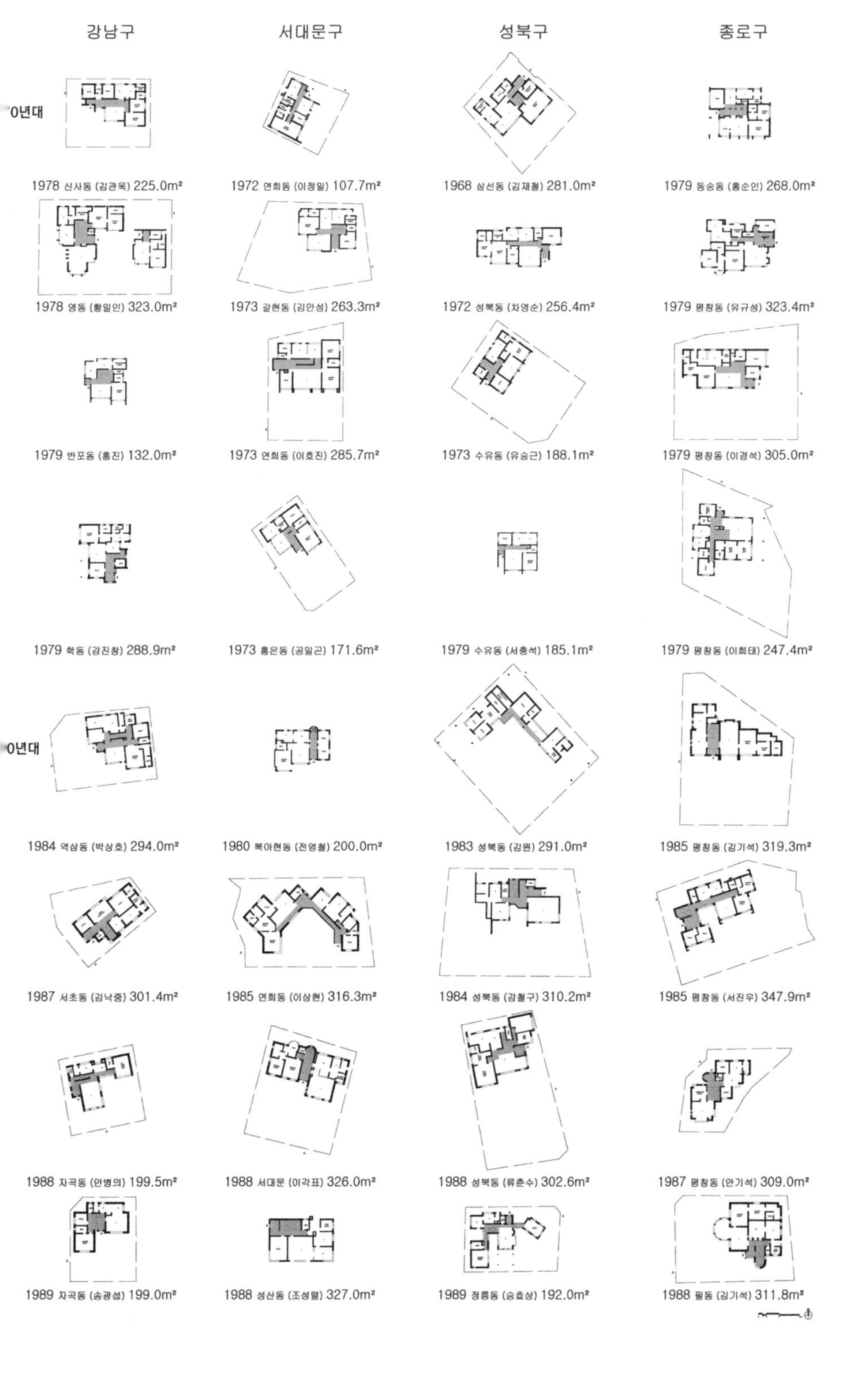
강남구
서대문구
성북구
종로구
0년대
1978 신사동 (김관욱) 225.0m²
1972 연희동 (이정일) 107.7m²
1968 삼선동 (김재철) 281.0m²
1979 동숭동 (홍순인) 268.0m²
1978 영동 (황일인) 323.0m²
1973 갈현동 (김만성) 263.3m²
1972 성북동 (차영순) 256.4m²
1979 평창동 (유규성) 323.4m²
1979 반포동 (홍진) 132.0m²
1973 연희동 (이호진) 285.7m²
1973 수유동 (유승근) 188.1m²
1979 평창동 (이경석) 305.0m²
1979 학동 (강진창) 288.9m²
1973 홍은동 (공일곤) 171.6m²
1979 수유동 (서충석) 185.1m²
1979 평창동 (이희태) 247.4m²
0년대
1984 역삼동 (박상호) 294.0m²
1980 북아현동 (전영철) 200.0m²
1983 성북동 (김원) 291.0m²
1985 평창동 (김기석) 319.3m²
1987 서초동 (김낙중) 301.4m²
1985 연희동 (이상현) 316.3m²
1984 성북동 (강철구) 310.2m²
1985 평창동 (서진우) 347.9m²
1988 자곡동 (안병의) 199.5m²
1988 서대문 (이각표) 326.0m²
1988 성북동 (류춘수) 302.6m²
1987 평창동 (안기석) 309.0m²
1989 자곡동 (송광섭) 199.0m²
1988 성산동 (조성렬) 327.0m²
1989 정릉동 (승효상) 192.0m²
1988 필동 (김기석) 311.8m²

1970~1980년대 부잣집 1층을 분리하여 수직으로 쌓으면 현재 30평대 아파트와 흡사하다는 뜻이다. 보편적 주거 유형이 단독주택에서 아파트로 변했지만 '남향 횡장형 평면'은 1970년대 이후 서울의 주택에서 지속해서 나타나고 있다.

다가구 · 다세대 주택

중산층이 살았던 다가구·다세대 주택도 남향 횡장형이었을까? 강남과 강북 사례를 하나씩 들어보자.

1. 강남 역삼동

첫째 사례는 1970년대 영동 토지구획정리사업으로 조성한 강남역 동북쪽 역삼동 블록이다. 동서 길이 850미터, 남북 길이 750미터의 슈퍼블록이다. 내부는 폭 12미터 미만 도로로 에워싸인 소블록 안에 장방형, 횡장형, 종심형 필지가 골고루 섞여 있다. 경사를 따라 도로가 사선으로 블록을 가로질러 변형된 삼각형 소블록과 필지도 생겨났다. 필지 규모(200~300m²)는 서울 평균치에 근사하다. 1970년대 중반부터 지었던 1~2층 단독주택은 1990년대 이후 3~4층 다가구·다세대 주택으로 바뀌었다. 2000년대 이후 땅값이 상승하면서 주택 일부 혹은 전부가 근린생활시설과 소규모 사무실로 바뀌고 있다.

먼저 블록 바깥과 안쪽에 있는 건물의 주요 채광창이 어느 방향을 향하고 있는지 분석했다. 테헤란로, 강남대로, 봉은사로, 논현로에 면하는 상업업무건축은 주요 채광창이 모두 도로를 향하고 있다. 도로 방향에

그림 3-5. 역삼 1동 블록 건축물 주요 채광창 지도

따라 남향, 서향, 북향, 동향이 된다. 내부로 들어가면 양상이 달라진다. 남쪽과 동쪽 도로에 면한 건물은 동서 방향으로 긴 필지든 남북 방향으로 긴 필지든 주요 채광창이 남향이었다. 남쪽과 동쪽에 마당을 두고 주택을 뒤에 배치함으로써 거실 채광창이 마당을 면할 수 있기 때문이다.

반면 북쪽과 서쪽 도로에 면한 주택은 채광창이 도로를 향한 경우가 많았다. 남향이 어려운 조건에서 도로 쪽으로 주요 채광창을 내는 것이 차선이었다. 이처럼 구획정리사업으로 조성한 소필지에서 모든 건물이 남향이 될 수 없다. 어떤 필지에는 북향 혹은 서향으로 집을 앉힐 수밖에 없다. 좌향坐向이 가진 장단점은 부동산 가격으로 나타난다. 경사지를 기준으로 북사면 집보다 남사면 집들이 더 비싸다. 그중에서도 남향 횡장형 집이 더 비싸다.

2. 강북 서교동

둘째 사례는 1960년대 서교 토지구획정리사업으로 조성한 서교동 주택가이다. 양화로, 월드컵로, 동교로, 잔다리로, 월드컵북로로 에워싸인 삼각형 블록이다. 경사 때문에 불가피하게 이면도로는 불규칙하게 형성되었다. 평균 필지 면적(150m²)은 역삼동 블록의 2분의 1이다. 이곳 역시 구획정리사업 초기에 지어졌던 단독주택을 허물고 1990년대 중반부터 2000년대 초반 집중적으로 다가구·다세대 주택을 지었다. 그 후 홍대 상권의 파급효과로 다가구·다세대 주택 저층부가 상업화되고 있다. 일그러진 격자형 블록에 자리를 잡다 보니 좌향은 남동, 남서, 북동, 북서향으로 제각각이다. 그런데 남동, 남서 도로에 면한 필지는 횡장형이든 종심형이든 채광창이 남동과 남서향이다. 반면 북동, 북서 도로에 면한 건물은 채광창이 남동, 남서, 북동, 북서향이 골고루 섞여 있다.

그림 3-6. 서교동 블록 건축물 주요 채광창 지도

두 사례가 보여주는 것은 무엇일까? 대부분 한국인은 남향 횡장형 집에 살고 싶어 한다. 배치 제1법칙은 주요 거실 채광창을 남향으로 내는 것이다. 제1법칙이 불가능할 때 차선으로 도로 쪽으로 주요 거실을 앉힌다. 동서 방향으로 긴 횡장형 필지가 남쪽 도로에 면하고 있다면 최고 땅이다. 하지만 두 사례에서 보듯이 옆집, 앞뒷집과 다닥다닥 붙어 있는 조밀한 주택가에서는 모든 집이 남향 횡장형이 될 수 없다. 대지 위치, 면적, 가로세로 비율 때문에 불가피하게 북향과 서향집도 생긴다. 1970~1980년대 서울의 단독주택에서 드러나듯이 남향 횡장형 평면은

100평 대지에 지은 단독주택이나 3,000평 단지 아파트에서 누릴 수 있는 특권이다.

단독주택과 아파트의 중간 유형인 다가구·다세대 주택에서도 남향 횡장형 평면은 소수에게만 돌아간다. 신도시와 달리 서울의 다가구·다세대 주택은 대부분 단독주택을 허문 자리에 지었다. 좁은 대지에 최대한 많은 가구·세대를 남향으로 배치하기 위해서 합법과 편법 사이의 각종 묘수가 동원되었다. 발코니 확장은 그중 하나였다. 「건축법」상 공동주택으로 분류되는 아파트, 연립주택, 다세대주택은 2005년부터 합법적으로 발코니를 확장할 수 있게 되었다. 반면 다가구주택은 분양할 수 없는 단독주택으로, 2012년에 합법화되기 전에는 발코니를 확장할 수 없었다.[4] 중산층이 아파트로 옮겨 가고 싶은 이유 중 하나가 남향 횡장형 평면에 대한 선호이다.

원룸

아파트는 꿈꿀 수 없고, 다가구·다세대 주택마저 버거운 1인 가구의 선택지는 원룸이다. 원룸은 법적 용어가 아니다. 법적으로 분류된 다가구주택, 다중주택, 고시원에 속한 임대용 방이다. 주인이 밥을 해주던 예전 하숙집에서 세 든 사람 스스로 숙식을 해결하는 형태로 진화된 것이 다가구주택의 원룸이다. 다중주택은 연면적이 다세대·다가구 주택의 절반인 100평(330m²) 이하로 방마다 욕실을 둘 수는 있지만, 부엌을 둘 수 없어 공동 취사 시설을 사용하는 학생과 직장인들의 주택이다. 법의 사각지대에 있었던 다중주택이 2005년 「건축법」으로 편입되었다.

다중주택에도 포함되지 않는 열악한 원룸도 있다. 「건축법」상 제2종 근린생활시설의 다중생활시설로 분류되는 고시원업 시설로 '고시원'이란 이름으로 통용되고 있다. 2015년 제정한 「주거기본법」에 따라 국토교통부가 고시한 1인당 최저 주거 기준은 14제곱미터(4.24평)이다.[5] 고시원에는 이러한 최저 주거 기준이 적용되지 않는다. 법적으로 주택이 아니기 때문이다. 설치해야 하는 시설, 설치할 수 없는 시설, 소음, 화재, 범죄 예방을 위한 최소한 기준만 있다.[6] 필요한 책상과 살림살이를 빼고 나면 혼자서 움직일 수 있는 최소 공간이다.

고시원은 그나마 법의 울타리에 있지만, 법과 통계 어디에도 잡히지 않는 쪽방촌도 있다. 보증금 없이 월세 또는 일세를 내고 하루하루 살아가는 '무허가 여인숙'에 가깝다. 방 크기가 최저 주거 기준 절반에도 미치지 못하는 쪽방은 길바닥으로 나가기 전 도시 빈민이 몸을 의탁할 수 있는 종착역이다.[7] 2018년 고시원과 쪽방처럼 최저 주거 기준에 미달하는 가구는 111만 가구에 달했다.[8]

다가구주택, 다중주택, 고시원, 쪽방으로 갈수록 작은 방에 모든 기능이 압축된다. 가로세로 비례도 변한다. 조재은은 부동산 사이트에서 거래되고 있는 원룸 정보를 수집하고 그중 대표 사례 10개를 분석했다. 문과 창 치수, 가구와 생활 소품을 꼼꼼히 표현한, 위에서 내려다본 일점투시도는 좁은 공간에서 한 사람이 어떻게 생활하는지 보여준다.[9]

서교동의 한 다가구주택 원룸은 현관도 구분되어 있고, 화장실, 세탁실, 수납 공간과 싱크대도 갖추었다. 책상, 책장, 옷장, 침대, 벽걸이 에어컨이 있고 벽에는 폭 2미터의 높은 창이 나 있다. 면적은 7.4평(24.4m^2)으로 최소 주거 기준보다 넓고 장단변 비율은 정방형(1:1.15)에 가깝다.

화양동의 한 다가구주택 원룸 면적(13.94m^2)은 최저 주거 기준을 가까스로 맞추었다. 작은 방 3개로 나뉘어 있고 문을 열고 들어가자마자 싱크대가 놓여 있는 문간방이, 그 뒤에 화장실이 있다. 방에는 쌓은 옷장 박스, 빨래건조대, 벽걸이 에어컨, 매트리스가 놓여 있다. 놓여 있고 높은 창이 나 있다. 장단변 비율은 정방형(1:1.10)에 가까웠다.

종로구 관수동에 있는 1평도 안 되는 고시원(2.76m²)은 책상, 냉장고, 소형 매트리스, 옷걸이를 빼고 나면 한 사람이 몸을 틀 정도밖에 공간이 남지 않았다. 문도 완전히 열 수 없었고 에어컨은 물론 창도 없는 방이었다. 장단변 비율은 역시 정방형(1:1.15)에 가까웠다.

원룸에서 남향, 조망, 프라이버시를 기대하는 것은 사치다. 원룸의 법적 기준이 없다 보니 개발업자는 좁은 땅에 최대한 방을 많이 넣는 것이 최우선 목표다. 창문이 없거나 작으니 남향은 고려 사항이 아니다. 사례로 든 원룸 모두 가로세로 비율이 정방형이다. 원룸에 사는 사람들에게 남향 횡장형 평면은 다른 세상 이야기다.

남향 횡장형 평면

문제는 횡장형 평면이 남향 배치와 맞물려 '남향 횡장형' 단지로 공고하게 자리 잡고 있다는 데 있다. 단위평면에서 개별 건물로, 도시 단위로 퍼져나가는 현상이다.

2013~2017년 기간 서울시 도시건축 관련 위원회의 심의 대상이었던 24개 주택재건축사업, 주택재개발사업을 분석한 결과, 부메랑 모양의

그림 3-7. 일점투시도로 본 서울의 원룸

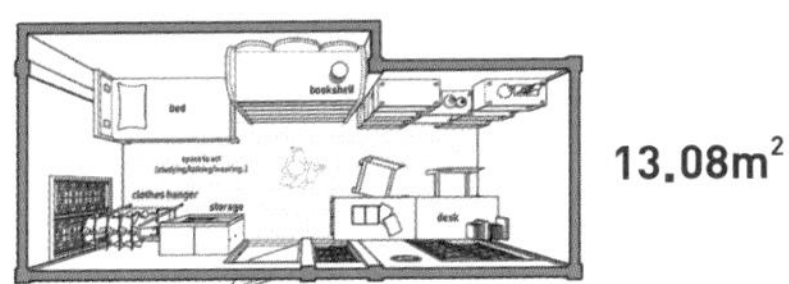

$13.08m^2$

서울특별시 종로구 계동

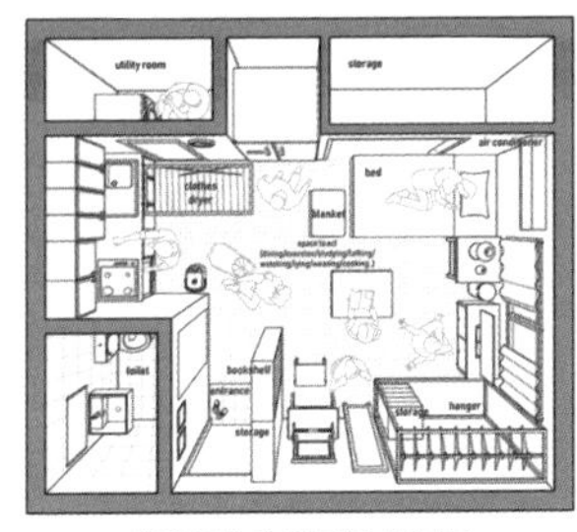

$24.41m^2$

서울특별시 마포구 서교동

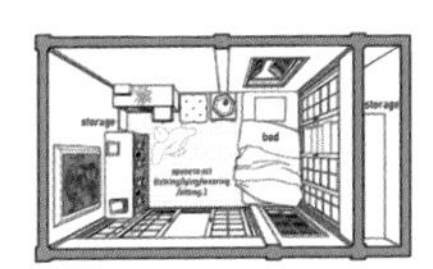

$7.67m^2$

서울특별시 종로구 가회동

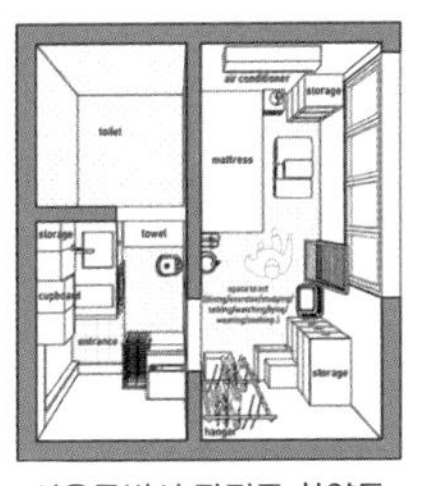

$13.87m^2$

서울특별시 광진구 화양동

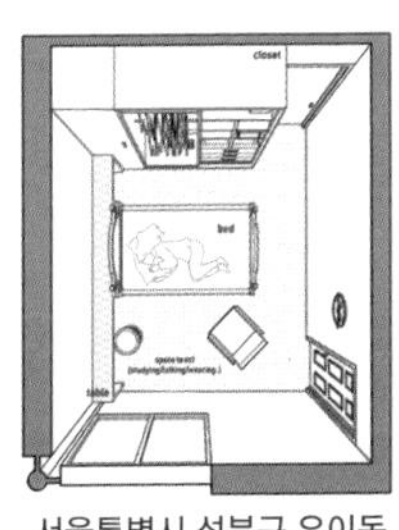

$14.55m^2$

서울특별시 성북구 우이동

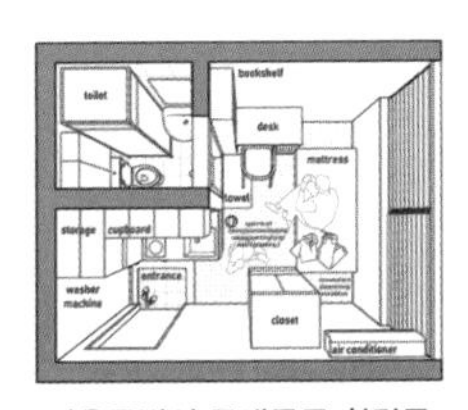

$11.87m^2$

서울특별시 동대문구 휘경동

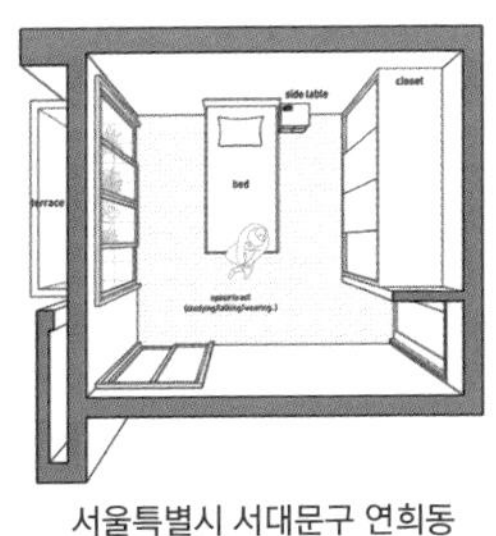

$13.97m^2$

서울특별시 서대문구 연희동

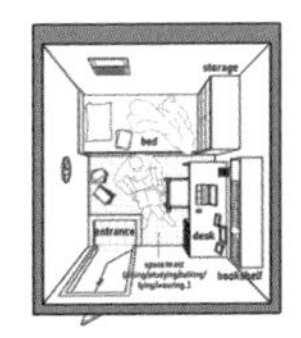

$6.36m^2$

서울형 고시원 주거 기준

0 1 2.5 5M

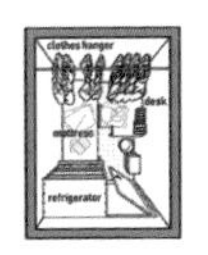

$2.76m^2$

서울특별시 종로구 관수동

남향 중심 횡장형 배치가 위치, 규모, 평형과 관계없이 복제 양산되는 것이 확인되었다. 이러한 내향적 아파트 단지는 반가로적反街路的 저층부를 만들고 외부로부터 물리적·시각적으로 단절시킨다.[10]

아파트 설계는 디자인 능력이 떨어지는 사람들의 몫이라는 인식이 건축설계 분야에 오랫동안 팽배했었다. 아파트를 주특기로 하는 대형 사무소들이 등장하면서 건축계 판도는 바뀌어갔다. 아파트 시장에 진입하기 위해서는 조직을 키워야 했고, 덩치가 커진 조직은 더 많은 일감이 필요했다. 중소 규모 사무소도 여기에 가세하면서 아파트 설계는 가장 저렴한 서비스 대가를 받아왔다. 주택재건축과 주택재개발 사업 주체는 법적으로는 조합이지만, 실행 주체는 건설사다. 은행이 돈을 빌려주는 대상은 시행사나 조합원이 아니라 보증을 서는 건설사다. 건설사는 분양이 목적이므로 시장의 추세를 예측하며 사업을 추진한다. 건설사에게 고용된 건축사(가)는 아파트 단지의 공공적 기능이나 새로운 배치를 시도할 수 없는 수직 구조에서 일해왔다. 주택 재건축과 주택 재개발은 그나마 공적 사업이기 때문에 정부가 개선할 수 있는 최소한의 장치라도 있지만, 민간 건설사업 방식에 의한 아파트 건설은 철저하게 시장 논리가 지배한다. 이러한 상황에서 남향 횡장형 평면은 거부할 수 없는 요구 사항이었다.

최근 아파트 단지의 획일적·폐쇄적 배치에 대해 공감한 정부가 변화를 시도하고 있다. 서울주택도시공사는 서울시 내 마지막 대형 분양 택지인 고덕·강일 지구에 설계 공모 방식, 설계 공모를 통한 토지 매각 대상자 선정 사업 방식 등 새로운 아파트 단지를 만들기 위한 다양한 실험

그림 3-8. 고착화된 횡장형 부메랑 아파트 배치

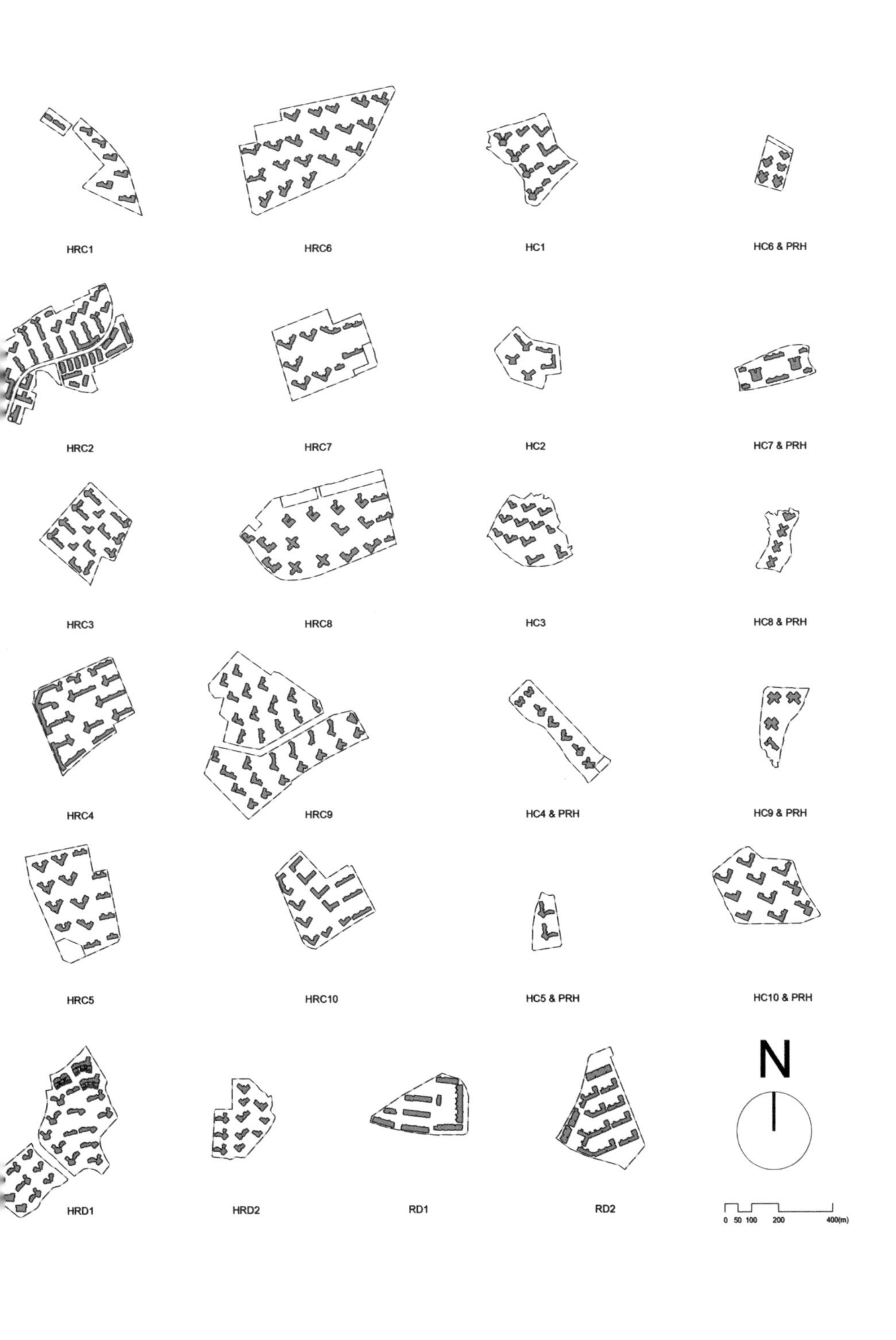
HRC1
HRC6
HC1
HC6 & PRH
HRC2
HRC7
HC2
HC7 & PRH
HRC3
HRC8
HC3
HC8 & PRH
HRC4
HRC9
HC4 & PRH
HC9 & PRH
HRC5
HRC10
HC5 & PRH
HC10 & PRH
HRD1
HRD2
RD1
RD2
N
0 50 100 200 400(m)

을 하고 있다. 건축가들은 횡장형 부메랑 단지 대안으로 유럽 도시의 블록형, 타워형 등을 제안했지만 여전히 실현 과정에서 최초 당선안이 관행대로 바뀌거나 무산되는 경우가 많다. 민원을 걱정하는 정부 산하기관이 시장에서 검증되지 않은 평면과 남향을 벗어난 배치를 과감히 수용하기 쉽지 않다.

위상학적으로 얕고 기하학적으로 가는 횡장형은 자연광을 받아들이고, 맞통풍이 가능한 친환경 건축이다. 방을 ㅡ, ㄴ, ㄷ, ㅁ 자 모양으로 붙여나가면서 변용하는 홑겹 구조 한옥이 한반도 중부지방에 정착된 것은 현대적 의미에서 패시브 하우스passive house(냉난방 에너지 소비를 최소화한 주택)였기 때문이다. 문제는 조망과 프라이버시를 고집하는 집단적 이기주의와 결합하여 깊고deep 가는thin 횡장형으로 진화하고 있다는 데 있다. 도로 방향과 관계없이 모든 주동이 남동향으로 앉은 아파트 단지는 위압적이고 폐쇄적인 도시 경관을 만들어내고 있다. 아파트 단지가 가진 문제 핵심이 남향 횡장형 평면이다. 초고밀 도시 서울에서 건축가가 당면한 난해한 과제다.

2

유비쿼터스 근생

서울을 처음 방문했던 건축학자가 식당, 상점, 의원, 학원이 밀집한 3~5층 연도형 상가를 서울의 독특한 건축으로 꼽았다. 그가 흥미롭게 관찰한 것은 외관보다 관리인의 제재를 받지 않고 계단이나 승강기를 타고 1층에서 꼭대기 층까지 올라갈 수 있는 단면 구성이었다. 그는 이것을 길의 수직적 확장으로 보았다. 서울 전역에 퍼져 있는 상가는 거리에 활력을 불어넣는다. 반면 비판적 시선으로 보면 무질서하고 혼란스럽다. 상가를 뒤덮은 간판은 '도시 문신urban tattoos'으로 혹평받기도 한다. '잡초' 간판이 '숙주' 건물을 점령하고 돌연변이시킨다. 건축이 사라지고 도시 얼굴이 간판으로 대체된다.[1]

간판이 건축을 압도하는 것은 서울만은 아니다. 동아시아 도쿄, 베이징, 상하이, 홍콩, 타이베이에도 간판이 뒤덮은 거리가 있다. 양쪽 건물에 닿을 정도로 긴 간판이 도로를 덮은 홍콩 카오룽은 서울을 능가한다. 게다가 원색 글자와 화려한 조명이 시야를 압도한다. 동남아시아 호치민,

종로고시 학원 957-5599
노래방
미주교회
동아
도도미용학원
무도장
(주)권동용교육
요가
24아사지
예스슬림 yesslim
세무사 황인제
세무사 최태기
물임문화센터
사진
미주 통증의학과 의원
바둑 한국 기원
세무사 김재봉 사무소
영림조경건설(주)
세무사 홍성남
(주)대흥치과재료
안 영상의학과의원
명치과의원
미주상가A동
미주상가1번출구
Olivia Lauren
zishen
CROCODILE
Olivia Hassler
macaw
CHÂTELAINE

그림 3-9. 도시 문신, 간판(미주상가)

방콕, 싱가포르도 마찬가지다. 호치민 니구엔 후에Nguyễn Huệ 거리에는 10층 아파트 100여 개 유닛을 카페, 레스토랑, 패션숍, 미술품 가게로 개조한 건물이 있다. 1층에서 10층까지 60여 개 격자형 상점 입면은 호치민의 명물로 소개되고 있다. 휘황찬란한 불을 밝힌 방콕의 밤거리에서 간판은 낮의 도시를 반전시킨다.

뉴욕 맨해튼 웨스트 32번가 한인타운에는 숯불구잇집, 칼국숫집, 당구장, 노래방, 여행사, 치과, 미용실, 미용학교가 1층부터 5층까지 들어찬 건물이 있다. 한글 간판은 뉴욕 한가운데 중후한 신고전건축을 무력화한다. 한국 교민이 맨해튼에 이식한 이국적 풍경이다. 한자문화권 현판의 부활은 아시아 도시의 공통적 특징이다. 동아시아 도시가 펌하되는 중심에 간판과 상점이 있다.

고전건축 3부 구성

상점을 모아놓은 건축은 유럽에도 있다. 19세기 중반 산업화와 도시화 과정에서 등장한 백화점은 전통적 가로에서 상점을 분리하여 수직으로 적층한 새로운 유형이다. 백화점은 판매와 관리가 하나로 묶인 단일체로 개별 점포의 간판을 도로로 내걸지 않는다. 길에 의존하는 작은 상점과 달리 초가로적超街路的 광고와 판촉 전략을 구사한다. 백화점과 아케이드에서 진화한 북미 쇼핑몰 안에도 길을 모방한 모조 가로를 따라 상점이 1층, 2층에 늘어서 있다. 환상環狀 도로에 에워싸인 쇼핑몰 바깥으로도 간판이 내걸리지 않는다. 간판을 보고 쇼핑몰 안으로 들어오는 보행자가 없기 때문이다.

번화한 도심 아케이드와 백화점, 자동차로 가야 하는 교외 쇼핑몰 사이 주택가에도 상점이 있다. 길모퉁이 1층에 작은 커피숍, 빵집, 상점이 자리 잡고 위층에는 사무실과 주택이 있다. 다만 2층 이상은 1층 보안 게이트를 통과해야 올라갈 수 있다. 불특정 보행자 모두에게 개방된 상점이 상층부에 있는 경우는 거의 없다. 이것이 유럽 역사 도시와 미국 중서부 도시에 있는 상점 건축의 공통점이다.

고대 로마에서 시작하여 르네상스를 거치면서 서양 건축설계 교본이 만들어졌다. 산업혁명을 이후에는 에콜 데 보자르École des Beaux-Arts에서 설계방법론을 가르쳤다. 기둥, 벽, 슬래브 등 기본 요소를 현관, 계단, 중정과 같은 2차 단위로 확장하고, 용도와 기능에 맞는 건축 유형으로 완성하는 방법론이었다. 이렇게 설계 교본에서 정립된 '고전건축언어'는 모더니즘이 태동한 19세기 말까지 유럽과 식민지에서 공통 규범으로 통용되었다. 종교건축, 공공건축, 주거건축의 모든 구법과 장식은 고전건축언어 틀 속에서 변용되었다.

유럽 도시 가로를 형성했던 고전건축 입면은 '3부 구성tripartite elevation' 이었다. 피아노 루스티카piano rustica(1층), 피아노 노블piano nobile(2~5층), 크라운 탑crowing top(꼭대기 층)이다. 1층 층고와 아치 폭은 상층부보다 2배 높고 넓었다. 피아노 루스티카는 말 그대로 육중하고 거친 표면이다. 중앙부는 우아하고 고귀한 중간층을 의미하는 피아노 노블이다. 높은 건물은 피아노 노블이 6~8층까지 올라간다. 경사지붕과 만나는 꼭대기 층은 화려하고 섬세한 장식으로 마감해 육중한 1층과 대조를 이룬다.

고전건축 3부 구성은 내부 공간 용도와 일치했다. 1층에 상점과 접객실, 중간층에는 주거 공간, 꼭대기 층에는 다락방이 자리 잡았다. 시대를 거치면서 용도가 변했지만, 3부 구성 골격은 바뀌지 않았다. 모더니즘

영향을 받아 20세기 이후 신축된 가로변 건축은 장식을 없애고 단순해졌다. 하지만 도시건축 대부분은 19세기 이전에 지어진 것들이다. 1, 2차 세계대전에 파괴된 일부를 제외하면 유럽 도시의 얼굴은 여전히 고전건축이다.

근대건축의 아이콘 빌라 사보아Villa Savoye(1928~1931)는 3부 구성을 반전시켰다. 르코르뷔지에는 육중한 기단부를 가는 필로티 기둥으로 바꾸었다. 피아노 노블을 구성하는 수직 창은 수평 창으로 바꾸었다. 3층은 경사지붕 대신 옥상정원으로 만들었다. 알바르 알토Alvar Aalto는 유럽 대륙 주류 모더니즘을 따라가면서도 북유럽 고전건축 3부 구성을 살렸다. 헬싱키 엔소 구차이트Enso Gutzeit(1959~1962)는 전체적으로 근대건축 언어로 통합했지만, 주차장, 오피스, 식당 입면에는 3부 구성을 명확히 반영했다.[2] 대표작 세위넷살로 타운홀Säynätsalo Town Hall(1949~1951)은 정면을 3부로 나누고, 하부는 투명창, 중간은 묵직한 벽돌, 상부는 북유럽 기후에 적합한 높은 수직 창으로 마감했다. 3부 구성의 근대적 해석이었다.

19세기 말 맨해튼과 시카고에 건설된 초고층 건물에도 3부 구성이 반영되었다. 저층부는 육중한 석재나 새로운 주철로 마감하여 가볍고 밝은 상부와 대조를 이루었다. 시카고 랜드마크인 루커리 빌딩Rookery Building(1886~1888)은 버넘과 루트Daniel Burnham and John Root가 설계했다. 1층 로비와 중정은 1905년 프랭크 로이드 라이트가 개축했다. 버넘과 루트의 육중한 주철 장식, 라이트의 가벼운 철과 유리 마감이 대조적이다. 이처럼 19세기 건축가들은 비례, 재료, 장식, 색상, 디테일로 상업 공간과 사무 공간을 분화했다. 고전건축 3부 구성이 맨해튼과 시카고 거리에 남아 있다.

아래에서 위로 쌓아 올라가는 서양의 석조 스테레오토믹Stereotomic 구법과 달리 동아시아 목조건축은 기둥을 세우고 보를 걸고 지붕을 덮은 후 마지막에 벽을 완성하는 가구식架構式 구조이다. 전체 하중 절반 이상을 차지하는 지붕이 건물을 위에서 아래로 눌러 구조적으로 견고하게 한다. 입면에서도 지붕은 시각적으로도 가장 중요한 요소다. 그다음이 기단, 마지막이 벽과 창호다. 서양 건축에서 가장 중요한 피아노 노블은 동아시아 목구조 건축에서는 지붕에 눌려 압축되었고, 지붕 선과 기단부 끝보다 뒤로 물러나 있다. 기단과 지붕은 근대화 과정에서 사라지고 뒤로 물러나 있던 벽과 창이 앞으로 나오게 되었다. 그 위를 간판이 덮었다.

유럽과 북미의 건축적 관점으로 보면 간판으로 뒤덮인 동아시아 현대건축은 비례, 균제, 장식을 엄격히 지킨 고전건축도 아니고, 장식을 소거한 근대건축도 아닌 잡종 건축으로 보인다. 형태, 공간, 표피를 하나의 디자인 원리로 통합하는 건축가들에게 난제다. 간판 뒤 상점, 즉 근생 때문이다.

근생

상점은 법적으로 생활에 필요한 동네 시설이라는 뜻의 근린생활시설(근생)이다. 대규모 백화점, 할인점, 시장은 판매시설로 분류된다. 이를 제외한 근생은 서울에서 아파트와 주택에 이어 두 번째로 많은 면적을 차지한다. 근생은 상점, 편의점, 음식점, 제과점 등 상품을 파는 소매점만이 아니라 부동산중개소, 은행, 의원, 약국, 학원, 미용실, 세탁소 등 일상생활과 관련된 서비스를 제공하는 모든 시설을 포함한다. 일정 규모 이하

사무실도 근생이다. 파출소, 보건소, 우체국, 공공도서관 등 공공시설도 근생에 포함된다. 근생은 용도상 분류일 뿐 모든 복합건축에 들어가는 약방 감초와 같다. 근생은 다른 용도와 결합하여 변종을 만들어낸다.

근생이 곳곳에 있는 것은 산업구조와 법 때문이다. 세계 금융위기 직전인 2007년 우리나라 경제활동인구 중 자영업자 비율은 전체의 3분의 1(31.8%)에 육박했다. 그중 도·소매, 음식·숙박, 운수업 등 영세자영업자의 비율은 미국, 일본, 영국, 독일, 프랑스, 이탈리아, 스페인, 네덜란드 등 8개 OECD 국가 평균의 3.7배였다.[3] 2014년 비율이 26.8퍼센트로 줄어들었지만, OECD 국가 중 그리스(35.4%), 터키(34.0%), 멕시코(32.1%)에 이어 네 번째로 높았다. 2013~2014년 OECD 국가 평균은 16.3~17.1퍼센트였다.[4] 자영업자의 생활 터전이 근생이다. 대부분은 건물주에게 임대료를 내고 장사를 한다. 자영업을 떠받쳐온 값싼 서비스 대가, 오랜 노동시간, 집단 회식, 잦은 외식 문화가 바뀌고 있다. 1인 가구 증가와 맞물려 생활용품에서 반조리 식품까지 주문 배달이 오프라인 쇼핑을 위협하고 있다. 온라인 쇼핑은 도시 경관을 근본적으로 변화시키고 있다. 장사가 잘되는 역세권을 벗어나면 3층 이상 임대 공간은 비거나 창고로 전용되고 있다.

지구단위계획에서 빠지지 않고 등장하는 '가로 활성화'란 말이 있다. 지역 경제를 살리려면 가로가 활성화되어야 하고, 그러기 위해서는 근생이 많아야 한다는 논리다. 인센티브까지 주면서 소매점을 권장 용도로 지정한다. 근생 업종은 빠르게 변화한다. 한식당이 중식당으로, 김밥집이 국숫집으로 바뀐다. 은행지점이 화장품점으로, 학원이 피트니스로 바뀐다. 국세청 국세 통계에 따르면 도·소매업과 음식, 숙박업 등 자영업 4대 업종은 10개가 문을 열고 8.8개는 문을 닫는다.[5] 서울시에서 음식점,

카페 등을 시작한 자영업자들 절반은 6년 안에 폐업하는 것으로 나타났다.[6]

그때마다 새로운 인테리어 공사가 반복된다. 청년 주거와 함께 최대 도시 현안으로 떠오른 젠트리피케이션은 근생 임대료의 문제다. 임대료와 수익 구조에 따라 변하는 근생 용도를 도시관리계획으로 결정하고 관리하는 것은 비현실적 계획이다. 준공 후 관리하기도 어렵다. 건물주와 소상공인이 모두 이익을 보는 구조이면 공공이 개입하지 않아도 길과 근생은 살아난다. 용적률을 향한 욕망, 용도지역지구제, 현실에 맞지 않는 「건축법」의 부산물이 근생이다. 서울에는 근생이 차고 넘친다.

상가주택

서울에 2층 상가가 들어선 것은 일제강점기다. 단층이었던 상점을 2층으로 짓도록 한 조선총독부 정비령 때문에 조선 상인들이 파산하기도 했다. 시전이 있었던 종로 변 일부 구간은 2층 상가로 개조되었지만 2층 상점은 길과 블록을 정비한 남대문로 일대에 집중되었다.[7] 가로변이 3층 이상 철근콘크리트 건물로 바뀌기 시작한 것은 전쟁으로 파괴된 도심부를 부흥하고 업무, 상업, 주거 공간을 공급하는 정부 정책이 시행된 1950년대 후반이었다. 박일향의 연구에 따르면 정부는 1958년 서울역 앞–태평로–세종로, 종로, 을지로 등 4개 주요간선도로변에 4층 철근콘크리트 상가주택 조성 계획을 고시했다. 1, 2층은 점포 또는 사무실, 3층 이상은 주택으로 지정하는 '상가주택건축요강'을 통해 구체적인 설계 지침을 마련했다. 토지주택공사의 전신이었던 대한주택영단이 시행자로 참여하기도 했던 이 사업은 전재戰災 복구를 위한 토지구획정리사업과 맞물려 진행되었다. 을지로3가 사례에서 보듯이 환지 예정지에는 민간 토지주들도 개발 이익을 얻기 위해 공동으로 소규모 맞벽건축을 지었다. 1950년대 후반부터 1960대 초까지 도심부 주요간선도로에는 맞벽 상가주택이 건설되었고 현재 종로, 을지로, 남대문로에 일부가 남아 있다.[8] 건축학자 박철수에 따르면 상가주택은 도시 미화와 도심 주택 보급을 위해 이승만 정부가 주도한 최초의 서울형 주상복합건축이다.[9]

상가주택 3층 이상을 주택으로 설계하도록 유도했지만, 주거 공간으로 쓰였는지는 확실치 않다. 을지로3가 상가주택 3층이 정당 사무실로 쓰였다는 신문 보도가 있는 것으로 보아 계획 의도와는 달리 전 층이 상업, 업무 용도로 바뀐 것으로 보인다. 저렴한 공사비, 좁은 일자형 계단 등 품질이 낮았던 상가주택은 주거 용도보다는 임대료 수익이 높은 상가로 전환했던 것으로 보인다. 1960년 말 도소매 상점 위에 아파트를 얹은 세운상가(1967~1972)와 낙원상가(1968)가 등장했다. 두 건물은 가로형 상가주택과 달리 내부 통로를 따라 상점과 아파트가 배치된 내향화된 주상복합건축이었다. 청계천 변에 시민아파트로 건설한 삼일아파트(1969)는 1~2층 상가, 3~7층 주거로 계획한 가로형 주상복합이었지만 부실 공사 문제로 사업은 지속되지 못했다.[10]

서울 집중화가 본격화된 1960년대부터 3~5층 상가는 도로변 경관을 서서히 바꾸어나갔다. 1962년 도심부 대부분이 상업지역으로 지정되어 주택 신축은 어렵게 되었다. 1962년 「건축법」이 제정된 이후 높이를 억제하던 정책이 1970년에는 고층화를 장려하는 정책으로 반전되었다. 최소 층수, 최소 대지면적, 대지 길이와 폭을 규정하는 「미관지구내 건축조례」가 공포되었다. 부동산 개발 관점에서도 대로변은 주택을 짓는 땅으로 적합지 않게 되었다. 주택은 이면도로로 물러나거나 단지형 아파트로 바뀌었다. 주거 공간과 분리된 대로변은 전 층에 근생이 들어찬 가로형 상가로 채워지기 시작했다. 건설 활황기였던 1980년대 건축사들의 최대 일감이 근생 설계였다. 간판으로 뒤덮인 근생 복합체가 서울의 가로 경관을 장악하기 시작했던 시기다.

주택가 침투

근생은 카드 조커와 비슷하다. 주거·상업·공업·녹지 지역 어디에나 들어갈 수 있다. 일상생활에 필요한 소규모 시설이 모든 지역에 허용되어야 한다는 것이 법의 취지이지만 상업 공간 성격을 띤 근생이 주거지역 깊숙이 침투하고 있다는 데 문제가 있다. 2000년대 이후 주거지역 지가가 상승하자, 단독주택, 다가구·다세대 주택 저층부로 근생이 파고들었다. 근생이 주택가로 침투한 시기와 양상은 지역에 따라 다르다. 신사동 가로수길, 강남역 역삼동, 잠실 방이시장, 홍대앞 서교동, 연희동, 건대입구역 화양동을 보자.

1. 가로수길

압구정로와 도산대로를 잇는 폭 15미터, 2차선 도로다. 가로수길 양편에는 젠트리피케이션을 주도한 프랜차이즈 카페, 편의점, 화장품점, 고가 의류 브랜드점 등이 늘어서 있다. 판매시설 같지만, 법적으로 모두 근생이다. 압구정로, 도산대로, 논현로, 강남대로에 에워싸인 신사동은 가장자리 한 켜만 일반상업지역과 3종 일반주거지역이다. 블록 내부는 모

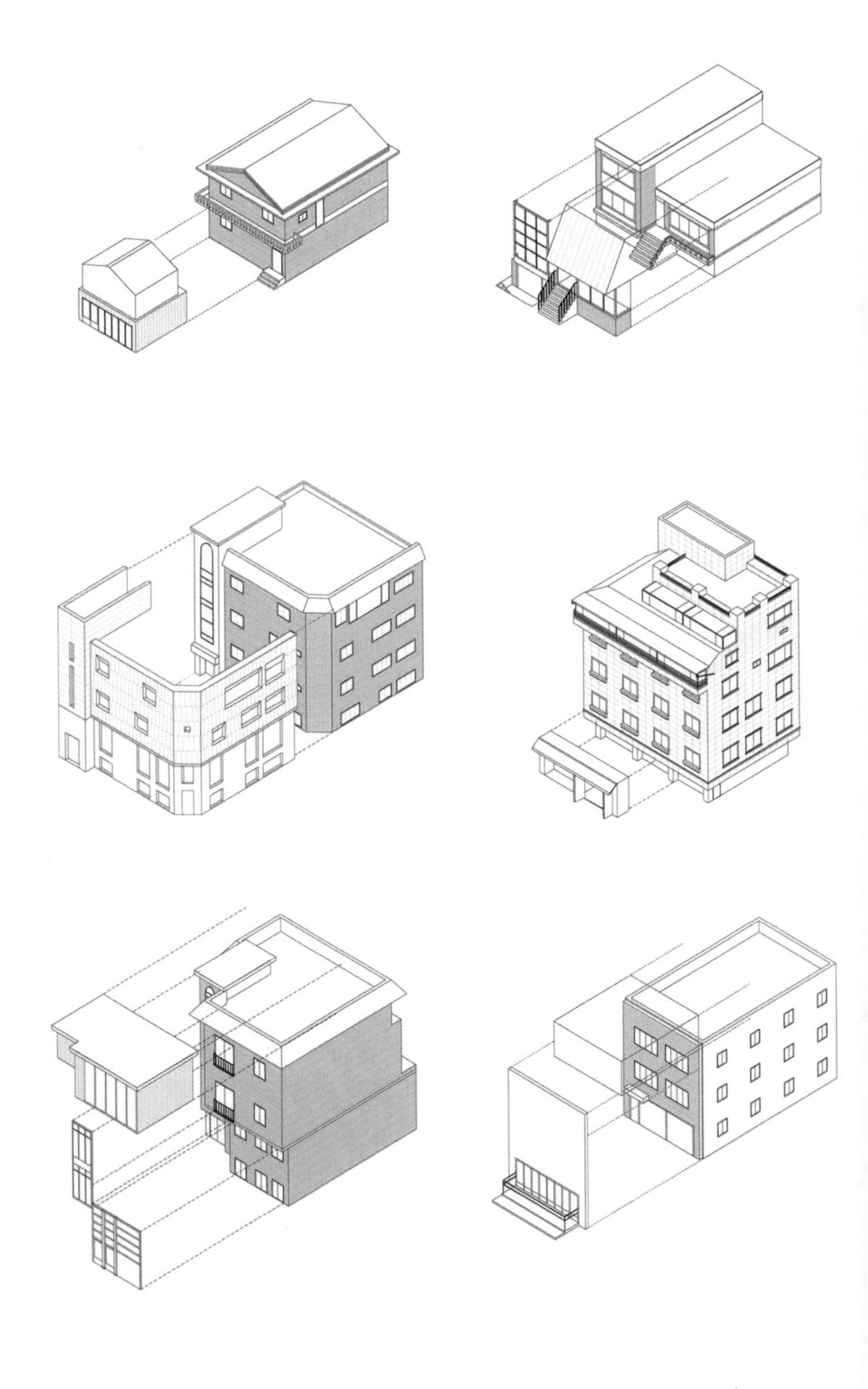

두 2종 일반주거지역이다. 가로수길은 이곳을 관통하는 길이다. 가로수길 양쪽 지역에 1970년대 후반부터 단독주택이 들어섰다. 1980년대에는 압구정로에서 화랑이 하나둘씩 가로수길에 자리를 잡았고 1990년대에는 다가구·다세대 주택이 이면도로에 집중적으로 들어섰다. 1997년 외환위기 이후에는 소규모 출판·디자인 작업실, 카페가 들어오면서 가로수길이 특화되었다. 2000년대 들어서 프랜차이즈점이 들어와 높은 임대료를 감당할 수 없는 근생을 이면도로로 밀어냈다.

가로수길 서쪽 블록에는 건물 503동이 있다. 이명주의 연구에 따르면 주택은 단독주택 12동(2.4%), 다가구·다세대 주택 117동(23.3%)으로 전체의 4분의 1에 불과했다. 나머지 374동(74.4%)은 주택 일부 혹은 전체가 근생으로 변경되었거나 신축되었다. 가로수길이 상업화되자 이면도로로 근생이 파고들었기 때문이다. 전체 건물 4분의 3에 근생이 침투하면서 주거 기능을 잃어가고 있다. 담장과 대문을 철거하고 마당을 개방하고 내부 공간 분위기와 외부 마감 재료를 상업적 성격으로 바꾸고 있다.[11]

2. 역삼동

강남대로, 테헤란로, 봉은사로에 에워싸인 역삼 1동 블록은 앞 장 '횡장형 평면'에서 사례로 다룬 지역이다. 블록 가장자리는 상업지역, 이면부는 2종 일반주거지역, 안쪽은 1종 전용주거지역이다. 간선도로변에는 고층 오피스와 상업건축, 이면에는 음식점, 주점, 카페 등 유흥시설이 밀집해있다. 블록 깊숙한 안쪽에는 대규모 단독주택이 남아 있다. 단독주택과 다가구·다세대 주택을 합한 비율은 40퍼센트로 신사동 가로수길 블

그림 3-10. 가로수길이 상업화되면서 이면도로 주택 저층부로 파고든 근생

그림 3-11. 블록 내부로 침투한 근생(역삼 1동)

록보다 높다. 주택 일부 혹은 건물 전체를 상업, 업무, 근생으로 변경하거나 신축된 비율은 60퍼센트이다. 가로수길과 역삼동 차이는 근생의 성격이다. 간선도로변보다 임대료가 저렴하고 넓은 마당이 있는 단독주택으로 영상, 미디어, 광고, 디자인, 스튜디오 등 엔터테인먼트 업종이 들어왔다. 경사가 가파른 대지에 설치했던 지하주차장도 임대 공간으로 바뀌었다.[12]

테헤란로 남쪽 블록 역시 일반상업지역, 2종 일반주거지역, 1종 일반주거지역으로 밖에서 안으로 가면서 용도지역이 변한다. 동서 방향으로 역삼로가, 남북 방향으로 역삼로7길이 슈퍼블록을 네 개 중블록으로 나눈다. 테헤란로와 강남대로를 따라 고층 사무건축, 역삼로와 역삼로7길을 따라 중층 근생건물이 있다. 네 개 중블록 내부로 근생이 침투하고 있다.

3. 방이시장

1980년대 초부터 강남에 이어 잠실 지구가 단독주택지로 조성되었다. 동쪽 올림픽공원에서 서쪽 한강 변을 잇는 백제고분로가 잠실 지구 중앙을 아치 모양으로 가른다. 남쪽으로 가락로가 백제고분로와 평행으로 올림픽공원과 탄천을 동서로 잇는다. 방이시장은 주택가를 관통하여 백제고분로와 가락로를 잇는 10미터, 길이 460미터 백제고분로48길이다. 토지구획정리사업이 시행된 1980~1986년 단독주택 건설과 동시에 시장이 형성되어 현재 240개 점포가 있다. 간선도로변은 3종 일반주거지역이지만 2종 일반주거지역을 관통하는 좁은 길을 따라 시장이 형성된 것은 채소, 생선, 과일, 잡화점과 같은 근린 주거형 시장이 배후 주거지역에 필요했기 때문이다. 2011년 시장市場으로 등록되었지만, 법적으로 2층은 주택, 1층은 근생이다. 근생에 필요한 법정 주차 대수가 다가구·다세대 주택의 2분의 1 정도라는 점도 주차장이 없는 좁은 길을 따라 점포가 들어선 요인이었다.[13] 방이시장은 서울 곳곳에 있는 시장 안 점포 역시 근생이라는 것을 보여준다.

4. 홍대 앞

역삼동 블록과 함께 앞 장 '남향 횡장형 평면'에서 다루었던 지역이다. 언더그라운드 클럽이 하나둘씩 자리 잡았던 홍대 앞은 연극, 공연, 사진, 만화, 패션, 인터넷 콘텐츠 등 문화 산업 밀집 지역으로 변모했다. 여파는 주변 지역으로 확산하였다. 서교동, 동교동, 합정동, 상수동은 임대료에 따라 업종 분화, 집중, 이동이 일어났고 주거지역에 필요한 생활형 근생은 더 밖으로 밀려났다. 지하철 2호선 합정역과 홍대입구역을 잇는 양화로 서쪽 서교동은 출판과 디자인 산업으로 특화되었다. 장변 길이 812

미터 사다리꼴 블록은 일반상업지역, 근린상업지역, 준주거지역, 3종 일반주거지역, 2종 일반주거지역 등 5개 용도지역이 혼재한다. 서울 용도지역제의 단면을 보여주는 지역이다. 건물 전체가 근생으로 신축된 비율은 신사동과 역삼동보다는 낮았지만, 주택 일부가 근생으로 전환한 비율은 30퍼센트를 넘었다. 특히 다가구·다세대 주택보다 단독주택을 근생으로 많이 활용했다. 주택 전체를 독립 공간으로 임대할 수 있고 여유 있는 마당과 주택 분위기 살려 차별화된 출판·디자인 사무소로 쓸 수 있기 때문이다.[14]

5. 연희동

홍대 앞의 상업화는 서교동에서 연남동을 지나 경의선 숲길 건너 연희동까지 뻗치고 있다. 연희동은 1963년 '연희 토지구획정리사업지구'로 지정되어 논밭에서 택지로 개발이 시작되었다. 1970년대 초부터 평창동, 한남동, 성북동 등과 함께 서울의 대표적 부촌으로 자리 잡았다. 이런 특성 때문에 30년간 도시 조직과 단독주택이 큰 변화 없이 유지되었다. 하지만 2000년대 이후 변하기 시작했다. 경사지 단독주택 반지하 주차장과 창고를 길에서 곧바로 진입할 수 있는 근생으로 개조했다. 카페, 헤어·뷰티, 전문 음식점이 이면도로 연희맛로로 들어왔다. 조용한 주택가를 원하는 일부 주민이 빠져나가고 외부 자금이 유입되었다. 2016년 현재 연희맛로에는 99개 음식점, 52개 카페, 제과점, 옷가게가 들어섰다.[15]

6. 건대입구역

지하철 7호선이 1996년 개통되면서 지하철 2호선과 만나는 환승역 건

그림 3-12. 블록 내부로 침투한 근생(서교동·합정동)

대입구역은 유동 인구가 급격히 늘어났다. 건대입구역 북쪽 화양동은 주거지에서 유흥지역으로 빠르게 변화했다. 토지구획정리사업이 시행된 1967년부터 10년간 능동로와 이면도로 아차산로길 사이 소블록에는 단독주택이 들어섰다. 하지만 밭으로 남아 있는 땅도 군데군데 있을 정도로 1970년대 개발은 점진적이었다. 1970년대 말부터 1980년대 후반까지 10년간 1층 단독주택이 2층으로 증·개축되었다. 1980년대 말부터

1997년 외환위기까지 10년간은 단독주택을 허물고 다가구·다세대 주택이 들어섰다.

2002년 '능동로지구단위계획'을 통하여 주거지역에서 준주거지역으로 상향되었고 특별계획구역으로 지정되었다. 하지만 건축 규모와 형태는 큰 변화가 없었다. 개발 압력은 커졌지만, 공동개발 지정 등 지구단위계획 지침으로 신축과 개축이 어려워졌기 때문이다. 토지구획정리사업으로 조성한 격자형 주거지역이 현재 건폐율, 용적률, 주차 대수 등 법정 한도 안에서 개발 포화 상태에 도달했음을 보여준다. 이런 조건에서 기존 단독주택, 다가구·다세대 주택, 상가주택으로 음식점, 주점, 유흥시설이 파고들었다. 화양동은 단독주택이 수직으로 증·개축되고, 단독주택이 다가구·다세대 주택으로 바뀌고, 마지막 단계에서 중규모 근생건물로 지역 전체가 바뀌는 지난 50년간 3단계 주거지 상업화 과정을 보여준다.[16]

복합 신화

주거지역이든 상업지역이든 건설사와 개발업자가 짓고 싶은 것은 분양 수익이 확실한 아파트다. 1984년부터 정부는 상업지역에 일정 비율 이하 아파트는 지을 수 있도록 허용했다.[17] 공동주택과 주거 외 용도를 복합한 주상복합건축이 본격 등장한 때는 외환위기로 침체한 건설 경기를 살리고자 주거 비율을 90퍼센트까지 완화했던 1999년 이후다. 이 한시적 제도가 낳은 파생물이 66층(연면적 45만 8,000m^2) 타워팰리스와 69층(연면적 38만 6,000m^2) 목동 현대 하이페리온이다.[18] 두 건물은 용도지역지구제를 통한 토지이용계획과 「건축법」을 통한 건축물 관리의 틈새가 벌어질 때 기형적 건축물이 나타난다는 것을 보여준 사례이다.

2000년 서울시는 주거 비율과 용적률을 연동한 용도용적제를 도시계획 조례에 도입했다.[19] 일반상업지역에 주거복합건물을 지을 때 비주거용 연면적을 전체 연면적의 일정 비율(20%) 이상으로, 주거용 용적률을 일정 비율(400%) 이하로 제한했다. 절대 연면적과 용적률을 동시에 규제하는 제도다. 이때 오피스텔은 비주거 비율에 포함할 수 없고 주거 비율로 산정해야 한다. 주거용 오피스텔을 비주거 의무 비율로 채우는 꼼수를 막기 위한 조치다. 오피스텔은 「건축법」상 업무시설, 주택법상 준주택이지만 일반상업지역에 허용하는 주거복합건물에서는 주택으로 보겠다는 것이다. 법 논리와 현실의 틈새를 봉합하는 처방이다.

주거 비율, 비주거 비율, 주거 용적률 등 복잡한 변수는 개발사업 성패의 열쇠다. 「주택법」, 「건축법」, 「도시계획법」, 시행령, 조례에는 복잡한 방정식이 숨어 있다. 개발자는 용도용적제 도입 후 주거만으로는 채우지 못한 나머지 용적률을 근생으로 채우려고 한다. 주거(아파트+오피스텔)를 지상층에, 비주거(판매시설+근생)를 1층과 지하층에 배치하는 것이 일반적 해법이다. 또한, 판매시설과 근생을 최대한 도로에 많이 면하도록 계획하여 저층부가 비대해진다. 주거복합건물의 건폐율이 법정 한도까지 높아지는 이유다. 이처럼 배치, 형태, 단면은 디자인 원리가 아니라 법과 제도가 만들어낸 산식이 좌우한다.

주상복합건축을 차지하는 비대한 근생은 주택가로 침투한 근생과는 다른 차원의 문제를 일으킨다. 김동현의 연구에 따르면 강북의 타워팰리스를 표방했던 합정동 메세나폴리스는 2013년 문을 열었지만 2015년에야 95퍼센트가 입점할 정도로 상가를 분양하는 데 어려움을 겪었다. 외환위기로 주거 비율을 90퍼센트까지 완화해주었던 타워팰리스와 반대로 서울시는 메세나폴리스의 주거, 비주거 비율을 각각 55퍼센트, 45퍼센트로 강화했다. 이 기준에 따라 지은 넓고 깊은 지하층은 높은 분양가와 비싼 관리비 때문에 대형 프랜차이즈가 채우거나 공실로 남았다. 메세나폴리스는 합정 균형발전촉진지구 내의 재개발사업(구 도시환경정비사업)으로 시행했던 건물이다. 합정역을 중심으로 상업, 업무, 주민 커뮤니티 시설을 확보하여 홍대 문화를 연계한 문화 벨트를 만들겠다는 마포구의 야심 찬 목표였다. 하지만 지하로 들어간 상업 공간은 길과 주변 주거지로부터 시각적·공간적으로 단절되었다. 토지를 매입한 민간사업 시행자는 아파트 분양 이익을 얻기 위해 원하지 않는 상업 공간을 과잉으로 계획할 수밖에 없었다.

2006년부터 2018년까지 12년간 수도권 상업용 건물 누적 증가율은 주거용, 공업용, 문교사회용을 앞질렀다. 반면 주거용 건물이 차지하는 비율은 지속해서 감소했다. 같은 기간 판매시설 허가 면적도 꾸준히 증가했다. 서울의 상가 공실률은 2013년 5퍼센트대였으나 2016년에는 8퍼센트대로 높아졌다.[20] 부동산시장은 아파트를 원하지만, 아파트가 커지는 만큼 판매시설과 근생도 커지는 법과 제도 때문이다. 합리적 토지 이용을 위한 용도지역지구제와 상업 공간의 과잉 공급 사이에 벌어진 모순이다. 이 모순의 중심에 근생이 있다.

야누스 오피스텔

복합 신화에는 두 얼굴을 가진 오피스텔이 있다. 오피스텔은 근생, 아파트, 도시형 생활주택과 결합하여 다양한 변종이 된다. 최근 오피스텔 평면은 발코니를 확장한 아파트와 구분이 되지 않을 정도로 닮아가고 있다. 겉으로는 사무실처럼 보이지만 내부는 주택이다. 주택이지만 주택이라 부르지 않는 야누스 건축이다.[21]

정모영의 연구에 따르면 오피스텔은 1984년 신문에 처음 소개되었으나 1987년 마포구 아현동과 도화동에 건설된 고려아카데미텔이 대중에게 본격적으로 알려지게 되었다. 역세권 소형 주거, 저렴한 분양가, 1가구 2주택에 적용받지 않는 세제 혜택으로 인기를 끌었다. 1980~2010년대 법과 제도의 변화는 부동산시장과 오피스텔이 얼마나 민감하게 연동되어왔는지 보여준다. 1988년 국토교통부는 '오피스텔 건축 기준'으로 온수 온돌, 욕실, 발코니를 금지했다. 10년 뒤인 1998년 온수·온돌을 허용하고, 욕실은 가능하되 욕조만 금지하고, 업무시설 전용면적도 70퍼센트에서 50퍼센트로 완화했다. 2004년 온수·온돌을 금지했다가 2006년 다시 허용하여 오피스텔을 주거 용도로 쓰는 것을 사실상 인정했다. 금융위기 이듬해 2009년 온수·온돌을 50제곱미터에서 공동주택 기준인 85제곱미터 미만까지 허용함으로써 오피스텔은 발코니 확장으로 추가된 '서비스 면적'을 제외한 25평형대 아파트와 차이가 없어졌다. 2010년에는 업무 면적 비율을 삭제하여 전용면적 100퍼센트를 주거로 쓰는 데 문제가 없게 되었다. 2015년에는 전용면적 산정 방식을 아파트와 동일하게 개정했다. 태생은 달랐지만, 오피스텔은 변종 주택으로 완전히 자리 잡았다.

오피스텔과 아파트의 공통점과 차이는 서울시 송파구, 성남시, 하남시에 걸쳐져 있는 위례 신도시에서 찾을 수 있다. 「위례 택지개발사업 지구단위계획」은 준주거지역이면서 택지개발지구 시설용지 분류상 업무시설용지인 블록에는 공동주택을 불허하고 일반업무시설과 근생만 허용했다. 반면 제3종 일반주거지역이면서 공동주택용지인 블록에는 일반업무시설은 불허하고 아파트만 허용했다. 그 결과, 업무시설용지에는 오피스텔과 근생을 결합한 대규모 주상복합건축, 공동주택용지에는 아파트 단지가 들어섰다.

오피스텔은 「건축법」에 따라 건축 허가를 받아야 하지만 아파트 단

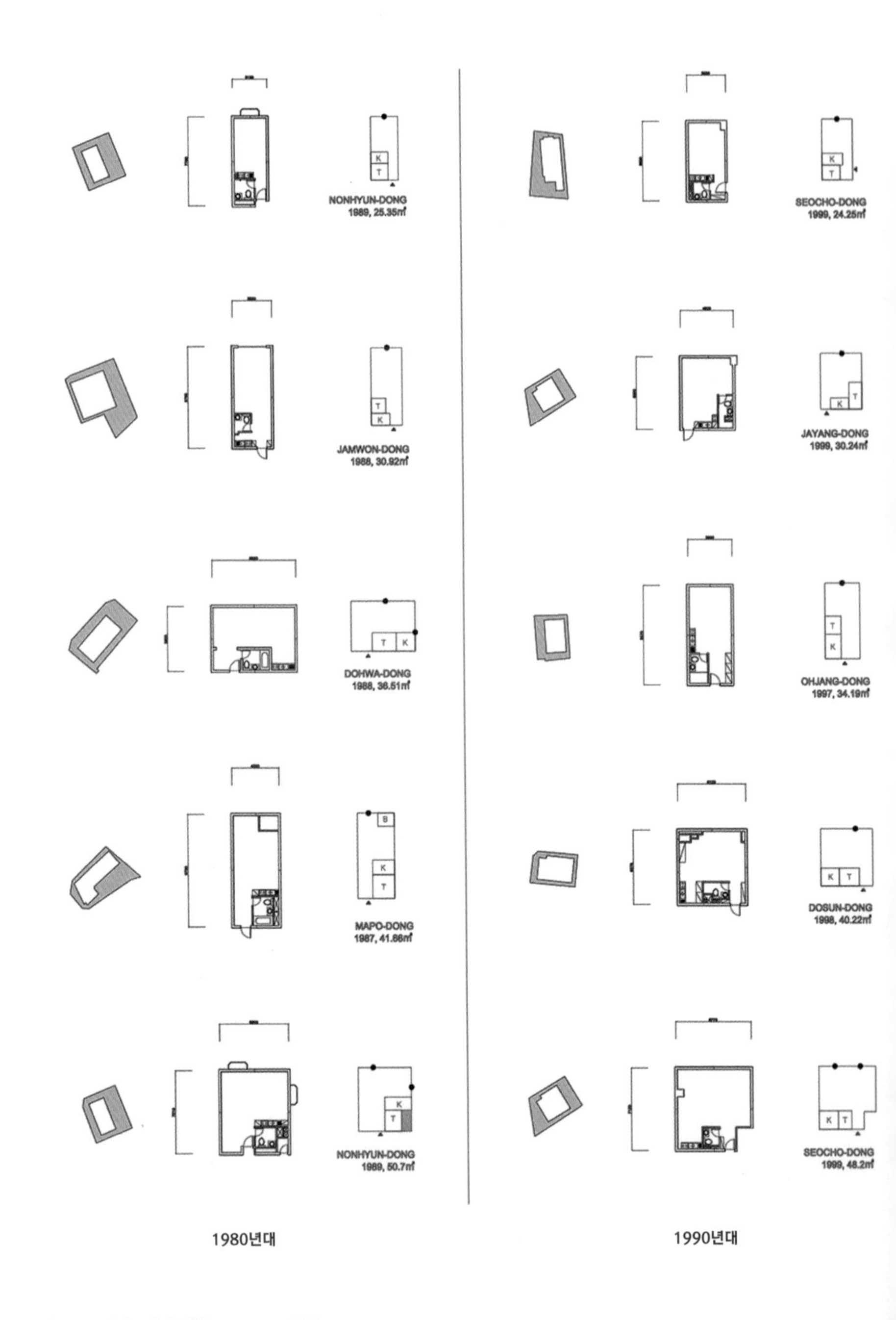

그림 3-13. 오피스텔의 진화, 1980~2020년대

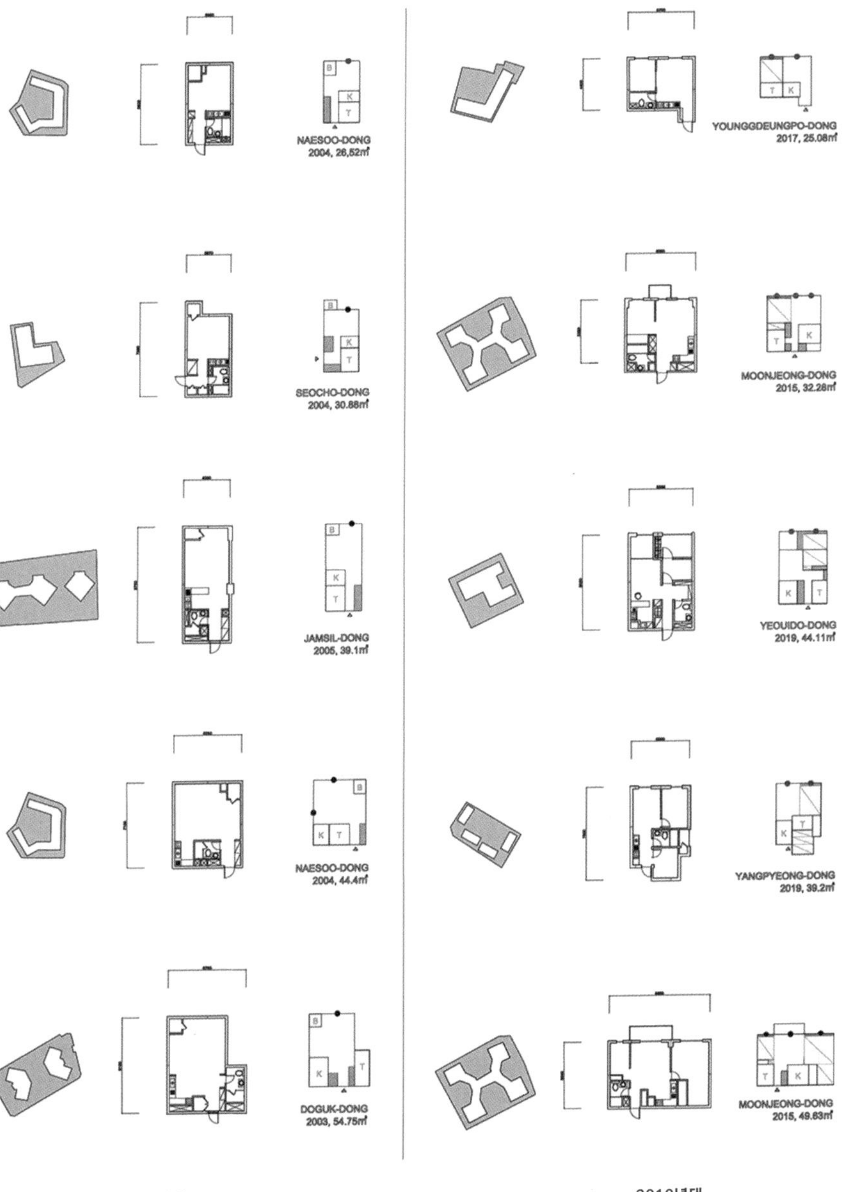

2000년대

2010년대

지는 「주택법」에 따라 주택건설사업 사업계획 승인을 받아야 한다. 「건축법」상 업무시설인 오피스텔은 정북·채광 방향 이격거리, 인동거리 규정을 따르지 않아도 되고, 「주택법」상 준주택인 오피스텔은 공동주택 의무 사항인 부대 복리시설을 설치하지 않아도 된다. 하지만 위례 신도시 오피스텔은 어린이집, 스포츠센터, 주민 커뮤니티실, 게스트하우스, 북카페를 갖추고 아파트처럼 대부분 남향 배치였다.[22] 근생은 아파트와 야누스 오피스텔을 떼기도 하고 붙이기도 하는 접착 매개체다.

3 주차장

건축설계의 입찰과 계약, 건설 관리의 일괄 계약에는 건축의 품질과 품격을 높이는 것을 가로막는 고질적 관행과 독소 조항이 있었다.[1] 절차적 정당성, 기계적 공정성, 경제적 효율성을 앞세운 법과 제도 이면에는 건강한 경쟁을 방해하는 보이지 않는 힘들이 작동했다. 2000년대 이후 공공건축물 건립에 설계 공모 방식이 도입되면서 건설·건축계가 조금씩 바뀌기 시작했다. 2010년대에는 국내로 제한을 두었던 설계 공모를 국외에 개방했다. 초기에는 국가적 관심을 끄는 신도시, 공원 등 대규모 도시계획시설과 공공건축물을 대상으로 국제 설계 공모를 했으나 재개발·재건축 아파트 단지까지 확대했다.

몇 차례 심사에 참여하면서 해외 건축가의 약점이 대규모 단지 지하 주차장 설계라는 것을 알게 되었다. 4단계 건축설계(기획-계획-기본-실시설계) 중 설계 공모는 2단계에 해당한다. 해외 건축가들은 당선된 후 국내 사무소와 협업하면서 문제를 풀어갈 수 있다고 판단하는 것 같다. 대신 지침에 얽매이지 않는 차별화된 당선 전략을 쓴다. 넓은 대지에 옥외주차장이나 주차 데크를 설계하는 데 익숙한 그들에게는 주차장은 지엽적이고 기술적인 문제다.

「건축법」에서 지하층 면적은 용적률 산정에 포함하지 않는다. 임대료가 높은 시설을 지상층으로 올리고, 주차장, 기계실, 기타 부속 시설을 지하로 넣는다. 좁고 밀집한 대지에서 법에서 정한 이격거리와 공지를 빼고 최대한 지하로 파 내려간다. 이렇게 확보한 지하층 연면적은 지상에 버금간다. 경사지에서는 지상보다 지하가 더 넓은 기형적인 건물도 나온다.

그런데 지하주차장은 기계실 창고와 달리 차량 진·출입 경사로, 구조 모듈, 코어 위치 등 복잡한 변수와 맞물려 있다. 지하층 구조 모듈과 지상층 건물 배치는 긴밀하게 연동된다. 대지가 불규칙할 경우 지하주차장 설계는 한층 복잡해진다. 1990년대 이후 지하주차장에서 보편적으로 사용해왔던 철근콘크리트 6.6미터, 7.5미터 모듈은 주차 2면, 3면을 충족하는 최소 기둥 간격이었다. 2019년 주차단위구획 최소 기준이 소형차(일반형)는 2.3미터에서 2.5미터로, 중형차(확장형)는 2.5미터에서 2.6미터로 확장되었다. 이에 따라 지하층 기둥 간격도 커져야 한다. 주차장법 시행규칙 개정 당시 건축사협회에서는 공사비가 증가한다며 시행 시기를 조정해줄 것을 국토교통부에 건의하기도 했다.[2]

주차 기준은 공사비뿐만 아니라 건축물 전체 공간 모듈을 좌우한다. 지하주차장은 나무뿌리이고, 지상 건물은 줄기다. 줄기를 당기면 뿌리가 뽑혀 나오는 것처럼 아파트 단지 주동 배치를 바꾸면 지하주차장 모듈과 동선을 흔들어야 한다. 역으로 주차장을 바꾸면 주동 배치를 다시 해야 한다. 지하층과 지상층 사이에 구조 방식을 바꾸는 전이 층transfer level

을 만들지 않는 한 피해갈 수 없다.

지하주차장 설계가 모호한 출품작을 국제 설계 공모 심사에서 어떻게 볼 것인가는 논쟁거리다. 지침 위반인가 매너리즘을 깨는 영리한 전략인가? 어쨌든 지금까지 아파트 단지 지하주차장을 구체화하지 못한 설계안은 당선권에 들지 못했다.

필로티 주차장

건축물을 지을 때 주차장을 설치해야 하는 의무는 1967년 개정 「건축법」에 처음 담겼다. 다만 특수건축물 신축에 한해서였다. 1970년 개정 「건축법」에 일정 규모 이상 신축, 개축, 재축, 증축으로 의무가 확대되었다. 내용상으로 최초의 건축물 부설주차장 규정이라고 할 수 있다. 1979년 「주차장법」이 독립법으로 제정되면서 '건축물 부설주차장' 규정이 「건축법」에서 「주차장법」으로 옮겨졌다. 1984년 개정 「주차장법」에서 부설주차장 규정이 한층 강화되었다. 새로운 주차장법을 따르면 과거 건축물은 동일 필지 안에서 신축, 재축, 개축, 증축이 어려워졌다.

이 시기부터 주차장이 건축 단면과 입면을 결정하는 변수가 되기 시작했다. 건축물 규모와 밀도를 높이는 것과 비례해 늘어난 주차장을 대지 안에 설치하는 방법은 저층부와 지하층에 집중하여 배치하는 것이다. 가장 흔한 사례가 필로티에 올라탄 다가구·다세대 주택이다. 1960~1970년대 여러 가구가 세 들어 사는 단독주택이 보편적 서민 주택이었다. 1984년 세대 구분 소유와 분양을 할 수 있도록 다세대주택을 합법화했지만, 경제적 여력이 없었던 서민들은 여전히 단독주택에 세 들어 살았다. 여러 가구가 모여 사는 단독주택을 법 울타리 안에서 관리하기 위해 1990년 다가구주택이란 이름으로 합법화했다. 1999년에는 다가구주택을 다세대주택으로 용도 변경할 수 있도록 함으로써 두 주택 유형은 가구 수, 연면적, 층수에서 사실상 차이가 없어졌다.[3] 서울의 전체 주거지역 중 저층 주거지가 3분의 1이다. 이곳에 5층 이하 저층 주택 46만 호가 자리 잡고 있다.[4]

두 주택에 적용되었던 주차 기준의 변화를 보자. 1991년 다세대주택 바닥면적을 산정할 때 필로티 하부 주차 공간을 제외하도록 「건축법」이 개정되었다. 이전에는 담장으로 둘러싸인 대지 안의 공지와 경사지를 이용하여 주차장을 만드는 것이 보편적이었으나 법 개정으로 필로티가 최적의 주차 해법이 된 것이다.[5] 1997년에는 다가구주택 주차 대수를 세대당 0.6대로 완화했고, 1999년에는 다가구·다세대 주택 모두 세대당 0.7대로 통합했다. 2000년 필로티를 층수에서 제외하자 필로티를 포함 다가구주택은 3층에서 4층, 다세대주택은 4층에서 5층으로 높아졌다. 2002년 다세대주택 주차 기준이 세대당 1대로 다시 강화되었다.[6] 이런 과정을 거치면서 연접 주차를 8대까지 인정하는 필로티가 보편적 주차 방식으로 굳어졌다. 각각 주차 면이 주차 통로에 접하지 않아도 가능한 배치다. '자주식 주차장'을 만들려면 평지에서 대지 규모가 최소 200평(660m^2) 이상, 차량 교행이 가능해지려면 최소 300평(990m^2) 이상이어야 한다. 서울 용도지역 중 가장 많은 면적을 차지하는 2종 일반주거지역 필지 규모는 이보다 작다. 서울 주택가에서 필로티 주차장은 유일한 주차 해법이 된 것이다.

소규모 주택 공급은 주차 기준 변화에 민감하게 반응해왔다. 1984년부터 2015년까지 32년간 다가구·다세대 주택 허가 면적이 급격히 증가했던 시기는 1989~1993년, 1999~2002년이었다.[7] 전자는 다가구주택을 합법화하고 필로티 주차장을 연면적에서 제외한 시기였고, 후자는 다가구·다세대 주택 주차 대수를 완화했던 시기였다. 토지주와 개발업자가 주차 기준 완화에 선제적으로 반응했다. 하지만 그 결과로 태어난 필로티는 주택가 경관과 보행 환경을 망치는 주범으로 인식되어왔다. 담 안쪽에 있어 보이지 않던 각종 설비시설과 쓰레기가 밖으로 노출되었다. 월담하는 도둑을 막기 위해 깨진 병 조각을 꽂았던 과거 담장보다 필로티가 길과 건축을 시각적·공간적으로 단절시켰다는 비판이다. 이를 막기 위해 필로티 공간 일부를 근생 용도로 지정하는 지구단위계획을 수립하기도 했다. 그러나 현재 서울에서 주차 기준을 대지 안에서 충족하는 유일한 해법은 필로티다. 공공이 민간 토지를 매입하여 대규모 공영 주차장을 만드는 것은 현실적으로 한계가 있다. 필요악 필로티를 디자인 요소로 받아들이는 역발상이 필요하다. 어떻게 하는가가 문제다.

건축 단면

서재원과 이의행이 설계한 '망원동 쌓은 집'(2015)은 젊은 건축가들의 생존 기본기인 '용적률 찾기' 전략과 전술을 예외 없이 보여준다. 시선을 끄는 것은 도미노 하우스 다이어그램을 연상시키는 개념 모형이다. 1층 주차장, 2층 임대용 근생, 3~4층 임대용 주거 공간, 5층 주인집을 적층한 다가구주택 단면과 입면 얼개다. 그런데 1층 필로티의 가는 기둥이 두껍고 육중한 슬래브, 벽, 지붕을 지탱하는 가분수 구조다. 안정된 대칭 구도와 불안정한 구조 대립은 두 건축가가 집 곳곳에 깔아놓은 복선의

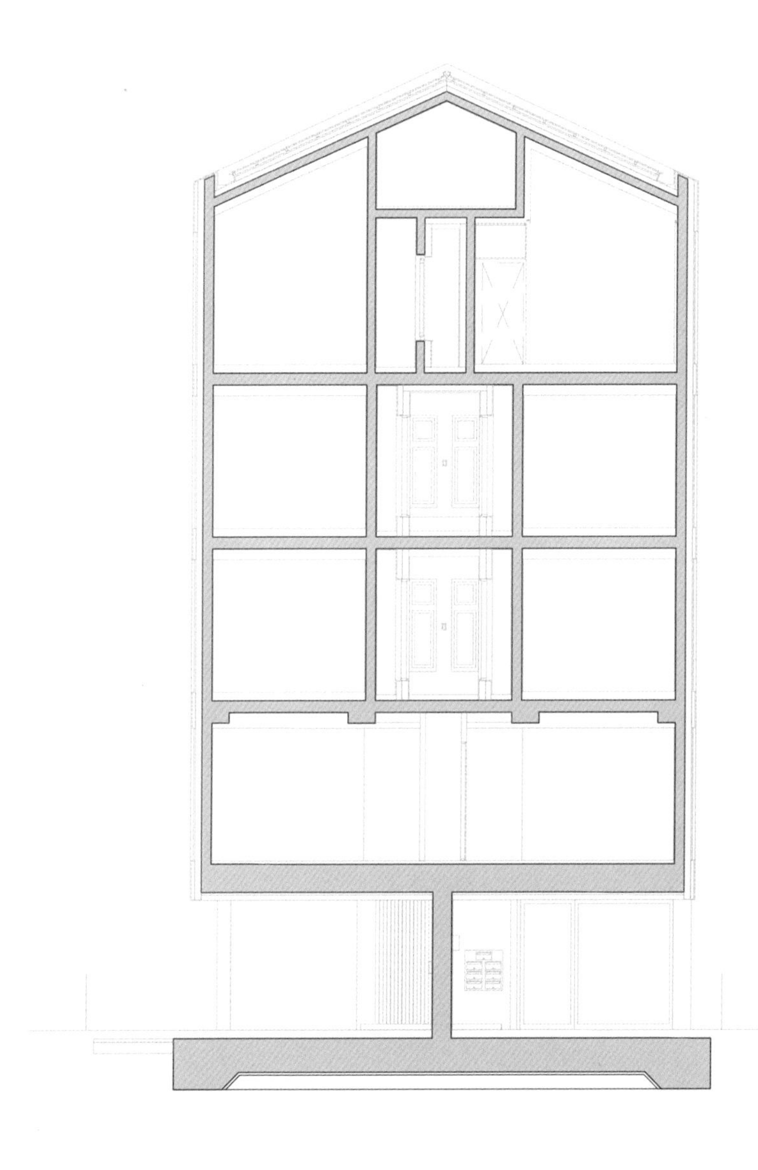

그림 3-14. '망원동 쌓은 집' 개념 모형과 단면도(에이오에이 아키텍츠)

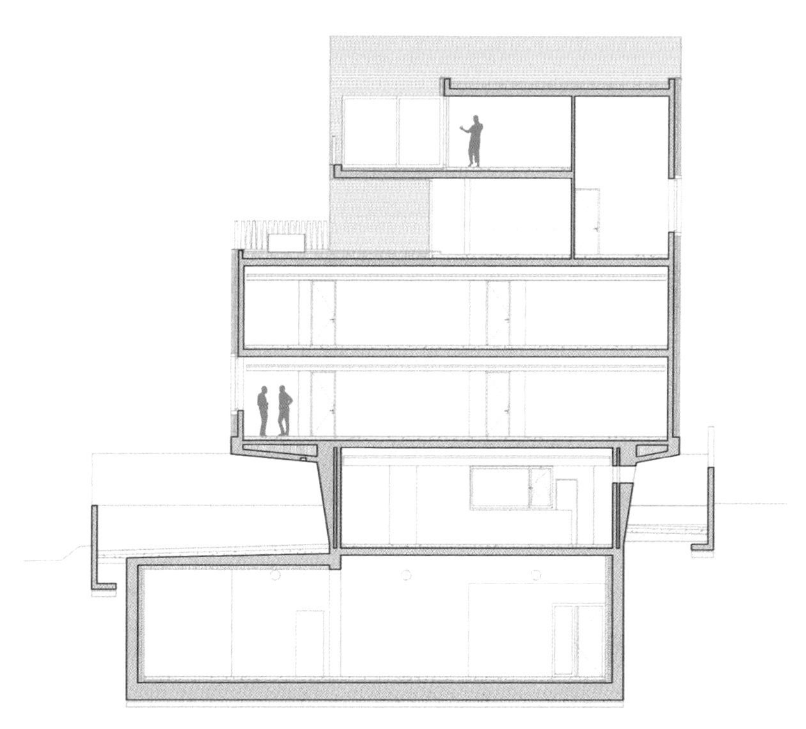

그림 3-15. 논현 101-1, 전경과 단면도(스토커 리 아르키테티)

하나다. 서울의 주택가 어디에서나 볼 수 있는, 무시할 수도 그대로 따를 수도 없는 진부한 요소를 문화적 코드로 받아들이고, 이를 다시 전복한다. 대지 한계, 법적 제약, 까다로운 건축주 요구를 넘어서는 강력한 기하학적 질서, 한국 건축의 엄숙함을 무너뜨리는 냉소와 풍자가 이 집에 함축되어 있다. 1층 필로티 주차장이 첫 번째 단서다.[8]

스토커 리 아르키테티Stocker Lee Architetti가 설계한 논현동 주거복합건물(논현 101-1)은 특별히 기대할 것 없는 이면도로에 들어선 보행자 시선을 단번에 사로잡는다. 가장 매력적인 부분은 기둥 없는 1층 주차장이다.

콜룸바Kolumba 벽돌로 마감한 상부를 두꺼운 아치형 캔틸레버가 떠받치고 있다. 구조적으로 과감하고 구축적으로 섬세하다. 대지는 '망원동 쌓은 집'보다 조금 크지만, 지하 1층 임대 근생, 1층 주차장, 계단실, 임대 근생, 2~3층 임대 사무실, 4~5층 주인집을 적층한 단면 구성은 비슷하다. 북쪽 매스는 상부로 올라가면서 도로 사선에 의한 높이 제한에 따라 뒤로 물러난다. 법이 정한 최대 윤곽선 안에서 용적률을 최대한 확보하는 전략도 보편적이다. 한국 건축가들이 꺼려왔던 아치와 같은 상징 형태iconographic form를 구조적으로 과감히 표출했다. 반면 평면도에는 단순하고 강력한 기하학적 질서를 부여했다. 직사각형 평면을 모듈에 따라 작은 방으로 나누었다. 모든 기계설비와 전기 배관이 콘크리트 벽과 슬래브에 매립되어 실내 노출콘크리트 표면은 매끈하다. 건물은 기술적이고 합리적이며, 동시에 단순하면서 세심하다. 초기 스케치는 새로운 질서와 감성이 혼성적 도시 맥락에 스며드는 것을 표현했다. 무미건조한 필로티 주차장을 대체하는 길과 건축이 만나는 새로운 인터페이스다.

도시형 생활주택과 2030청년주택

주차 기준이 새로운 건축을 탄생시키기도 한다. 2009년 개정 「주택법」에 도시형 생활주택이 도입되었다. 도시형 생활주택은 원룸형 주택, 단지형 다세대주택, 단지형 연립주택으로 나누어진다. 「건축법」에서 공동주택으로 분류한 다세대주택과 연립주택을 「주택법」으로 가져와 '단지형'이란 접두사를 붙였다. 하지만 정작 「건축법」에는 없는 유형이다. 2008년 금융위기 이후 정부가 시행사와 건설업자에게 힘을 실어주기 위해 만든, 족보가 모호한 특혜성 건축이다.

국민주택규모(85m²) 이하, 300세대 미만 도시형 생활주택은 사업계획 승인 대상인 30세대 이상 공동주택 건설에 적용하는 주택 건설 기준, 부대 설치 기준, 인동간격, 주차 기준 등을 적용하지 않거나 완화했다. 「주택법」이 열어준 단지형 다세대 도시형 생활주택은 「건축법」에 따른 다세대주택보다 수익성이 좋아 개발업자들에게 매력적이었다.[9] 하지만 도시형 생활주택은 주택가 도시 경관을 훼손하고 과밀화와 주차난을 초래하는 문제의 건축이 되었다. 그런데 도입한 지 5년도 되지 않아 개발 열기가 시들해졌다. 품질에 대한 시장의 평가 때문이 아니라 강화된 주차 기준 때문이었다.

서울시에 짓는 근생은 연면적 134제곱미터당 1대, 업무시설은 100제곱미터당 1대의 주차장을 설치해야 한다. 주택에 적용하는 기준은 이보다 강하다. 50제곱미터를 초과하는 단독주택은 1대 이상을 설치해야 한다. 전용면적 60제곱미터 이상 다가구주택, 다세대주택, 연립주택, 아파트, 오피스텔은 면적당 대수와 세대당 1대 기준을 동시에 충족해야 한다. 문제는 세대별 전용면적을 50제곱미터 이하로 제한하는 원룸형 도시형 생활주택이다. 50제곱미터 이하는 세대당 0.8대, 30제곱미터 미만은 세대당 0.5대다.[10] 단독주택과 공동주택 주차 기준의 2분의 1 수준이다. 2009년 도입 당시 연면적 기준을 적용했던 원룸형 도시형 생활주택의 주차 기준은 더 낮았다. 60제곱미터형 평면을 15제곱미터형 4개로 쪼개어도 1대만 설치하면 되었다. 주택을 잘게 나눌수록 개발업자와 소유자에게 유리한 제도였다.

2009년 이후 서울과 수도권에 30제곱미터 미만의 원룸형 도시형 생활주택이 우후죽순처럼 등장한 것도 2013년 이후 기세가 꺾인 것도 주차 기준의 완화와 강화 때문이었다. 짧은 기간 동안 사실상 도시형 생활주택이란 이름으로 소규모 아파트를 쉽게 짓도록 길을 열어주었다. 저렴한 소형 주거 공간 공급 이면에는 건설업에 베푼 인센티브가 있었다. 주차 기준을 다시 강화했지만, 도시형 생활주택이 남긴 후유증은 주택가에 그대로 남아 있다.

도시형 생활주택이 주차 기준 완화의 산물이라면 '역세권 2030청년주택'은 주차장 기준을 더 완화하되 차량 소유 억제를 조건으로 만든 유형이다. 2016년 서울시가 도입한 청년주택은 '공공임대주택'과 '공공지원 민간임대주택'으로 구분된다. 공공임대주택에는 차량을 소유하지 않은 대학생, 신혼부부, 사회초년생만이 임차인 자격이 된다.[11] 지하주차장이 줄어드는 대신 청년들이 선호하는 작은 도서관, 북 카페, 피트니스룸과 같은 새로운 커뮤니티 공간을 저층부에 배치할 수 있게 되었다. 2020년 현재 20여 개 사업이 진행 중이다. '2030청년주택'은 주차장 없는 공공임대주택의 중요한 실험이다.

경사지 주차장

대단지 주차장은 구릉지를 훼손하는 주범이기도 하다. 법정 건폐율 최고한도를 지키면 대지면적의 절반 정도를 건물이 차지한다. 문제는 대지 전체를 콘크리트 지하주차장이 떠받치고 있다는 점이다. 콘크리트 슬래브를 흙으로 덮은 인공 지반 위에 수목, 잔디, 초화류를 심는 것을 조경으로 인정한다. 자연 지형을 얼마나 훼손했는지를 판단하려면 지하층 건폐율을 보아야 한다. 하지만 이런 기준은 존재하지 않는다. 이런 척도가 생기면 서울에서는 사실상 대규모 개발을 할 수 없다. 어떤 전문가도 관료도 이런 근본적 문제를 제기하지 못한다.

겹겹이 산으로 에워싸인 서울에는 크고 작은 구릉지 사이로 간선도로망이 형성되었지만, 주거지역은 구릉지로 올라갈 수밖에 없었다. 구릉지 저층 주택이 아파트 단지로 바뀌면서 기존 지형이 사라지고 있다. 지하철 2호선과 7호선 사이에 있는 동작구 사당동, 상도동, 신대방동 일대는 서초구와 인접해 강남권에 포함되고자 하는 개발 욕구가 강한 곳이다. 선거철에는 핵심 이슈가 재재발이었다. 2010년 이후 서울에서 주택 재개발 붐이 세게 불었다. 2013~2017년 기간 서울시 심의에 상정되었던 동작구 5개 아파트 단지는 평균 1,150세대, 용적률 412퍼센트, 건폐율 35.8퍼센트, 지상 36층, 지하 4층이었다. '2030 서울 도시기본계획'에서 정한 용도지역별 층수 한도가 35층(제3종 일반주거지역과 준주거지역)을 넘었다. 주차는 법정 1,240대보다 많은 1,493대였다.[12] 국제 규격 축구장 5개를 합한 면적이다.

시행자와 건설사가 가장 원하는 주차장 배치는 동일한 평면을 지하에 쌓는 것이다. 이렇게 하면 기단을 하나 만들고 그 위에 아파트 주동을 자유롭게 배치할 수 있다. 지하주차장 출입구 개수도 최소화할 수 있고 경사로 배치도 쉽다. 하지만 인접 도로보다 높은 기단 위에 단지가 만들어지고 연접부에 높은 옹벽이 생긴다. 기단을 촘촘하게 만들어 급격한 고저 차를 줄이도록 유도하는 서울시와 정반대 접근을 고집하는 개발업자 간의 줄다리기 끝에 절충점에 도달한다. 지속 가능한 도시재생에 역행하는 아파트 단지가 여전히 용인되는 구조다.

2005년 환경부는 생태적 관점에서 개발 계획의 환경 수준을 정량적으로 평가하는 생태면적률을 도입했다. 개발 면적 중 자연 순환 기능을 가진 토양 면적의 백분율이다. 서울시도 절토·성토를 줄이고, 자연 지반 녹지, 투수성 포장에 대한 지침을 운용하고 있다. 서울시에 제출된 대부분 개발사업계획은 이런 정량적 기준을 만족한다. 하지만 생태적 기능과 거리가 먼 아파트 단지가 만들어진다. 콘크리트 덩어리 위의 인공 지반 녹지, 콘크리트 덩어리 위의 옥상 녹화, 콘크리트 벽면에 붙인 녹화를 생태 기능과 자연 순환 기능이 가능한 면적으로 50퍼센트 이상 인정해주기 때문이다. 이런 기준으로는 지속 가능한 도시와 건축을 만들 수 없다.

사람들이 오랜 시간 머무르면서 사용하는 지하 시설은 용적률에 포함하도록 법을 개정해야 한다. 자연 환기가 안 되는 체력단련시설, 주민공동시설, 피시방, 음식점, 주점 등 근생을 지상으로 끌어올리는 가장 효과적인 방법이다. 개발자는 굳이 지상층보다 건설비가 많이 들어가는 지하층을 파서 지상층보다 임대료가 낮은 시설을 배치할 이유가 없어진다. 코로나19 사태는 밀폐된 공간이 전염에 얼마나 치명적인지 환기해주었다. 기계식 환기에 의존하는 실내 공간은 대기 오염이 심한 우리나라에서 장기적 관리가 어렵고 오히려 공기 질을 나쁘게 한다. 첨단 공조설비 기술은 상위 1퍼센트의 고급 건축물에나 가능한 이야기다. 나머지 건물은 전기 에너지와 기계설비에 의존하지 않고 창문을 열고 환기할 수 있도록 건설해야 한다. 대다수 시민도 개발 이익보다 공중보건을 위한 정책 전환에 반대하지 않을 것이다. 국토부와 서울시는 지하층을 용적률에 산입하도록 법을 단계적으로 개정해나가야 한다.

도시재생과 자동차

서울시는 1997년 이면도로에 주차구획선을 긋고 거주민과 근무자에게 유료로 주차를 허용하는 거주자우선주차제도를 도입했다. 거주지와의 거리, 거주 기간 등 선정 기준에 따라 권리를 배정한다. 주차비는 저렴하지만 높은 경쟁률을 뚫어야 한다. 법에 따라 공공 도로에 만들었지만, 주민과 분쟁과 시비가 벌어지기도 한다. 그나마 폭이 여유가 있는 도로라야 주차구획선을 그을 수 있다. 제주도가 2019년부터 주차장이 없으면 차를 사지 못하는 차고지증명제를 시행하고 있지만, 부작용과 민원이 만만치 않다. 인구 1,000만 명의 서울시에 도입하려면 사회적 공감대가 있어야 한다.

서울 주택가에는 소방차가 들어갈 수 없는 좁은 이면도로가 곳곳에 있다. 「건축법」에서 정의하는 '도로'는 사람과 차가 다닐 수 있는 폭 4미터 이상 도로다. 주택재개발사업과 주거환경개선사업 구역으로 지정되기 위한 요건인 '주택접도율'은 폭 4미터 이상 도로에 접한 대지의 비율이다. 주택접도율이 낮을수록 사업 요건에 가까워진다. 이런 도로에는 불법 주차가 한 대라도 있으면 비상시 소방차가 진입하기 어렵다. 좁은 도로는 시민 안전 문제와 직결된다. 법에서는 지형 때문에 차량 통행 도로 설치가 어려운 경우 3미터 이상, 막다른 골목길은 2미터 이상도 도로로 본다는 여지를 남겨놓았다.[13] 불이 났을 때 소화전에 연결된 소방호스를 쓴다는 전제다.

서울시는 개발 밀도를 올려주는 대신 건물을 대지 경계선에서 물러나게 하고 대지 일부를 '도시계획시설(도로)'로 편입시키는 방안을 지난 20년간 지구단위계획 수법으로 써왔다. 대규모 정비사업에는 이런 해법이 가능했다. 하지만 여러 토지소유자와 조율하여 이면도로 폭을 넓힌 사례는 드물다. 동시에 개발 행위를 하도록 강제할 법적 수단이 없기 때문이다. 동네 골목길을 넓히는 데 필요한 수백억 원을 자치구가 자체적으로 확보할 수도 없고 설령 예산을 마련할 수 있다 하더라도 지역 간 형평성에 어긋난다. 일부 필지에만 개발이 일어나는 경우 도로는 톱니바퀴처럼 들쑥날쑥한 모양이 된다. 좁고 열악한 도로로 에워싸인 큰 땅은 원활한 차량 진·출입을 위해 인접 도로를 넓힐 수밖에 없다. 굳이 기부채납을 받지 않더라도 자신의 땅을 위해 당연히 넓히는 도로를 공공 기여로 인정하는 꼴이다. 용도지역 상향으로 얻는 막대한 이익이 공공으로 환원되고 있는지 의문이다.

최근 계획대로 집행하지 못했던 도로와 공원을 하나둘씩 해제하고 있다. 1999년 헌법재판소는 사유지에 지정했던 도시계획시설에 대해 헌법 불합치 판결을 내렸다. 10년 이상 보상 없이 토지의 사적 이용권을 제한하는 것은 과도하다고 보았다. 이에 따라 2000년 「도시계획법」에 '미집행 도시계획시설' 개념을 도입하고 20년 후 효력을 잃도록 법을 개정했다. 2020년 7월 1일을 기점으로 사유지에 지정했지만, 정부와 지자체가 집행하지 못했던 공원과 도로가 도시계획시설의 실효를 상실하게 되었다. 2020년 3월 현재 서울시 지구단위계획구역 내 장기 미집행 도시계획시설은 도로가 87.9퍼센트, 공원이 4.1퍼센트, 주차장이 2.5퍼센트를 차지한다. 사유지 보상에 필요한 비용은 공시지가로 환산해 7조 9,000억 원이다. 2018년 서울시와 지자체 전체 예산(56조 원)의 14퍼센트에 해당하는 돈이다. 그중 도로 보상에만 필요한 돈이 1조 7,700억 원이다.[14] 지방 재정 여건상 집행이 어려운 액수다. 도시계획시설을 폐지하더라도 민간 토지에 대한 건축 제한에 대한 논리와 법적 보완 장치가 필요하고, 유형별로 매우 치밀한 관리 계획을 수립해야 하는 숙제를 안고 있다. 현재로서는 모든 것을 해소할 해결 방안이 없다. 도로를 넓히고 공원을 만들 수 있다는 도시계획 이상론이 깨지고 현실론이 고개를 들고 있다.

지구단위계획은 도시를 미시적으로 들여다보는 계획이다. 서울시 지구단위계획구역은 매년 늘어나 2019년 현재 여의도 면적의 11.4배 크기이다. 이중 사업을 동반하지 않는 기성 시가지 관리형 구역이 사업과 연계된 계획적 개발 구역의 2배다.[15] 개발보다 재생이 더 중요한 과제다. 지구단위계획을 수립하는 과정에서 주민들이 공통적으로 요구하는 것이 개발형 구역에서는 용도지역 상향, 관리형 구역에서는 주차난 해소다. 용역을 수행하는 도시계획 전문가들이 가장 고심하는 부문이 민원성 용도지역 상향과 이에 따르는 교통 처리 계획 사이에서 절충점을 찾는 일이다.

도시 안 격차는 도시 인프라의 격차에서 벌어지고, 그 중심에 도로와 주차장이 있다. 주차장이 있는 것과 없는 것의 차이, 편리한가 불편한가가 땅값과 집값의 차이를 벌린다. 용적률을 높이려는 욕망과 주차난 해결은 상호 모순되는 요구다. 밀도가 높아지면 교통량이 늘어나고 주차난이 가중된다. 양립할 수 없는 요구라는 것을 민원 압박을 받는 지역 정치인과 자치구 관료들도 잘 알고 있다. 하지만 부동산 이익에 집착한 유권자들에게 합리적 논리는 통하지 않는다.

서울시는 주거지역에는 주차장 설치를 강화하는 반면 상업지역과 준주거지역은 주차를 억제한다. 사대문 안팎, 강남·서초, 잠실, 신촌, 영등포 지역 중 교통이 혼잡한 상업지역과 준주거지역, 대중교통 역과 환승센터 주변은 '주차장 설치 제한 구역'을 지정하고 시설면적 주차 기준을 완화했다. 예컨대 '주차장 설치 제한 구역'에서 근린생활시설 면적당 주차 기준을 기타 지역 기준(1대/134m²)의 절반 수준으로 낮추었다(1대/258m²).[16] 더불어 「한양도성 녹색교통진흥지역 계획」(2019)은 도심부 전체를 녹색교통지역으로 지정하고 대중교통 및 보행자 중심으로 전환했다. 2019년 7월부터는 배출가스 최하 등급인 5등급 차량은 운행을 제한하고 있다.

주차장 설치를 아예 금지하는 정책도 쓰고 있다. 「역사도심기본계획」(2015)은 소규모 필지가 밀집한 역사 도심에 부설주차장 설치를 면제하고 주민 주도로 동네를 개선하도록 했다. 실례로 도시형 한옥이 100여 동 밀집한 익선동은 한옥의 주차장 설치 의무를 면제하고, 돈화문로 변에는 이미 설치된 주차장을 제외하고는 추가로 주차장 설치를 금지하도록 했다.[17]

법으로 금지하지는 않지만 사실상 설치를 못 하게 유도하는 지역도 있다. 종로2가와 피맛길 사이 3~5층 상업건축물이 자리한 띠 모양 땅은 공평 구역정비계획을 수립하면서 보존·관리형 지구로 분리했다. 대지 폭과 깊이를 고려할 때 신축은 어렵고 부분적 증·개축만 가능하다. 주차장법이 시행되기 이전에 지은 건물들이다. 도시건축 혁신 시범 사업으로 수립하는 공평 구역정비계획은 평균 대지 규모 2배(100평, 330m²) 이내로 개발을 제한하고 있다. 사실상 지하주차장을 만들 수 없는 대지 규모다. 주차장 설치를 면제하는 대신 대중교통을 이용하라는 취지다.

북악산, 인왕산, 남산, 낙산으로 에워싸인 역사 도심에는 차량 출입이 불가능한 골목길이 많다. 길을 넓히기 위해서는 남아 있는 건축 자산을 부숴야 하는 딜레마와 마주친다. 2010년대에 들어서 서울시는 건축 자산을 보존 관리하기 위해서 차 없는 골목길을 유지하고 주차장 설치를 금지하는 정책으로 선회했다.[18] 장충동, 회현동, 이화동 일대 지구단위계획에서는 '차량 출입 불허 구간'과 '주차장 설치 기준 완화 구역'을 지정했다. 주차장 설치를 완화받는 토지주는 토지 가격의 일정 비율만큼을 공용주차장 설치 비용으로 내는 것이 원칙이지만 지구단위계획의 건축물 높이와 형태 지침을 따르면 대지 내에 주차장을 설치하지 않고 비용 납부를 면제할 수 있도록 했다.[19] 공공 보행 통로와 생활 서비스 시설을 만들고 주차난은 공용 및 민간 공동주차장을 건설하여 부분적이나마 해소하는 계획이다. 서울시의 이러한 노력에도 불구하고 주차난, 불법주차, 이로 인한 갈등은 해소되지 않고 있다.

88올림픽을 개최했던 1988년 말 우리나라 자동차 등록 대수는 200만 대였다. 1997년 1,000만 대, 2014년 2,000만 대를 넘었고, 2020년 2,500만 대에 도달할 것으로 예상한다. 자동차 1대당 인구수는 미국 1.3명, 영국·프랑스·일본 1.7명, 독일 1.8명, 한국 2.7명, 중국 17.2명이다. 이 비율만 보면 한국은 다른 OECD 국가보다 인구 대비 자동차 수가 적다. 국토 면적을 따져보면 다른 결과가 나온다. 1제곱킬로미터당 자동차 수는 미국 24.6대, 영국 147.1대, 프랑스 65.3대, 일본 200대, 한국 176.8대, 중국 6.4대였다.[20] 한국과 일본의 자동차 밀도가 월등히 높다. 그런데 일본은 차를 갖고 있지만, 주중 출퇴근에 쓰는 비율이 낮다. 수도권 인구가 3,200만 명 이상으로 전 세계에서 가장 많은 도쿄 도심을 차를 몰고 출퇴근하는 것은 최고 경제 상류층이 아니면 꿈꿀 수 없는 일이다. 또한 인구가 14억인 중국에서 자동차 1대당 인구가 17.2명에서 그 10분의 1인 1.7명으로 줄어든다고 상상해보자. 촘촘한 대중교통망과 두 발을 교통수단으로 전환하지 않는다면 지구가 감당할 수 없을 것이다.

서울과 수도권 인구는 2,500만 명으로 도쿄에 이어 두 번째로 많다.

이 많은 사람이 자동차를 소유하고, 매일 주행하는 것은 과욕이며 사치다. 자동차를 전부 지하에 넣을 수도 없고 건물 위에 얹을 수도 없다. 도쿄처럼 차고지증명제를 도입하기 위한 사회적 공감대가 형성되지도 않았다. 서울에서 주차가 안 되는 식당은 분식집밖에 할 수 없다는 게 통념이다. 발렛 파킹이 적법과 탈법 사이에서 골목 안을 누빈다.

일부 미래학자들은 첨단기술이 자동차를 소유하는 시대에서 공유하는 시대로 바꾸리라 예측한다. 수십 년 전부터 자동차가 마천루 사이를 날아다니는 미래 도시가 SF 영화에 종종 등장했지만 그런 미래는 아직 오지 않았다. 어떤 첨단기술도 주차 문제를 근본적으로 해결하지 못한다. 매일 차를 몰고 도심에 들어가 일터 근처에 주차하는 것은 초고밀 도시에서 환상이다. 주차 문제를 물리적 공간에서 사회적 인식의 문제로 접근해야 한다. 더 강력한 자동차 억제 정책이 답이다. 주차장 압박에서 벗어나면 서울의 건축은 더 다양하고 풍부해질 수 있다.

4부

명제

아름다운 것에는 규칙이 있다

빨간 튤립이 지평선까지 피어 있는 들판에 서 있다. 오른쪽으로 고개를 돌리면 노란 튤립이 반대쪽 지평선까지 이어지다가 푸른 하늘과 맞닿는다. '아~' 하는 소리가 저절로 나온다. 망막에 비친 이미지가 신경세포를 거쳐 뇌에 전달되는 시간은 찰나에 불과하다. 시각적 정보를 분석하고 해석하는 순차적 과정을 거치지 않고, 지각知覺 perception과 인지認知 cognition 과정이 전광석화처럼 연결된다. 무엇이 우리 눈을 자극하고 뇌로 전달되어 이처럼 감탄사가 튀어나오게 하는 것일까?

튤립의 꽃잎과 그 사이에 솟아올라온 수술은 가까이 보면 그 자체로 아름답다. 하지만 우리를 순간적으로 잡아당기는 힘은 한 송이 한 송이 꽃이 아니라, 무수한 튤립 송이가 모여서 만들어낸 밭의 풍경이다. 그곳에는 규칙이 있다. 농부는 효율적으로 씨를 뿌리고, 가꾸고, 수확하기 위해 곧은 이랑을 반복해서 갈아놓았다. 밭의 오른쪽 절반은 노란 튤립이, 왼쪽 절반은 빨간 튤립이 이랑을 따라 일렬로 늘어서 있다. 이름 없는 들꽃이 무작위로 피어 있는 초원이 아니라, 사람 손을 거친 반半자연이다. 물론 농부가 찾아오는 사람들의 눈을 즐겁게 하려고 한 것은 아니다. 농부의 일차적 목적은 실용이다. 중국 구이저우의 구불구불한 계단식 밭, 스위스의 가파른 산의 나무와 깔끔한 초지도 마찬가지다. 급경사지에 물을 대기 위해, 넓은 방목지를 조성하기 위해 일정한 규칙을 부여한 인공화된 자연이다. 패턴이란 자연이나 인공물에 내재하는, 확연히 구별되는 규칙성이다. 의도하지 않았지만 단순한 규칙이 만들어낸 집합적 패턴에서 우리는 아름다움을 느낀다. 20세기 후반 체계화된 뇌과학은 미술과 과학 사이의 다리를 놓는 시도를 하고 있다. 수학적 비례와 균제와 같은 규칙성을 어떻게 뇌가 반응하고 매개하는지 탐구하기 시작했다.[1]

곤충 날개에도 규칙적 패턴이 있다. 잠자리 날개 크기, 모양, 색깔은 종에 따라 조금씩 다르지만, 구성 요소는 비슷하다. 동물 등뼈와 갈비뼈에 해당하는 주맥主脈 costa, 날개맥subcosta, 결절nodus이 구조적 틀을 형성하고, 그 사이를 막membrane이 채운다. 날개 윗부분은 사각형, 아랫부분은 변형된 오각형과 육각형 막으로 이루어져 있다. 위는 응력을 지탱하고 아래는 유연하게 휠 수 있는 부드러운 곡선 구조는 잠자리가 허공에서 날갯짓을 잘하게 한다.[2] 오랜 시간 진화를 거치면서 최적화된 것이다. 잠자리 날개 모양을 응용한 도안이 매력적인 것은 단위 요소의 반복과 변형이 만들어낸 패턴 때문이다. 나무 나이테, 잎사귀가 뻗어가는 모양, 팽이버섯이 자라는 모양처럼 식물 성장 패턴에도 규칙성이 있다. 대기 중 습도와 온도에 따라 만들어지는 눈송이에서도 나뭇가지와 줄기와 흡사한 구조가 있다. 정교한 기하학적 패턴 때문에 눈 결정체는 크리스마스 문양으로 쓰이곤 한다.

인간은 사물과 자연 형태에 숨어 있는 형성과 조합 규칙성을 과학적으로 분석한 후 한참 뒤에 '아~' 하고 감탄사를 내뱉지 않는다. 반응은 직관적이고 동시적이다. 예술작품에 앞에선 관람객도 마찬가지다. 반 고흐Vincent van Gogh(1853~1890)의 〈별이 빛나는 밤The Starry Night〉(1889)의 소용돌이치는 하늘과 별, 어둠에 잠긴 마을을 보는 순간, 그것이 현실 모사가 아니라 화가 내면을 표현한 것이라는 것을 금방 알아차린다. 정신병으로 병실에 누워 있는 고흐가 바라본 풍경이라는 설명을 듣고 나면 더 많이 공감한다. 영화 〈러빙 빈센트Loving Vincent〉(2017)를 보고 나면 불행했던 그의 삶이 더욱 아프게 다가오고, 밝음과 어두움의 대조가 우리 뇌리에 더 깊이 각인된다. 하지만 이런 설명과 서사는 부차적이다. 인간의 눈과 뇌는 객관적 정보 없이도 그림 앞에서 훨씬 빠르게 감지하고 감응한다. 어려운 예술사나 예술이론을 몰라도 예술작품 앞에선 모두가 공평하다. 말과 글로 표현하지 못하는 느낌의 세계에서 교감하기 때문이다.

철학의 영역을 언어, 신화, 예술, 종교, 역사, 과학으로 확장했던 에른스트 카시러Ernst Cassirer(1874~1945)는 예술은 직관과 상상력을 제공한다고 했다. 예술을 통하여 현실을 더욱 풍부하게 이해하고, 사물에 대한 깊은 통찰력을 얻는다. 기존의 철학이 담지 못한 인간 내면 구석을 예술이 채워준다. 이성주의 철학이 이론화와 객관화 과정을 거친다면 예술은 사색과 명상으로부터 나온다. 카시러는 예술을 미학적 상징으로 정의했다.[3]

예술철학자 수잔 랭거는 카시러의 상징론에서 더 나아가, 인간은 동물과 달리 두 가지 유형의 상징체계를 갖고 있다고 했다.[4] 첫째, '언어'를 매개로 하는 '담론 상징discursive symbol'이다. 랭거는 생각thought과 느낌feeling을 구분했다. 생각은 머리, 느낌은 마음의 세계다. 생각을 표현하는 유일한 수단이 언어라고 보았다. 즉, 인간 사고思考는 구문론syntax과 의미론semantics과 같은 문법 체계에 묶여 있는 언어 안에서 작동한다. 수학과 과학도 언어에 상당하는 부호와 공식을 가진 담론적 상징이다.

둘째, '느낌'의 세계에서 교감하는 '비담론 상징non-discursive symbol'이다. 인간의 느낌은 언어, 수학, 과학으로 접근하지 못하는 곳까지 다가간다. 느낌을 표현하는 것이 예술이다. 예술은 인간 내면을 언어로 설명하지 않고 시각적 형태로 투사projection한다. 이런 이유로 랑거는 비담론적 예술을 '표상 상징presentational symbol'이라 했다. 랭거는 지적 사고는 느낌의 바다 한가운데 있는 아주 작은 섬일 뿐이라고 했다. 고작 '어어' 하고 내뱉을 수밖에 없지만 느낌의 세계는 지적 세계보다 더 크고 깊다.[5]

말도 어눌하고 글은 서툴지만, 마음을 울리는 예술가, 그림은 어린이 수준이지만 새로운 통찰력을 가진 과학자들이 있어 세상은 풍성해진다. 그 사이에 있는 대다수 보통 사람들은 이들로부터 부족한 세계를 채워 간다. 건축은 언어의 세계와 느낌의 세계 사이에 교묘하게 걸쳐져 있다. '물질'과 '이미지'를 보완하는 '언어'가 건축에 필요한 이유다. 랭거의 이론을 빌린다면 건축은 담론과 비담론의 동시적 플랫폼이다.

반복과 패턴

건축사(가)가 되기 위한 첫걸음은 5년제 건축학과에서 시작된다. 서울시립대 건축학과 신입생들이 만나는 첫 전공 수업이 건축설계 준비 단계인 기초설계이다. 첫 과제가 '반복과 패턴'이다. 주변에서 쉽게 구할 수 있는 재료를 사용하여 일정한 규칙을 가진 모형을 만들고 이를 다양한 매체로 표현하는 과제다. 2010년 한 학생은 일회용 나무젓가락에 낚싯줄을 연결하고 몇 가지 배열 규칙으로 천장에 매달았다. 낚싯줄에 매달린 나무젓가락은 국수를 집는 일차적 기능과는 전혀 다른 특성을 드러낸다. 여러 각도에서 찍은 모형 사진에서 젓가락 하나하나 거친 재질은 보이지 않고, 매달려 있는 젓가락과 낚싯줄이 만들어낸 패턴이 읽힌다. 옆에서 보면 우아한 곡선 겹들이 드러난다. 아래에서 찍은 사진은 하늘을 향해 뻗은 대나무 숲, 혹은 쏟아지는 장대비 한가운데 서 있는 장면을 연상케 한다.

2011년에는 가로세로 9센티미터의 얇은 흰색 종이로 모형을 만들었다. 주어진 크기를 지키면서 종이 개수, 접고 자르고 붙이고 포개는 방법은 자유롭게 했다. 정사각형 1차 면재료面材料를 사용하여 2차 패턴을 만드는 것이었다. 한 학생은 종이를 자르거나 붙이지 않고 접고 포개는 방법을 택했다. 조명과 카메라 각도에 따라 다양한 것을 연상케 하는 이미지가 연출되었다. 모형을 가볍게 잡아당기면 아코디언처럼 접힌 종이 면이 자유롭게 휘어서 파충류 껍질 같은 패턴이 되기도 한다.

2013년에는 일회용 위생 봉투 컵을 붙여서 만든 꽃 모형을 한 학생이 만들었다. 종이봉투 컵은 손으로 벌려 정수기에서 물을 받게 만든 일상용품이다. 이 학생은 봉투 컵 표면에 일정한 선 자국을 내고 그 선을 따라 종이를 벌린 다음 3개 봉투 컵을 옆으로 붙여 꽃 한 송이를 만들었다. 그다음 여러 개 꽃송이를 붙여 활짝 핀 꽃 모양을 연상하는 〈만개滿開 Full Bloom〉를 만들었다. 꽃다발 뒤에서 비춘 조명은 산란하여 독특한 분위기를 만들어냈다. 스테이플러 심을 잘게 부러뜨린 다음 한 점을 중심으로 방사형으로 촘촘히 배열한 〈회오리바람Tornado〉도 일상용품 용도와는 별개의 아름다움을 발견하게 한다. 〈만개〉가 면재료를 입체로 확장했다면, 〈회오리바람〉은 ㄷ자형 각재를 평면으로 압축시켰다.

반복과 패턴에서 학생들은 2차원상의 점, 선, 면과 3차원의 형태와

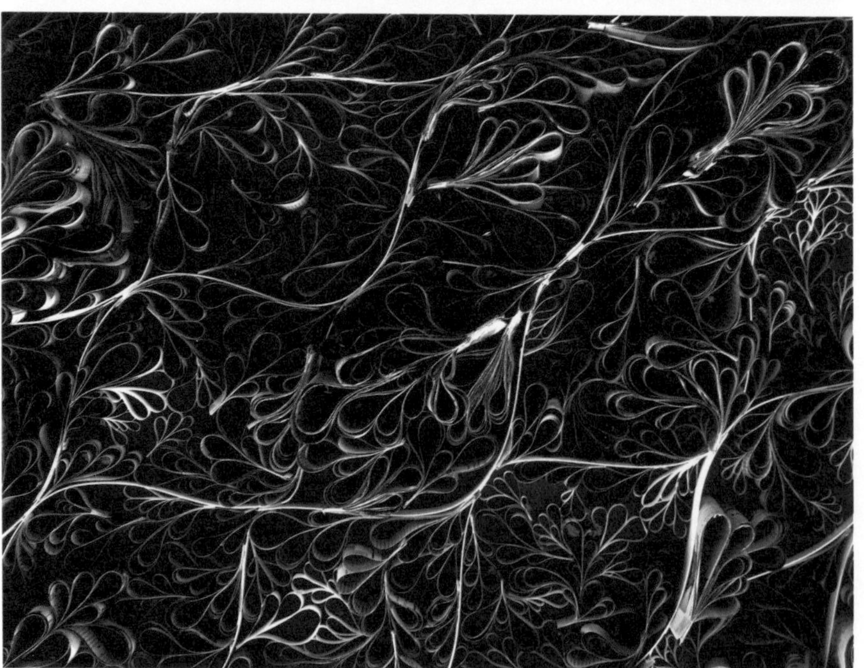

그림 4-1. 반복과 패턴, 서울시립대 기초설계
(왼쪽 위) 1회용 나무젓가락 (왼쪽 아래) 신문지 (오른쪽 위) 종이 접기 (오른쪽 아래) 종이 변형

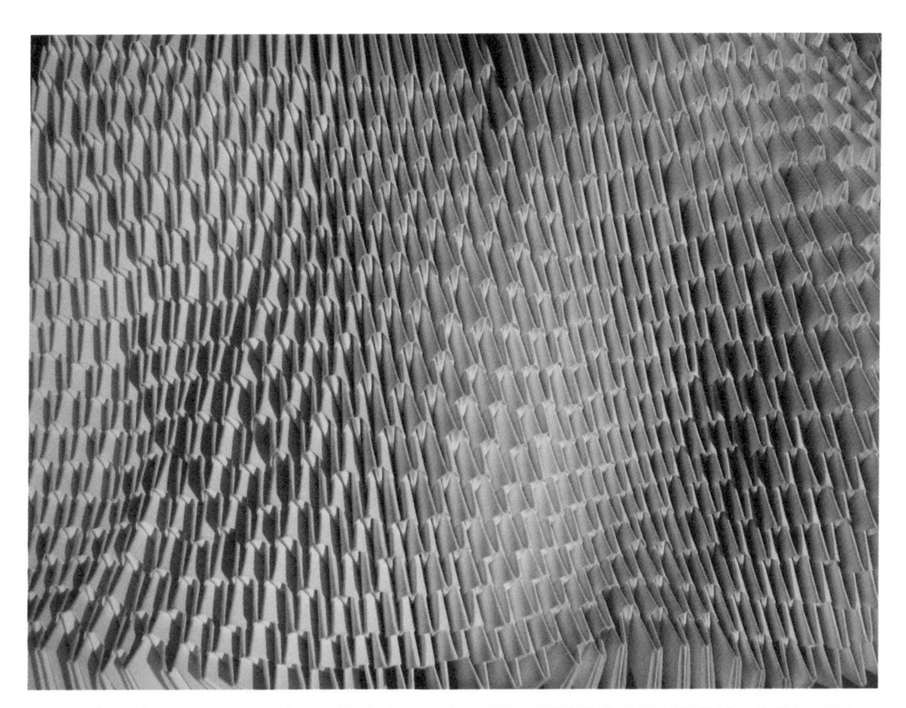

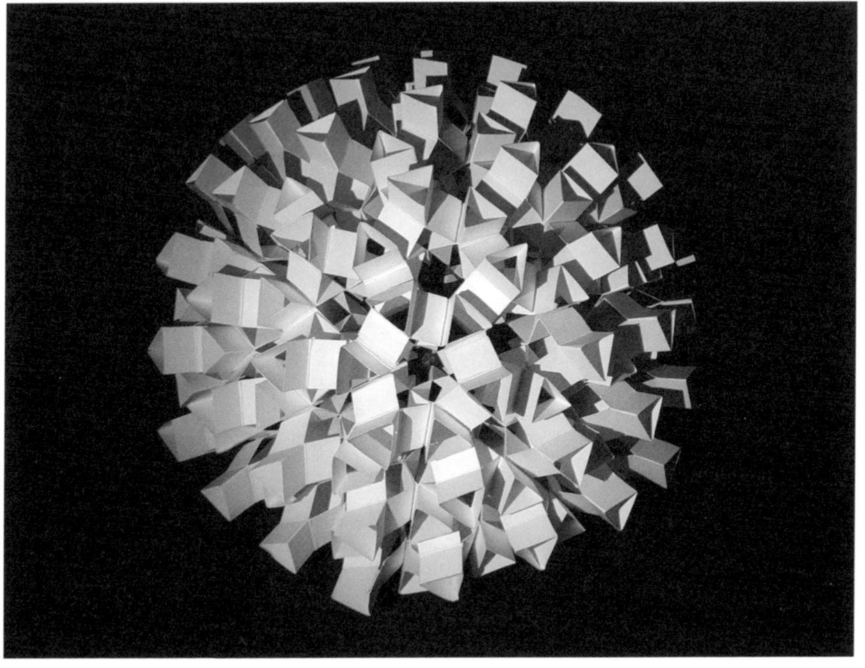

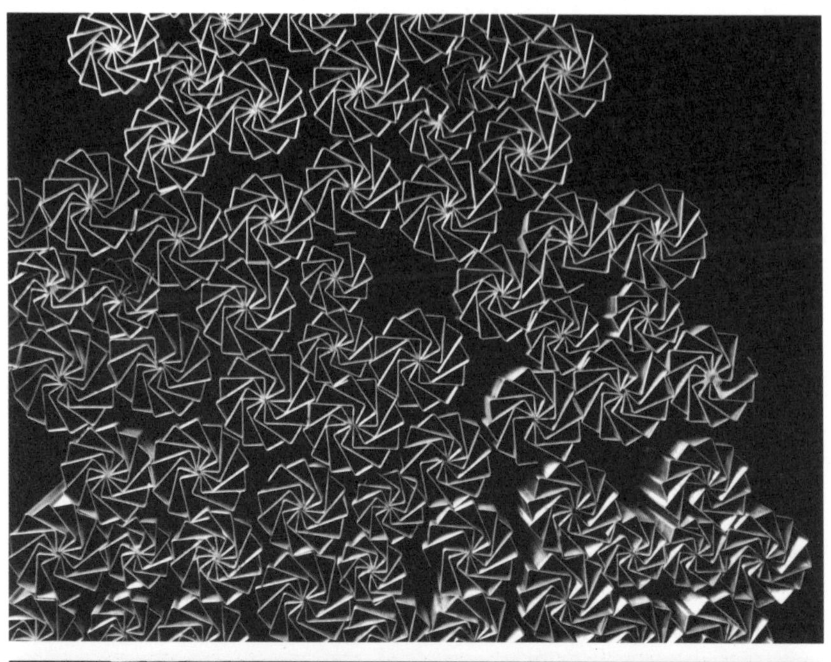

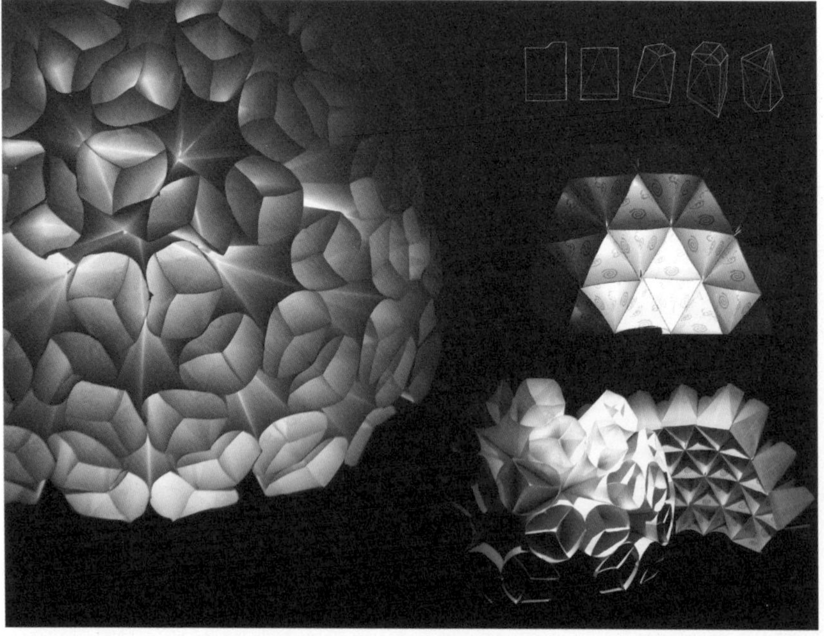

공간을 오가는 것을 자연스럽게 습득한다. 하지만 1학생 학생들은 자신이 만든 디자인이 실제 현실에 어떻게 실현될지 실감하지 못한다. 어떤 학생들은 1학년 때 발견했던 사물의 규칙과 질서를 4년 동안 건축설계에서 반영하지 못한 채 졸업한다. 대지, 프로그램(용도), 구조적 제약을 기술적으로 해결하는 것을 설계라고 생각하고 움츠러든다. 한 학생이 이렇게 이야기한 것을 기억한다. "건축설계를 해보니 1학년 때 배운 것은 조형 만들기더군요." 과연 그럴까?

장인, 엔지니어, 건축가가 만든 인공 건조물에서 서울시립대 1학년 학생들이 만들어낸 것과 비슷한 반복과 패턴을 발견하는 것은 어렵지 않다. 한 겹씩 엇갈리게 돌을 쌓은 전통 사찰 담벼락, 벽돌과 타일로 깐 보도, 아파트 창문과 발코니, 고딕 성당 궁륭, 현대 공항 천장은 모두 반복과 패턴으로 이루어져 있다. 모든 건물 바닥, 벽, 천장은 기본적으로 반복적 구조다.

'반복과 패턴'은 현대예술, 사진, 디자인 기법의 하나다. 설치미술가 타라 도너번Tara Donovan(1969~)은 비닐, 플라스틱 컵, 이쑤시개, 못, 단추, 종이와 같은 생활용품을 활용하여 작업한다.[6] 단위재의 형태와 색상은 단순하지만, 반복과 패턴으로 만든 도너번의 설치작품은 전시 공간을 장악한다. 사진작가 안드레아스 구르스키Andreas Gursky(1955~)[7]는 형형색색의 상품이 진열된 대형 할인 매장, 북적이는 증권거래소, 실내에 서 있는 사람들의 실루엣과 중첩된 고층 건물 야경, 평양의 집단 체조경기 등 일상적 풍경을 광각 카메라로 잡아냈다. 구르스키 작품의 힘은 반복과 패턴이 만들어낸 스펙터클에 있다. 디자인과 건축의 영역을 넘나드는 토머스

그림 4-2. 반복과 패턴, 서울시립대 기초설계
(위) 스테이플러 심 (아래) 1회용 종이컵

헤더윅Thomas Heatherwick(1970~)은 2010년 상해 엑스포 영국관 '씨앗 대성당Seed Cathedral'을 설계했다.[8] 가늘고 투명한 6만 개 광섬유 막대기가 돌출한 파빌리온은 밤송이나 고슴도치처럼 보였다. 낮에는 봉을 따라 자연광이 실내로 유입되고 밤에는 아크릴 봉 내부에 설치된 조명이 환상적인 분위기를 연출했다. 7.5미터의 광섬유 막대기만을 반복하여 만든 디자인이었다.

통합

쇼펜하우어Arthur Schopenhauer(1788~1860)는 예술에 위계를 매겼는데, 음악을 가장 높은 단계, 문학과 미술을 중간 단계, 건축을 가장 낮은 단계에 두었다.[9] 벽돌이나 모르타르와 같은 물질 덩어리를 만드는 행위를 정신세계에 있는 다른 예술과 동일시할 수 없다는 이유였다. 정신과 물질을 이분법적으로 나눈 이러한 사유 구조는 20세기 들어서 설득력을 잃었다.

수잔 랭거처럼 에른스트 카시러에게 영향을 받았던 넬슨 굿맨Nelson Goodman(1906~1998)은 쇼펜하우어와 달리 가장 밑바닥의 건축과 가장 꼭대기의 음악이 공통점을 갖고 있다고 했다.[10] 건축과 음악의 주요 목적은 그림이나 소설처럼 무언가를 표현하거나 재현하는 것이 아니다. 공간적, 시각적, 청각적으로 작동될 때 의미와 가치가 비로소 생성된다. 음악과의 이런 공통점을 제외하면 건축은 다른 모든 예술 장르와 뚜렷한 차이점이 있다. 굿맨이 꼽은 가장 큰 차이는 스케일이다. 건물은 공간적으로 시각예술을, 시간상으로 음악의 스케일을 능가한다. 건물을 온전히 이해하려면 내외부 전체를 움직이며 경험해야 한다. 사진과 투시도 이미지는 경험의 작은 조각일 뿐이다. 동영상조차도 느낌을 온전히 담아내지는 못한다.

둘째, 건물은 그림, 조각, 문학, 공연처럼 옮겨 다닐 수 없고 땅에 고정되어 있다. 물리적·사회적·문화적 환경으로부터 독립적일 수 없다. 재료, 기술, 사람은 수입할 수 있어도 건축물은 그대로 수입할 수 없다. 마지막으로 건축과 다른 예술의 차이점은 실용적 기능이다. 많은 경우 건축 기능과 미는 상호 의존 혹은 상호 보완의 관계이지만, 기능이 미학을 완전히 압도하는 예도 많다. 미학과 기능이 엇박자가 나기도 한다.

과감한 형태를 실험하는 프랭크 게리Frank Gehry(1929~)가 설계한 건물은 방수 부실로 소송에 휘말리곤 했다.[11] 게리는 물이 새는 것은 사소한 기술적 문제라 시공자가 해결해야지 실험적 예술작품을 하는 건축가가 짊어질 문제는 아니라는 오만한 태도를 보이곤 했다. 우리나라에서도 이름난 건축가가 설계한 건물은 비싸고 사용하기에 불편하고 물이 샌다는 통념 때문에 이들을 기피하기도 한다. 상품으로서 가성비가 낮은 건물을 만든다는 고정 관념이 있는 것이다.

그렇다면 예술에서 건축을 완전히 배제하지 않는 이유는 뭘까? 굿맨은 건물도 효용적 목적 이상의 무엇인가를 상징한다는 전제하에 예술이 될 수 있다고 했다. 상징에 기반을 둔 굿맨의 건축예술론을 그대로 받아들이기는 어렵다. 양식적 상징을 소거하고 순수기하학에 충실하고자 했던 모더니즘에 반기든 포스트모더니즘과 그 원류인 고전건축을 논거의 사례로 들고 있기 때문이다. 그럼에도 불구하고 굿맨의 이론에 주목하는 이유는 예술 세계 언저리에 있는 건축의 좌표를 상기시켜주기 때문이다. 예술작품은 단순히 즐거움을 주는 것을 넘어서 새로운 세계에 대한 눈을 뜨게 한다. 마찬가지로 '옳은 건축'(굿맨은 이렇게 표현했다)은 물리적 환경을 서서히 변화시키며, 우리의 경험과 통찰력을 더 깊고 풍부하게 해준다. 옳은 건축은 부분과 전체가 통합되어 있고, 맥락에 자연스럽게 스며들어 가 있다. 그리고 혁신을 가능하게 하는 기본이 바탕에 깔려 있다. 전복하고 해체할 무엇, 즉 '질서order'가 내재해 있다.[12] 공존하는 여러 요소 관계에서 일관된 논리를 읽어낼 수 있을 때 우리는 그것을 디자인으로 인식한다.[13]

건축이 예술이냐 아니냐 하는 원론적 논쟁보다 중요한 것이 이 점이다. 건축물 형태, 공간, 구축에 질서를 부여하는 원리principle가 있는가? 건축가는 땅의 조건, 건축주의 요구, 예산, 법 등 외적 제약 때문에 생기는 복잡한 문제들을 풀어가야 한다. 각각의 해법이 제각각 따로 떨어져 있지 않고 하나로 통합되려면 부분과 전체를 조율하는 무엇이 있어야 한다. 대중 취향에 맞추려고 이질적인 것을 합성한 키치kitsch는 이런 것이 필요하지 않다. 필요에 따라 더하고 빼면 된다. 이것이 문화적 가치를 지니는 건축물과 부동산 상품과 차이다. 작품성을 추구하는 건축가도 '하나의 장소에는 그것에 딱 들어맞는 하나의 해법이 있다'는 장소 대응site-specific 논리로 절충주의적 형태와 공간을 합리화하기도 한다. 그러나 각기 다른 부분을 모아놓은 집합이 아니라, 하나의 부분을 하나로 통합하는 원리가 있느냐 없느냐 하는 문제다.

다양하고 이질적인 문제와 요소를 통합하는 점에서 건축은 창작이라기보다는 디자인(설계)이다. 아무것도 없는 백지상태에서 완전히 새로운 것을 만들어내는, 이른바 무에서 유를 창조하는 것이 아니라, 주어진 상황과 조건에서 최적해를 만들어가는 과정이다. 다만 건축설계는 주어진 문제를 분석analysis하고 종합synthesis한 후 도출되지 않는다. 유능한 건축가는 집이 들어설 땅에서 집의 골격을 직관적으로 구상한다. 이렇게 연역적으로 구상한 안은 검증과 조정의 귀납적 과정을 거친다.[14] 완성된 건축물은 많은 전문가의 지식과 경험, 노동자의 땀으로 이룬 집합적 산물이지만, 전 과정을 이끌어가는 조정자가 있어야 한다. 다수결로 좋은 디자인을 뽑을 수 없고, 이것저것을 무난하게 버무려 좋은 디자인을 만들 수 없다. '디자인은 민주주의가 아니다Design is not a democracy'라는 말이 이를 압축한다. 글처럼 디자인도 저자著者가 있다. 소수의 기호와 취향을 합리화하는 것이 아니다. 오히려 소수의 즉흥적이고 임의적인 생각, 군더더기처럼 붙어 있는 불필요하고 불합리한 것들을 제거해나가는 과정이다. 잠자리가 오랜 진화의 시간을 거치면서 유연하면서도 강한 날개를 가진 것처럼 인공 건조물을 만드는 논리적 과정이다. 궁극적으로 건축설계는 형태, 공간, 구축을 통합integration하는 지적 과정이다. 랭거의 이론을 빌리면 비담론적 상징을 담론적 상징으로 검증하고 보완하는 변증법적 과정이다. 언어, 수학, 과학이 '논리'에 기반을 두고 있는 것처럼, 예술도 자율적 논리를 갖고 있다. 건축 형태와 공간을 만드는 데도 원리가 있다.

기하

게슈탈트Gestalt 심리 이론에 따르면 인간의 마음은 눈에 들어오는 시각적 환경을 최대한 단순하고 정형적 형상으로 축약하려는 경향이 있다. 복잡한 사물과 현상을 쉽게 지각하고 이해하기 위해서다. 가장 단순하고 정형화된 형상이 기하이다.[15]

현존하는 가장 오랜 건축 교본을 남긴 고대 로마의 비트루비우스Marcus Vitruvius Pollio(기원전 46~30년 활동)는 『건축 10서De Architectura』에서 인체와 건축에 내재하는 기하학적 원리를 해독하고, 건축 평면과 기둥의 구성과 비례에 관해 규정했다. 비트루비우스를 넘어서고자 했던 르네상스 이론가 알베르티Leon Battista Alberti는 더 방대한 교본 『건축 10서De re Aedificatoria』(1443~1452)에서 건축 유형과 요소에 적용되는 비례를 구체적으로 제시했다. 1,500년이라는 시대적 간극이 있지만 두 사람의 이론은 공통으로 기하학과 수학에 바탕을 두고 있었다.[16] 알베르티의 영향을 받았던 건축가 팔라디오Andrea Palladio(1508~1580)는 빌라 로톤다Villa Rotonda(1550~1606)에서 기하의 원리를 완벽하게 구현했다. 평면, 입면, 단면, 입체에 이르기까지 부분에서 전체에 대칭과 비례를 완벽하게 적용했다. 18세기까지 기하학과 수학은 서양 고전건축에서 지켜야 할 절대 규범이었다.

고전건축의 원리에 반기를 들고 새로운 형태와 공간을 추구했던 근대건축에서도 기하학과 수학의 중요성은 변하지 않았다. 오히려 새로운 삶의 방식, 새로운 구법에 맞지 않는 불필요한 장식을 제거하고 순수 기하학에 충실했다. 20세기의 팔라디오가 되기를 자처했던 르코르뷔지에는 팔라디오의 빌라 말콘텐타Villa Malcontenta(1558~1560)의 9분할 벽을 빌라 가르슈Villa Garches(1927)에서 9분할 모듈로 전환했다. 중심과 대칭은 깼지만, 기둥과 방의 비례를 지켰다. 두 건물을 비교한 콜린 로Colin Rowe(1920~1999)의 글이 『이상적 빌라의 수학The Mathematics of the Ideal Villa』[17]이다. 제목을 처음 접했을 때 서양 건축 최고 걸작의 공통분모를 '시대정신'이나 '예술혼'과 같은 근사한 말이 아니라 '수학'으로 내건 것이 의아했다. 하나의 고전으로 자리매김한 근대건축이 정점에 올랐던 때로부터 이제 100년이 지났다. 그동안 수많은 사조와 유행이 등장하고 사라졌다. 그러나 기하학적 질서와 패턴은 여전히 건축 원리의 핵심이다.

디자인에서 사용하는 컴퓨터 소프트웨어 명령어의 기본은 기하학이다. 건축 실무에서 가장 많이 사용하는 오토캐드AutoCAD는 선(폴리라인 polyline)과 면(사각형rectangle, 원circle)이 기본이다. 3차원 모델링 프로그램 라이노Rhino는 오토캐드와 명령어가 유사하다. 선을 밀어내기extrude하여 원과 다각형 등 면도형2D을 만들고, 이를 다시 밀어내기하여 사면체, 육면체 원뿔 등 입체도형3D으로 확장한다. 복사하기copy, array, 자르기trim, split, 옮기기move, 회전하기rotate, 묶기group, 확대 축소하기scale 등 명령어를 사용하여 점차 복잡한 건물로 발전해간다. 건축대학 설계 스튜디오에서는 육면체를 합치기merge, 감싸기nest, 비우기offset 도려내기carve, 누르기compress, 나누기fracture와 같은 '공간 동사spatial verbs를 사용하는 작동 설계방법론 operative design'을 실험하기도 한다.[18]

건축가의 손을 떠난 설계안은 공장에서 생산되고 현장에서 구현된다. 형태 규칙은 재료 규칙, 구법 규칙과 연동된다. 미학에서 생산으로, 생산에서 구축으로 이어진다. 컴퓨터로 디자인한 것을 공장 제작과 연동하는 디지털 패브리케이션digital fabrication의 연결고리는 기하학과 수학이다. 디자인의 변수와 규칙을 컴퓨터에 입력하고 이로부터 복잡한 형태와 구조를 만들어가는 파라메트릭 디자인의 원리도 기하학이다.

지속 가능한 아름다움

강하고强, 쓸모 있고用, 아름다운美 건축을 만드는 것은 수천 년간 서양 건축의 명제였다.[19] 그중 아름다움은 자연에 내재하는 절대적 진리로 건축가가 따라야 할 책무였다. 17세기 과학 혁명 이후 절대적 아름다움은 인간의 주관적 판단에 의한 상대적 아름다움으로 바뀌었다.[20] 그러나 선험先驗에서 경험으로 대체되었을 뿐 아름다움은 여전히 대상을 바라보는 인식론적 문제였다. 시각, 청각, 촉각을 통해 사물을 어떻게 지각知覺 perception하는가의 문제로 남아 있었다. 전 지구가 환경 생태적 위기에 직면한 지금, 건축 미학을 재정립해야 한다. 지각과 인식의 문제에서 지속가능한 환경 윤리와 가치로 아름다움의 정의를 확장해야 한다.

「건축법」이 제정된 후 43년 만에 '환경'이라는 개념이 법 테두리 안으로 들어왔다. 1962년 제정한 「건축법」은 그 목적을 "건축물의 대지, 구조, 설비의 기준 및 용도에 관하여 규정함으로써 공공복리의 증진을 도모함"이라고 규정했다. 이처럼 단순한 구조물로 보았던 건축에 강·용·미가 추가된 것은 29년 뒤였다. 1991년 개정 「건축법」에 "건축물의 안전·기능 및 미관을 향상시킴으로써"란 문구가 추가됨으로써 강하고 쓸모 있을 뿐만 아니라 아름다워야 한다는 건축의 목적이 명시된 것이다. 그리고 2005년 개정 「건축법」에 "건축물의 안전·기능·환경 및 미관을 향상"이라는 문구에 '환경'이 포함되었다. 이로써 강·용·미와 더불어 환경이 건축의 4요소가 되었다.

가장 큰 변화는 2010년 제정한 「녹색성장법」에 따라 2012년 제정한 「녹색건축법」이다. 에너지 이용 효율과 신·재생에너지 비율을 높이고 온실가스 배출을 최소화하는 '녹색건축'이다. 당시 정부가 내걸었던 정치적 구호였던 녹색성장과 연계한 녹색건축의 핵심은 화석연료 의존도를 낮추는 '저탄소 건축'이다.

인류는 수백만 년에 걸쳐 만들어진 석유를 300년 안에 소비하는 중이다. 석유 총소비량에서 교통이 차지하는 비율이 절반을 넘는다. 고속도로를 따라 포도송이처럼 뻗어나가는 신도시는 화석연료 시대의 유산이다.[21] 현대 건축 형태, 공간, 외피도 더 많은 화석연료를 소비하는 방향으로 변해왔다. 기계식 냉방설비가 뉴욕 맨해튼의 고층 건물에 처음 설치된 때는 1902년이었다. 이보다 50년 전인 19세기 중반 증기난방 시스템이 건물에 설치되었고, 안전하고 보편적인 현대적 난방이 정착된 것은 1920년대였다.[22] 기계식 냉난방 시스템이 도입된 지 100년이 지난 지금 현대 건축물은 더 많은 화석연료를 소비하고 있다.

정부는 화석에너지를 대체하는 신에너지(연료전지)와 재생에너지(수력, 풍력, 태양광, 해양, 바이오) 비율을 끌어올리려고 노력하고 있지만 2019년 에너지 발전량 중 신·재생 에너지 비율은 여전히 미미한 수준이다.[23] 다양한 에너지원을 개발하는 노력과 함께 에너지를 적게 쓰는 건물을 짓고, 고쳐야 한다. 현재 친환경 건축은 성능 좋은 기계·전기 제품과 건설자재를 선택하고, 이를 항목별로 계량화하고 인증하는 시스템으로 흘러가고 있다. 각종 인증제도 기준이 늘어나면서 건축가가 해야 할 일과 할 수 없는 일의 경계도 모호해지고 있다. 저탄소 건축은 공학이 풀어야 할 해법이면서 동시에 디자인의 문제다.

낡은 건물은 추울 때 에너지가 빠져나가지 않도록 벽과 창의 단열과 기밀성을 높이는 것이 중요하지만, 새로 짓는 건물은 에너지 요구량 자체를 줄이는 것이 중요하다. 창문을 열면 맞바람이 통하는 자연 환기는 몇 년이 지나도 청소하지 않는 기계식 환기보다 경제적이고, 깨끗하고, 지속 가능한 해법이다. 창문 위에 다는 단순한 차양과 발코니는 한여름 작열하는 태양열을 차단하는 손쉬운 해법이다. 이에 따라 창과 문의 크기와 비례, 남쪽과 북쪽 외피의 모양과 깊이, 저층부와 지붕 형태가 달라진다. 건축물의 아름다움은 감각에서 지속 가능한 환경윤리의 차원으로 넘어간다. 건축에서의 '환경'을 분화된 공학 기술에서 건축설계의 문제로 전환해야 한다. 그리고 기하의 디자인으로 통합해야 한다.

알파고가 바둑 대결에서 이세돌을 누른 것처럼 기계가 디자인을 담당하는 시대가 올 것이다. 정보통신기술과 초대형 용량 데이터를 축적한 인공지능이 인간의 직관이 미치지 못하는 더욱 복잡하고 정교한 형태, 공간, 구조를 설계할 것이다. 하지만 카시러와 랭거가 구분했던 담론과 비담론, 논리와 감성의 경계를 완전히 허물지는 못할 것이다. 인간의 직관은 컴퓨터보다 빠른 속도로 아름다움 속에서 규칙을 감지하고, 가치를 부여하기 때문이다.

건축과 도시는 불연속이다

건축학과 학생들은 건축설계의 꽃으로 불리는 졸업 설계 프로젝트를 5학년에서 만난다. 스스로 대지와 프로그램을 설정하고 한 학기 동안 설계안을 발전시켜나간다. 그런데 학생들 사이에 돌아다니는 졸업 설계 신화가 있다. 첫째, 프로젝트 규모가 커야 한다는 것이다. 4학년까지 주어진 필지 단위 설계에 익숙했던 학생들은 도시 단위로 대상을 확대한다. 몇백 분의 1 도면이 몇천 분의 1 도면으로 바뀐다. 둘째, 사회적 주제를 다뤄야 한다는 것이다. 인구 감소, 고령화, 공유 공간, 반려동물과 같은 시사성을 띤 주제가 등장한다. 학기 전부터 이렇게 크고 묵직한 이야기로 시작한 프로젝트는 초반에는 속도를 낸다. 서울 옛 지도에서 대지에 얽힌 서사를 찾아내고, 물길, 길, 필지 흔적을 읽어낸다. 언론 보도와 통계자료를 인용하고 인구 감소, 고령화가 왜 중요한지 당위성을 찾는다. 그래프와 다이어그램이 등장한다. 다음이 문제다. 앞으로 나아가지 못한 채 몇 주간 제자리걸음이다. 마감 일자가 다가오면서 다급해진 학생들은 저학년에서 그렸던 몇백 분의 1 모형과 도면으로 되돌아간다. 사전 조사와 설계안 사이 연결고리가 잘 보이지 않는 작품이 전시장에 걸린다. 건축학과 졸업 설계에서 매년 반복되는 일이다.

귀납 vs 연역

도시 연구는 귀납적이고 건축 연구는 연역적이다. 전자는 현상을 파악하고 대안을 찾아간다. 후자는 자신이 설정한 아이디어를 맥락화하고 합리화한다. 도시 연구는 답을 찾아가는 과정이고 건축 연구는 이미 내린 답을 역으로 검증하는 과정이다. 대지 분석과 프로그램 조사가 건축 해법을 제시하지 않는다는 사실을 깨달은 학생들은 진퇴양난에 빠진다. 도시 분석은 건축 디자인을 위한 필요조건이지 충분조건은 아니다.

디자인은 주어진 문제를 해결하는 것을 넘어 통합integration하는 것이다. "디자인 해법은 분석하고 종합하는 마지막 단계에서 도출되지 않는다. 추론conjecture하고 검증testing하는 초기 단계에 이미 생성된다."[1] 귀납과 연역, 두 사고방식 사이에는 간극이 존재한다. 캥시Quatremere de Quincy와 아르간Giulio C. Argan(1909~1992)의 유형학 이론을 빌린다면 '특정한 형태의 규칙성을 비교하고 중첩comparison and overlapping of certain formal regularities'하는 순간과 '형태를 결정formal definition'하는 순간은 끊어져 있다.[2]

첫 단계는 땅과 법의 제약, 요구하는 프로그램과 규모, 과거 유형을 검토하고 분석하는 단계다. 역사 전례를 해석하고 건축주와 소통하는 이 단계는 아르간의 표현을 빌리면 '일종의 관성a certain degree of inertia'을 따라간다. 다음 단계는 분석한 것을 변형, 변용하여 창작으로 전환하는 단계다. 공간 켜와 겹, 중심과 주변, 방향성과 축, 선과 면과 같은 위상학적 특성과 형상, 비례, 패턴과 같은 기하학적 원리가 통합된다.[3] 두 단계는 기차가 깜깜한 터널을 지나가는 것과 같다. 터널에 들어가기 전 분리된 여러 조건과 변수들은 터널 밖으로 나올 때 하나가 된다. 하지만 터널 안에서 무엇이 벌어졌는지는 논리적으로 설명할 수 없다. 창작자의 뇌에서 일어나는 일이다. 반복과 시행착오를 거치면서 절충점에 도달하기도 하고 순간적으로 결정되기도 한다. 건축가는 다양한 참조체에서 착상의 실마리를 얻는다. 주변 맥락, 사라진 땅의 흔적, 유사한 건축 유형 등 외인적인exogenous 것일 수도, 건축가 개인의 기억 속에 있는 빛, 소리, 촉감과 같은 내인적인endogenous 것일 수도 있다. 건축설계는 논리와 분석의 세계와 감성과 직관의 세계가 교차하는 터널이다.

앙리 베르그송Henri Bergson(1859~1941)은 인간의 의식 세계는 분석하고 계량화할 수 있는 물질세계와 다르며 직관만이 대상의 본질을 꿰뚫어 볼 수 있다고 했다. 직관은 대상을 맴돌며 분석하고 판단하지 않고 대상 안으로 곧바로 들어가 표현할 수 없는 무엇과 공감하는 것이다.[4] 많은 장소에서 여러 각도로 사진을 찍고 도면을 분석하더라도 도시를 파악할 수 있는 것은 아니다. 때론 직관과 즉물적 감각으로 단번에 도시의 실체에 다가갈 수 있다. 건축은 인식론적으로 끊어진 두 세계에 걸쳐져 있다. 불연속의 강을 건너 도시 밖에서 건축 안으로 들어가는 것이 건축설계다.

1970년대 유럽과 미국에서는 한 사람의 천재에 의존하는 직관적 설계를 비판하고 분석적 설계방법론을 모색했다. 환경심리학, 사회학이 건축학에 들어왔고 사용자 참여, 건축물 사후 평가를 반영한 디자인 방법론이 제안되었다. 조사 〉 분석 〉 가설 〉 피드백 〉 결정에 이르는 도식화한 프로세스를 건축사사무소가 사용하기도 했다. 이 방법론은 여러 전문가가 협력하여 복합적 문제를 해결해나가는 대형 프로젝트 관리에 도움이 된다. 하지만 끊어진 두 세계를 뛰어넘는 창작 과정을 선의 도식으로 일반화할 수는 없었다.

졸업 설계에서 진도를 나가지 못하는 학생들에게 과연 '건축적인 것'을 고민하고 있는지 되돌아보라고 한다. 이때 학생들은 '건축적인 것'이 무엇이냐고 되묻는다. 나는 1/50 도면에 표현할 수 있다면 건축적 문제라고 대답한다. 예를 들어 학생이 제안하는 노인 주거가 기존의 것과 어떻게 다른지 평면도, 단면도, 입면도로 표현할 수 없다면 사회복지정책 문제라고 대답한다. 휠체어를 탄 노인이 바라보는 밖의 풍경을 만들기 위해 창 높이 모듈을 다르게 설계했다면 그것은 건축적 문제다. 이런 설계안을 만들려면 인구 감소, 고령화, 노인복지시설의 부족에 대해 조사하는 데 시간을 쓸 게 아니라 처음부터 인체와 척도, 비례와 모듈, 안과 밖의 풍경을 1/30 모형으로 실험하는 것이 빠른 길이다. 연역적으로 설정하고 귀납적으로 조사해야 한다. 역방향으로 하는 졸업 설계는 난항에 부딪힌다.

건축학과에서 가르치는 설계, 역사, 이론 수업은 대부분 '좋은 건축'에 관한 것이다. 역사적 전례와 거장들의 작품을 보고 익히고 눈을 뜨는 학습이다. 그런데 치열한 도시 현실을 깊이 들여다볼 기회는 많지 않다. 졸업 설계의 진면목은 분석과 창작이 끊어져 있다는 사실을 깨닫는 데 있다.

요리에 비유하면 도시계획은 필요한 식자재를 확보하는 일이다. 건축설계는 보관된 식자재를 꺼내어 음식을 만드는 것이다. 식자재가 좋다고 좋은 요리를 만들 수 있는 것은 아니지만 신선하고 풍부한 재료를 고르는 일은 좋은 레시피를 가진 것만큼 중요하다. 좋은 셰프는 좋은 식자재를 고르는 것부터 관여한다. 좋은 건축가는 누군가 정해준 재료에 만족하지 않고 스스로 좋은 재료를 찾는다. 건축학과 4학년까지 건축설계는 요리하는 법을 배우는 과정이고, 5학년 졸업 설계는 요리에 필요한 재료를 스스로 찾는 연습이다. 두 과정은 별개 작업이다. 도시와 건축은 인식론적으로 불연속적이다.

양 vs 질

사람이 살고 일하고 소비하는 공간을 만든다는 점에서 도시계획과 건축설계의 목적은 같다. 도시계획이 도로망과 블록과 같이 큰 것은 다룬다면 건축설계는 화장실 타일 줄눈과 같이 작은 것까지 다룬다. 두 분야가 협력하면 도로망에서 화장실 줄눈까지 매끈하게 이어지는 도시와 건축을 만들어낼 수 있다. 하지만 이런 일은 현실에서 일어나지 않는다. 도시와 건축을 만드는 사람들의 관점, 태도, 방법은 양극단에서 대립한다.

도시계획은 집단의 욕망을 제어하고 건축설계는 개인의 요구를 충족한다. 도시계획은 위계적이고 건축설계는 수평적이다. 도시계획은 합리, 일관, 형평, 균형, 효율을 추구하고 건축설계는 탈피, 전복, 자기 완결, 독자성을 추구한다. 「도시계획법」은 공익을 위해 무엇을 하라는 포지티브 성격이다. 「건축법」은 사익이 과도하지 않게 행위를 제한하는 네거티브 성격이다. 허용되는 것들 이외는 모두 허용하지 않는 「도시계획법」이 금지된 것이 아니면 모두 허용하는 「건축법」보다 힘이 세다. 대신 건축에는 법률로 규정할 수 없는 것을 사람이 판단해야 하는 것이 많다. 적법과 탈법 사이에 회색 영역이 생긴다.

서울시 도시계획위원회의 쟁점은 양이고 건축위원회의 쟁점은 질이다. 도시계획위원회의 결정에 따라 토지주와 주민의 이해득실이 갈린다. 민원에 민감하고 정치적 요소가 잠복해 있으므로 객관적 기준과 전례를 벗어나지 않으려는 경향이 있다. 양이 결정된 후 경관, 안전, 색채를 포함한 디자인 심의가 건축위원회로 넘어간다. 심의 기준이 있지만, 위원들이 내리는 주관적 판단의 진폭이 크다. 건축주와 건축사들의 불만이 불거져 나오기도 한다. 사회적 신뢰가 형성되면 전문가에게 책임과 의무를 맡겨도 되는 내용이다.

도시와 건축을 담당하는 서울시 3대 부서는 도시재생실, 도시계획국, 주택건축본부다. 시대적 변화와 요구에 따라 조직을 개편하고 부서 이름이 바꾸어왔지만, 대다수 기술직(토목, 건축)과 소수 일반 행정직이 업무를 담당한다. 모든 공공기관이 그렇듯 정기적으로 본청 여러 부서를 순환하고 자치구에서 현장 경험을 쌓는다. 20년을 일한 공무원은 행정의 큰 그림을 그리고 전문성을 갖춘 유능한 공무원이 된다. 이렇게 오랜 기간 일하면 대학 전공과 채용 분야보다 개인 역량과 쌓인 경험이 더 중요한 것이 맞다. 하지만 행정2부시장 산하에는 토목직군(도시)과 건축직군 간의 대립 구도가 여전히 공고하다. 두 집단의 역학 관계는 개개인의 보직, 고과, 승진에서 중요한 변수로 작용한다. 토목-건축 직렬 구분은 퇴직할 때까지 따라다닌다. 대립 구도 이면에는 법과 제도가 있다. 박인석은 토목(건설)이 건축을 법적·제도적으로 압도하기 시작한 시기를 「건설기술관리법」이 제정된 1987년 이후라고 진단했다. 또한, 1995년 이후 5급 공무원 토목직 채용 인원이 건축직의 3배로 늘어나면서 건축 산업이 상대적으로 방치되었다고 지적했다.[5] 어떤 법과 제도를 누가 다루는가에 따라 힘겨루기 양상과 산업계에 미치는 영향력이 달라진다.

면 vs 점

도시계획은 국토 〉 광역권 〉 도시 〉 지역 〉 지구 〉 구역으로 대상이 작아지면서 상하 위계를 형성한다. 도시계획은 면에서 이루어지고 다른 면과 공간적으로 연속된다. 건축 행위는 점에서 이루어지고 다른 점과 교통망으로 연결되거나 초공간적transpatial으로 접속된다. 도시계획가는 법의 틀 안에서 갈등과 대립을 조율하면서 절충점에 도달한다. 절차와 과정이 중요하다. 건축가들은 이런 것들을 본질과는 거리가 먼 걸림돌로 바라본다. 독립성과 자율성이 중요하다. 한 도시학자는 두 분야 사람들의 태생적 유전인자가 다르다고 한다.

위계를 중요시하는 도시계획 속성은 '2030 서울플랜'에서 잘 드러난다. 2010년부터 향후 20년간 공간 구조와 장기 발전 방향을 제시하는 서울형 도시기본계획이다. 물리적 계획뿐만 아니라 복지·교육·여성, 산업·일자리, 역사·문화, 환경·에너지를 포함하는 종합계획이다. '2030 서울플랜'은 도시기본계획과 도시관리계획 간의 간극을 좁히기 위해 중간 단위 계획으로 '생활권 계획'을 수립한 것이 특징이다. 모두 116개 지역 생활권으로 세분했는데 25개 자치구별로 3~7개가 배분되었다. 하나의 생활권은 인구 10만 명 이내로 3~5개 행정동 크기다. 이로써 서울은 3도심 – 7광역 중심 – 12지역 중심 – 53지구 중심 – 116개 지역 생활권으로 재편되었다. 이에 따라 수백여 개 생활권 미래상과 실행 전략이 수립되었다.[6] 위에서 아래로, 큰 단위에서 작은 단위로 내려가는 피라미드 구조다.

그런데 시민들은 자기가 사는 동네로부터 이 같은 위계를 인지하고 있을까? 예컨대 홍은동 주민이 홍제역을 생활 거점으로 삼고 〉 신촌(지역 중심) 〉 상암·수색(광역 중심) 〉 한양도성(도심)으로 이어지는 이동 패턴으로 살아갈까? 대중교통을 이용하면 홍은동 주민은 마을버스를 타고 홍대역, 3호선을 타고 강남역으로 곧장 갈 수 있다.

철도가 관통하여 하나의 생활권으로 볼 수 없는 곳도 있다. 노원구 월계 지역 생활권은 1호선 국철이 월계 3동과 월계 1, 2동 사이를 남북으로 가로질러, 지역은 동서로 완전히 단절된 사실상 다른 동네다. 월계 지하차도와 좁은 굴다리가 두 지역을 연결하는 유일한 통로다.[7] 두 지역을 하나의 생활권으로 묶기 위해서는 민간사업자가 개발사업을 통해 도로를 건설하고 공공에 기여하는 방법 이외는 없다.

갈라진 두 지역 주민이 만나는 지점은 아침저녁 집과 멀리 있는 일터를 오고 가기 위해 몰려드는 지하철역이다. 주말에는 가까이 있는 동네 시장을 건너뛰고 멀리 있는 쇼핑몰로 간다. 모임은 대중교통이 교차하는 역세권이나 맛집이 모인 곳을 선호한다. 코로나 사태로 강력한 사회적 거리두기를 유지하고 있었던 2020년 4월, 빅데이터를 활용한 서울 유동인구 시각화 자료는 명소 중심으로 사람들이 이동하고 집중하는 것을 보여주었다.[8] 생활권, 지역 중심, 지구 중심, 광역 중심으로 이어지는 위계는 도시를 구성하는 하나의 층위일 뿐이다. 페리의 근린주구近鄰住區 이론을 받아들였던 1920년대에 작동했던 전근대적 개념이다. 점과 선으로 표현한 도시 다이어그램은 추상화된 개념이다.

도시는 시민 한 사람 한 사람이 살아가는 무수한 층이 중첩된 복합체다. 각각 층에는 건축 점點들이 독립적으로 놓여 있다. 생산, 소비, 문화 활동이 이 점들을 연결하여 네트워크를 만든다. 네트워크는 고정적이지 않고 끊임없이 변화한다. 고속으로 이동하고 초고속으로 접속하는 현재 서울에서 일상은 면으로 이어지기도 점의 네트워크로 접속되기도 한다.

도시는 불연속이고 미완성이다.

유토피아는 환상이다

고대 로마의 비트루비우스는 "집의 복도는 도시의 길이고, 도시의 광장은 집의 방"이라 했고, 르네상스 시대 알베르티는 "도시는 큰 집이고, 집은 작은 도시"라 했다. 문을 열면 마당, 마당은 길, 길은 광장으로 연결된다.[9] 18세기 중반 '놀리의 지도Nolli Map'는 건축의 내부 공간과 도시의 외부 공간을 연속된 공간 조직으로 표현했다.

자신들이 살았던 도시를 표현하는 것에서 더 나아가 르네상스 건축가들은 이상 도시를 구상했다. 밀라노 공작에게 다가가기 위해 건축가 필라레테Filarete(c.1400~c.1469)가 공작의 이름을 붙인 이상 도시 스포르친다Sforzinda가 대표적이다. 두 개 정사각형을 45도 각도로 회전하여 별 모양의 성벽을 만들었다. 8개 볼록 꼭짓점에는 탑, 8개 오목 꼭짓점에는 성문을 만들었다. 원형 해자가 별 모양의 성벽을 감쌌다. 원의 중심에서 16개 방사형 도로가 성벽까지 뻗어나가고, 중앙 광장에는 궁전, 교회, 시장이 자리 잡았다. 스포르친다는 이상 도시의 여러 버전 중 하나였다. 완벽한 정형 도시 스포르친다는 불규칙하고 혼잡했던 중세 도시에 대한 반작용이었다. 이처럼 인본주의 건축가들은 기하 도형을 건축에서 도시까지 재현하고자 했지만, 현실은 그렇지 않았다. 현존하는 유럽 역사 도시는 원, 정사각형, 방사형과 같은 기하 도시가 아니다.

유토피아를 꿈꾸었던 19세기 공상적 사회주의자들은 협동 공동체를 구상했다. 20세기 초 에베니저 하워드Ebenezer Howard(1850~1928)는 농업과 산업 기능이 조화를 이루는 경제적 자족 도시를 꿈꾸었다. 사상은 진보적이었지만 배치는 중심에서 방사형으로 뻗어나가는 고전적 형태를 벗어나지 못했다. 20세기 중반 모더니즘 건축가들도 이상 도시에 가세했다. 프랭크 로이드 라이트는 지식인, 기술자, 농부가 어울려 사는 '브로드에이커Broadacre'를 구상했다. 이에 질세라 르코르뷔지에는 엘리트, 화이트칼라, 블루칼라의 계층 구분이 없는 '빛나는 도시'를 제시했다. 두 건축가가 경쟁적으로 내놓았던 유토피아는 20세기 자본주의 도시와는 동떨어진 모습이었다. 모든 도시 기능을 완벽한 사각형 그리드에 담을 수는 없다.

모든 유토피아는 제도판과 모형을 벗어나지 못했다. 그중 가장 근대적이라고 평가받는 하워드의 전원 도시가 런던 교외에 변형된 형태로 구현되었을 뿐이다. 그로부터 100년이 지난 지금 현대 도시는 유토피아 사상가들이 구상했던 것과는 다른 모습이다. 도시 안에는 이질적인 건축물과 도시 기능이 혼합되어 있고 도시 배후에는 너저분한 산업 시설과 혐오 시설이 감싸고 있다. 예외도 있다. 관광객을 위해 모든 것을 도시 안으로 반입해서 소비한 후 도시 밖으로 갖다 버리는 무대와 같은 베니스다. 현재가 아니라 과거에 사는 도시다.

서울은 이질적이다

정도전과 개국공신이 한양 건설을 시작한 때로부터 626년이 지났다. 조선 초 한양의 주요 시설은 궁궐, 종묘, 사직, 관아, 시전, 관료와 중인의 집이었다. 모두 국가의 통제와 관리 범주에 있었던 공공건축, 상업건축,

주택이다. 시전 행랑은 종로, 돈화문로, 남대문로를 따라 국가가 직접 건설했다. 거래하는 물품도 비단, 갓, 수공예품, 건어물, 잡곡 등 왕실과 관료들에게 공급했던 가공품이었다. 시전은 현재로 치면 고급 쇼핑몰이었다. 한강 뱃길을 따라 실어 오는 곡식과 생선, 도성 밖에서 재배한 채소와 도축한 고기는 숭례문 밖 칠패시장과 흥인문 밖 이현시장에서 거래되었다. 이처럼 국가 상징 건축과 왕실과 관료의 삶을 지원하는 시설만 도시 안으로 들어올 수 있었다.

정연했던 수도는 국력이 기울어졌던 조선 후기 국가의 통제를 벗어났다. 국가가 부여한 땅이 분할되고 사유화되고 대물림되었다.[10] 불법 상가가 가로를 침범했다. 한양은 잘 관리되었던 관료 도시에서 이질적인 것들이 섞인 도시로 변해갔다. 일제강점기에는 근대 도시계획이 경성에 도입되었고 서양 신고전 절충주의 건축이 거리에 들어섰다.

1960~1970년대 최초의 근대 도시계획 수단으로 사용했던 토지구획정리사업, 1970년대 중반부터 기성 시가지와 주거지를 정비했던 재개발·재건축 사업, 1980년대 도심 외곽에 신도시를 만들었던 택지개발사업, 1990년대 이후 도시 관리 수단이었던 상세계획과 도시설계, 2000년대 도시와 건축을 통합한 지구단위계획은 성격이 다른 도시 조직과 건축 유형을 만들어냈다.

현재 서울에는 생김새와 쓰임새가 다른 수많은 건축이 있다. 주택, 상점, 사무실, 학교, 교회, 병원, 극장, 영화관, 박물관, 미술관, 백화점, 호텔, 경기장, 철도역사, 관공서, 공장 등 100년 전 한양에 없었던 건축이다. 그중 면적상으로 상위 3대 시설은 주택, 근생, 업무 시설이다. 셋의 면적을 합하면 서울 전체의 90퍼센트 이상을 차지한다. 거주하고, 소비하고, 일하는 3대 도시 기능이다. 하지만 실제 건축 유형은 이런 법적 분류에 딱 들어맞지 않는다. 학교, 교회, 병원처럼 짓기 전에 계획한 용도가 바뀌지 않는 시설이 있는가 하면, 골격은 유지하면서 쓰임새와 내부가 바뀌는 시설이 있다. 여러 용도를 버무려 하나의 덩어리가 되는 복합건축도 있고, 민간과 공공이 투자한 돈이 섞여서 민간건축인지, 공공건축인지 구분하기 어려운 유형도 있다.

다른 나라에서는 볼 수 없는 건축물도 있다. 아파트 모델하우스는 분양이 끝나면 해체하는 가설 건축물이지만 실제보다 화려한 인테리어로 사람을 끈다. 외곽에 들어선 대형 할인점 같은 거대한 매장 위에 주차장을 쌓은 수직형 상업건축도 있다. 각종 부대시설을 층층이 쌓고 그 위에 예배당을 앉힌 초대형 교회도 세계 어디서도 찾기가 어렵다. 온갖 종류의 소비, 여가, 오락, 혹은 일탈의 공간을 집약한 매머드 복합 상업건축도 있다.

유로아메리카의 시각에서 서울은 동아시아 전통, 모더니즘, 포스트모더니즘을 모두 버무린 혼성체다. 서울은 곱지 않은 시선으로 해외 언론에 다루어지곤 했다. 한국인 모두가 꿈꾸는 아파트는 냉소의 대상으로, 대로변 고층 건물은 무미건조한 제네릭 건축으로 비쳐져 왔다. 반면 이면도로 식당과 술집은 매력 있는 공간으로 조명된다. 우월적 위치에서 제3세계를 내려다본 시각이다. 동남아시아와 아프리카 시장을 탐방하고 토속 음식을 신기한 듯 맛보는 우리나라 여행 프로그램과 같은 결이다. 좋든 싫든 서울은 이질적이고 혼성적이다. 과거와 현재, 큰 것과 작은 것, 주거와 상업이 만나는 접면은 공간적·시각적·심리적 갈등의 공간이 될 수도 역동적 에너지를 발산하는 공간이 될 수도 있다.

철도와 고속도로가 끊고 지나간 자리에는 방음벽이 생겨나고, 가파른 경사지에는 사람 키보다 높은 옹벽이 만들어지고, 아파트 담장은 보행로 사이에 심리적 차폐벽을 만든다. 도시를 잘랐던 것들을 제거하고 남은 상처는 새로운 방식으로 변화한다. 고가도로를 없애고 청계천을 복원하자 돌아앉았던 건물 뒷면과 앞면이 바뀌었다. 경의선 철도가 지하로 내려가고 지상이 공원으로 바뀌자 절단되었던 지역이 연결되었다. 북촌의 매력은 도시 한옥만이 아니라 근대와 현대가 길 하나를 두고 맞닿아 있는 접면이다. 젠트리피케이션이 휩쓸고 가기 전 가로수길, 서래마을길, 홍대 앞, 이태원 경리단길, 성수동은 아파트 단지와 고층 오피스 사이에서 중간 지대를 만들어냈다.[11] 이질성과 역동성은 종이 한 장 차이다.

3
전통의 원형은 없다

경북 안동에 있는 천등산天燈山 봉정사鳳停寺는 2018년 유네스코 세계유산에 등재된 7개 사찰의 하나다.[1] 이 절에 우리나라에서 가장 오래된 목조건물 극락전極樂殿이 있다. 봉정사의 진수는 절에 딸린 암자 영산암靈山庵이다. 봉정사 동쪽 돌계단을 올라 우화루雨花樓 아래 문을 지나 돌계단을 오르면 사대부 집 안채와 같은 작은 안마당이 드러난다. 경사를 따라 조성된 3단 마당 위에 여섯 채 절집이 ㅁ자로 에워싸고 있고, 그 한가운데 소나무 한 그루가 서 있다. 툇마루에 앉아 눈앞에 펼쳐지는 파노라마를 바라보고 있으면 영화 〈달마가 동쪽으로 온 까닭은?〉(1989)과 〈동승童僧〉(2002)을 왜 이곳에서 촬영했는지 공감하게 된다. 극락전은 13세기 초반, 영산암은 그로부터 600년 뒤인 19세기 말 지어졌다. 극락전은 국보이고 영산암은 경상북도 민속자료다. 두 건물의 역사학적 가치는 비교가 안 된다. 극락전의 주심포, 맞배지붕, 배흘림기둥과 같은 특별함은 없지만, 영산암은 사람을 끄는 힘이 있다. 시대와 장소, 형식과 기능을 뛰어넘는 아름다움이 있다.

영산암은 편안한 공간이다. 완만하게 경사진 마당의 크기, 오랜 풍상에 빛바랜 건물의 장식과 색깔, 키 작은 구불구불한 소나무 모두 인간적 척도를 느끼게 한다. 엄숙한 극락전과 달리 쓰임새도 거주 공간이라 친근한 느낌이다. 극락전과 영산암은 목조건축이라는 공통점이 있지만, 자세히 뜯어보면 작은 차이들이 있다. 작은 차이들이 모여서 두 건물의 정체성을 만들어낸다.

우리나라 사찰의 중심인 본전은 앞면이 옆면보다 긴 횡장형 평면 위에 기둥을 세우고, 그 위에 복잡한 방식의 공포栱包를 결구하고, 지붕을 덮는 기본 원리를 따른다. 무거운 지붕을 기둥이 지탱하기 때문에 벽은 하중에서 자유롭다. 앞으로 창과 문을 내고 옆은 벽으로 막는 것이 일반적이다. 그런데 봉정사 극락전 앞면에는 이런 개방형 창이 없다. 3칸 중앙에는 방형의 문, 좌우 칸에는 각각 작은 창이 하나씩 있을 뿐 나머지는 흙벽으로 막았다. 창살도 화려한 문양이 아니라 살창이다.[2] 옆 대웅전과도 비교된다. 두 건물은 고려 말과 조선 초에 각각 지어졌지만, 후대에는 거의 동일한 모습으로 개조되어 사용되었다가 1960년대 말 역사적 고증을 거쳐 지금과 같이 다른 모습으로 복원했다. 전면 3칸을 12개 여닫이문으로 마감한 대웅전 내부는 극락전보다 넓고 밝다. 이처럼 봉정사 공간 영역 안에는 시대, 양식, 기능이 다른 목구조 건축물이 공존한다.

건축역사학자 김도경은 한반도 남쪽에 현존하는 200여 채 전통 목구조 건축물의 평면, 기둥, 공포, 지붕, 벽, 창호를 비교·분석하고, 구성 방식에 담긴 과학적 원리를 규명하고자 했다. 같은 시대, 지역, 규모, 용도의 건물군에서도 평면을 구성하는 칸, 기둥 모듈, 하중을 떠받치는 공포의 구조 방식이 조금씩 다르다는 것을 보여준다.[3] 건물의 크기나 단청의 색상처럼 현저한 요소를 제외하면 궁궐이나 사찰이나 주택을 포함한 목구조 건축은 일반인의 눈으로 보면 비슷하다. 하지만 큰 틀에서 원리를 공유하면서 결구 방식과 디테일은 조금씩 다르다. 동으로는 일본, 서로는 티베트, 남으로는 베트남에 이르기까지 기후, 재료, 기술, 관습에 따라 동아시아 목구조 건축은 다양하게 갈래를 쳐왔다.

건축역사학자 전봉희의 연구에 따르면 온돌은 중국, 일본, 베트남에는 없는 난방 방식으로 17세기 한반도 전역에 보편화되었다. 17세기 이전에는 궁궐 침전과 상류층 주택에만 온돌이 놓였다.[4] 온돌을 설치하려면 기단을 높여야 한다. 대신 좌식 생활에 맞도록 천장고를 낮추어도 된다. 그 결과, 건물 입면 비율과 비례가 달라졌다. 조선 시대 사대부 집은 고려 시대와 달랐고, 신라 시대와도 달랐다. 모든 목구조를 기와지붕으로 덮는 것도 아니다. 조선 시대 한양의 대부분 집은 초가집이었다.

이처럼 우리가 흔히 생각하는 전통 목구조는 고정적인 것이 아니다. 많은 한국인은 전통을 조선 시대의 무엇이라고 생각한다. 우리는 고유한 것을 갖고 있었고 그것이 우수했다고 믿는다. 그러나 전통의 원형原型은 존재하지 않는다. 연속성의 토대 위에 변용과 변화가 있을 뿐이다. 고정된 전통은 우리가 만들어낸 가공이다. 상위의 문명권과 하위의 문화권 안팎에서 서로 영향을 주고받으면서 굳어진 것을 전복하고 새로운 것을 만들어가는 것이다. 중요한 것은 같음 속에서 더 좋은 차이를 만드는 것이다.

건축 문법과 이식移植

동아시아 목구조 건축은 칸間을 기본단위로 확장하는 모듈의 건축이었다. 한반도에서는 이러한 기본 원리가 변용되어 모든 건축 유형에 적용되었다. 대문, 바깥마당, 안마당, 대청, 안방으로 이르는 외부 공간은 위계와 영역을 자연스럽게 나누었고, 기둥, 보, 서까래, 긴 처마가 만들어낸 내부 공간은 계절과 상황에 따라 유연하게 닫고 열 수 있었다. 목구조 건축의 변용은 공통 규범이 있었기에 가능했다. 언어에 비유하면 어휘를 꿰는 문법이 있었다. 지역, 장소에 따라 파생된 방언이 있지만, 문법 체계를 벗어나지 않으면 소통이 가능한 것과 같다.

동아시아와 유럽에는 각자 건축 문법을 정리한 책이 있었다. 현존하는 가장 오래된 목구조 교본은 송나라 이계李誡(1065~1110)가 쓴 『영조법식營造法式』이다. 수천 년간 전해져 온 장인의 기술과 흩어진 문헌들을 모아 당대에 맞게 재구성한 공공건축물 표준서로, 알베르티가 집대성한 서양 고전건축 교본인 『건축 10서』에 비견할 수 있다. 34장으로 구성된 『영조법식』은 건물의 요소, 구조 방식, 치수, 단위, 설계 표준, 시공 원리, 재료 목록, 현장 노동력 등 집짓기를 위해 필요한 규범을 글과 그림으로 정리했다.[5] 송과 교류가 활발했던 고려의 건축은 『영조법식』의 직접적 영향을 받았다. 고려 말 중건한 봉정사 극락전은 『영조법식』의 흔적이 남아 있는 남한에서 가장 오래된 건축물이다.[6]

봉정사 20킬로미터 반경 안에 2016년 새로 지은 경북도청이 위용을 자랑한다. 좌우 대칭 배치의 북단에 도청 안민관, 좌우에 부속동, 주위에 부속 건물이 자리 잡은 구도이다. 가장 큰 규모의 안민관은 4층 육면체 위에 2개 층을 얹고 기와지붕을 얹었다. 그러나 경사지붕을 떠받치는 보, 공포 장식은 모두 철근콘크리트이다. 설계안은 시공자가 설계자와 팀을 만들어 공모하는 턴키(일괄계약) 방식으로 결정되었는데, 공모 요강에는 "청사 건축 양식은 경북인의 얼이 깃든 상징성, 문화성, 정체성이 담긴 배치 계획과 신라 문화, 가야 문화, 유교 문화가 가미된 건축양식으로 경북의 랜드마크가 될 수 있는 친환경 명품 청사로 기본 방향을 제시"를 내걸었다. 상투적이고 모호한 말을 모두 모아 버무려놓은 설계 지침이다. 직역하면 조선 시대 목구조 양식을 철근콘크리트로 포장해달라는 것이다. 그 결과, 모방을 조롱하는 패러디parody가 아니라, 모방을 자랑하는 모조품mimicry이 태어났다.

1960~1970년대 사찰과 궁궐 모티브를 짜깁기했던 국립민속박물관(1966~1972)은 비난과 비판을 받았다. 이 건물을 설계했던 건축가는 건축계에서 조용히 사라졌다. 이 건물 역시 철거될 예정이다. 그로부터 50여 년이 지난 지금 경북도청과 같은 건물이 반대 없이 지어지고 있다. 게다가 이 건물을 보기 위해서 전국 각지에서 찾아오는 단체 관광객의 발길이 끊이지 않는다고 한다. 과거와 현재를 섞은 잡종을 융합으로 여기는 지역 관료와 정치인의 문화적 인식 수준, 이들의 요구를 들어줄 수밖에 없는 건축산업계의 위상을 이 건물이 고스란히 드러낸다. 그 배경에는 민족주의, 지역주의, 권위주의, 표피적 형식주의, 대중문화가 뒤섞여 있다.

봉정사의 가치는 건물 하나하나의 품격과 이것이 모여서 만들어낸 집합적 질서에 있다. 자연과 주변 환경에 순응했지만, 건축의 내적 원리를 포기하지 않았다. 자연과 어우러진 여러 채의 건축물을 뜻하는 "산사, 한국의 산지 승원Sansa, Buddhist Mountain Monasteries in Korea"의 이름으로 유네스코 문화유산에 등재된 것이 잘 말해준다. 이런 품격과 가치를 알아보는 안목을 식민지 근대화 과정에 잃어버렸다. 그리고 서유럽이 19세기 말부터 20세기 초반에 구축했던 모더니즘을 수동적으로 받아들였다. 1,000년에 걸쳐 정립된 동아시아의 문법과 100년간의 서양 모더니즘의 문법이 혼재된 것이 현재다. 봉정사와 같은 세계적 문화유산이 경북도청과 같은 퇴행적 모조품과 같이 있는 것은 이 때문이다.

건축설계는 과거에 만들어진 규범을 참조, 반복, 재구성하는 과정이다. 따라서 건축은 그 사회와 집단의 역사, 가치, 사상을 투영한다. 그러나 20세기 초부터 유럽에서 확립된 모더니즘이 전 세계로 유포되면서 비유럽 문화권은 이를 수용하고 자신의 규범을 버릴 수밖에 없었다. 모더니즘은 서유럽만의 역사가 아니라 한국 현대 건축의 토대가 되었다. 지난 60년간 한국 현대 건축 역사는 모더니즘을 학습하는 과정이었다고 해도 과언이 아니다.[7] 하지만 모국어를 버리고 외국어로 글을 짓는 것처럼 건축 이식은 쉽지 않다.

세계화와 현재성

탈식민주의post-colonialism 연구자 호미 바바Homi Bhabha는 자신의 문화적 정체성과 지배자의 정체성을 혼합하는 양면성ambivalence이 피식민지에서 나타나는 현상이라고 했다.[8] 그러나 200년간 영국의 지배를 받았던 인도와 36년간 이웃에게 강점을 당한 한국의 상호 모순적인 양면성은 매우 다르다. 한국 근현대 건축에서 나타난 양면성은 유럽 모더니즘을 매개한 일본이라는 존재 때문에 생긴 특수한 현상이다.

과거에서 문화적 원형을 찾으면서 서양 모더니즘의 학습자가 되고

자 했던 양립할 수 없는 태도에서 벗어나기 시작한 것은 40여 년이 지난 2000년대다. 변화의 시작은 1997년 외환 위기였다. 건설 붐을 타고 활발히 활동하던 건축가들은 프로젝트가 중단되거나 취소되면서 일자리와 일거리를 잃었다. 건설산업계의 외환위기는 빠르게 수습되었다. 2000년대 들어서서 대규모 금융자본과 공공자본이 건설 시장에 들어오면서 건설 붐은 다시 탄력을 받았고 건축 대형화를 견인했다. 한편 디자인이 가진 정치·경제적 힘을 파악한 관료, 정치인, 기업인들은 세계적 스타 건축가를 초청하여 많은 권한을 주고 후한 보수를 지급했다. 이 과정에서 국내 건축사사무소는 건설과 건축, 초대형과 초소형으로 리그가 분화되면서 건축 생태계가 재편되었다. 외환위기를 극복하는 과정은 한국 2세대 건축가들에게 휴면기였던 동시에 자신을 되돌아보고 좌표를 새롭게 설정하는 기회가 되었다. 한국 현대건축이 바깥에 알려지기 시작한 시점은 바로 국내에서 실력을 다진 2세대 건축가들과 국외에서 공부하고 실무를 경험한 3세대가 공존하면서 경쟁하기 시작한 2000년대 중반이다. 각종 전시회, 비엔날레, 포럼, 강연, 현상 설계 등 국제 교류가 폭발적으로 늘어나면서 한국 건축은 해외의 관심을 끌기 시작했다. 한국 건축가들이 수동적 학습자에서 동시대자로서 소통하고 교류하기 시작한 때다.

2008년 금융위기 이후에는 해외에서 풍부한 경험을 쌓은 더 많은 건축가가 귀국하여 넓고 두꺼운 저변을 형성하고 있다. 국내에서 작업했던 건축가들도 뒤지지 않는 경쟁력을 갖추기 시작했다. 설계를 의뢰하는 건축주 세대도 교체되고 있다. 이들은 건축가보다 여행을 더 많이 했고, 좋은 건축을 실제로 써본 사람들이다. 그들의 취향과 기호는 산업화 시대 이전 세대와는 확연히 다르다. 상징 가치가 효용 가치보다 궁극적으로는 경제적으로 더 이익이 된다는 것을 간파한 기업은 해외 스타 건축가들을 불러들이고 있다.

엄청난 양의 정보가 인터넷을 통하여 유포되고 있다. 아프리카와 남미에서 준공된 신작 도면과 이미지를 담은 웹진이 매일 스마트폰을 통해 배달된다. 차단하려고 마음을 먹지 않는 이상 정보는 건축가들의 컴퓨터 화면과 테이블 앞에 바짝 다가와 있다. 설계 도구로 사용하는 컴퓨터 소프트웨어도 세계적으로 몇 가지로 표준화되었다. 설계를 구현하는 건설 재료도 더 특정한 장소에 국한되지 않는다. 주요 건설자재인 철근과 석재는 손쉽게 구할 수 있고 가격도 저렴한 중국산이 국내 건설 현장을 빠르게 잠식하고 있다.[9] 고급 창호와 유리는 유럽에서 수입한다. 고급 인테리어에 눈뜬 소비자는 가구와 조명기구도 해외 유명 브랜드로 옮겨가고 있다. 중저가 실내 소품조차도 이케아와 같은 다국적 유통회사가 잠식하고 있다. 만드는 사람, 만드는 도구, 만드는 재료가 국가 울타리를 넘나들고 있다. 이런 상황에서 건축의 문화적 정체성을 찾는 것은 가능한 일인가? 그리고 가치가 있는 일인가?

경제에서 '기울어진 운동장'을 인정하는 것처럼 건축도 유럽과 비유럽의 비대칭성을 받아들이면 된다. 다만 충실한 학습자에서, 문제를 공유하는 동시대자가 되는 것이다. 돌파구는 현재에 있다. 과거보다 우리를 에워싼 현재성에 주목해야 한다.

땅, 법, 비용

사람, 지식, 정보, 상품은 국경을 넘나든다. 그러나 땅, 법, 비용은 수입과 수출을 할 수 없다. 세 요소는 건축의 제약이자 정체성을 만드는 인자因子

이다.

첫째, 땅이다. 위성사진을 보면 도시 표면은 길, 블록(가구街區), 건물로 나타난다. 넓은 도로는 대블록을 구획하고, 좁은 도로는 다시 이를 소단위 블록으로 나눈다. 소단위 블록은 개별 필지로 이루어져 있다. 땅에 그린 밑그림이다. 이동식 컨테이너 주택이 있고, 장소를 옮긴 문화재도 있지만, 대부분 건축물은 필지에 고정되어, 짧게는 수십 년 길게는 수백 년 그 자리에 있다. 올실과 날실이 엮여 옷감 조직이 되는 것처럼 길-블록-필지-건물은 '도시를 형성하는 조직Urban Fabric'이 된다. 도시 세포다. 도시 정체성은 바로 여기에서 태생한다. 스타 건축가 작품이 명소가 될 수는 있지만 도시 경관에 미치는 영향은 미미하다. 서울에서 건축가들이 공력을 쏟은 작품도 도시 조직에 묻혀서 잘 드러나지 않는다. 서울을 처음 찾았던 방문자의 뇌리에 남는 것은 소수 건축물보다 집합적 도시 풍경이다.

둘째, 법이다. 땅에는 각종 법이 규정하는 제약이 있다. 모든 땅에는 지을 수 있는 용도와 지어서는 안 되는 용도가 지정되어 있다. 주거지역에는 백화점을 지을 수 없고, 상업지역에는 아파트를 지을 수 없다. 지을 수 있는 최대 규모도 정해져 있다. 대지면적과 건물 연면적의 비율인 용적률과 같은 관리 수단이 규모를 제어한다. 주거지역에서는 북쪽 집의 일조권을 보호하기 위해 일조권 사선 제한이 적용된다. 건물이 드문드문 있는 저밀도의 도시에서는 법은 직접적 영향을 주지 않는다. 그러나 초고밀도 서울에서는 건축 형태의 윤곽선이 법에 따라 거의 결정된다.

셋째, 사회적 비용이다. 개인, 기업, 시민이 건축물의 건설과 관리에 필요한 비용을 감내하는 척도이다. 앞 장 '시간과 비용'에서 함인선의 '정의와 비용' 개념을 인용하여 논의했듯이 건설 사고와 부실 시공은 윤리적 문제가 아니라 공학과 돈의 문제다. 마찬가지로 건축물의 품격과 품질을 사회 구성원의 문화예술 인식 수준으로 보는 것은 원론적으로는 맞다. 그러나 이런 시각은 사회 구조적 문제를 개인의 문화적 취향과 안목의 문제로 축소한다. 소수의 노력으로 문화예술을 표방하는 건축물을 좋게 만들 수 있다. 하지만 보편적 도시건축의 질은 구성원 다수가 정당한 비용을 지불할 공감대가 형성될 때 가능하다. 법, 제도, 비용의 문제다. 건축 산업은 사회적 비용을 감내할 때 발전한다. 합리적 비용을 지불하는 사회에서는 구조, 재료, 디테일, 시공 정밀도를 시스템이 담보한다. 반대의 경우, 시스템 밖에서 품질을 높이기 위해서 누군가가 희생을 해야 한다. 건축 산업 정밀도를 신뢰할 수 없으면 현장 노동자의 손에 기대어야 한다.

봉정사 극락전과 영산암은 각각 당대의 건축 문법, 재료, 기술, 노동력 안에서, 그 땅에 맞는 최적의 해법을 찾았다. 두 건축물의 가치는 그 시대에 있다. 전통은 후대가 만든 개념일 뿐이다. 과거로 돌아가기보다 현재에 진솔해지는 것이 세계문화유산 봉정사가 주는 메시지다. 문화의 기원을 찾는 노력보다 현재를 주체적으로 해석하고 재구성하여 보편성을 획득하는 것이다. 이렇게 구축된 보편성을 또다시 해체하고 전복하면서 창의의 순환 구조가 만들어진다. 창의성과 독창성은 현재성에 있다.

서울 재再프로그래밍

한국전쟁에서 입은 피해를 복구하기 시작했던 1957년부터 서울시는 주요 시책 사업을 기록했다. 1950년대 말 불과 몇 장이었던 기록 사진은 1960~1970년대 급격히 늘어났다. 현수막이 걸린 공사 현장에서 책임자가 조감도와 사업 개요 차트를 지휘봉으로 가리키며 장관과 시장에게 보고하거나 테이프를 자르는 기공식 장면이 많다. 특히 도로, 다리, 공공시설물 착공과 준공 사진이 눈에 띈다.[1] 공식 사진가는 발전하는 서울을 포착하려 했겠지만 벌거벗은 산, 초라한 집, 먼지가 날리는 비포장도로가 배경이다. 1955~1963년에 태어난 베이비붐 세대는 흑백 사진에서 향수를 느끼겠지만 1990년대 이후 태어난 세대에게 60년 전 서울의 풍경은 거칠고 척박하다.

1960년대와 1970년대 '서울의 오스만'이라고 불러도 좋을 두 시장이 있었다. '불도저' 김현옥(재임 1966~1970)과 '황야의 무법자' 구자춘 (재임 1974~1978)은 많은 양의 도로, 지하도로, 육교를 건설했다. 구자춘 시장이 4년간 건설한 도로의 총길이는 오스만이 17년간 파리 개조사업으로 건설했던 대도로 길이와 맞먹었다.[2] 하향식으로 국책 사업을 밀어붙였던 군사정부에서 1993년대 문민정부로 바뀌면서 도로 건설은 급격히 줄어들었다. 간선도로망이 어느 정도 완성된 이유도 있지만, 용지 확보가 점점 어려워졌기 때문이었다. 그로부터 40년이 지난 지금 서울시가 민간 땅을 수용해서 공공시설을 건설하는 것이 사실상 어려워졌다. 100미터 길이 도로를 내는 것조차 힘들어졌다. 치솟는 땅값 때문이다. 생산의 기본 원리는 땅에 자본과 노동을 투입해 이윤을 창출하는 것이다. 하지만 서울에서는 생산의 3요소인 토지, 노동, 자본 가운데 토지 가격이 노동 가치를 압도한다. 땅은 서울이 안고 있는 경제·사회·문화·교육 문제의 근원이다.

강남 vs 강북

더 문제인 것은 땅값 자체보다 땅값의 지역 간 격차다. 강남, 서초, 송파, '강남 3구'는 도시 안 불평등과 불균형을 촉발하는 진앙이다. 논밭이었던 강남이 불과 50년 만에 어떻게 대한민국 특구가 되었을까? 강남과 비강남의 격차는 도시 인프라의 격차에서 기인한다.[3] 대표적인 근대 도시계획인 '토지구획정리사업'으로 격자형 가로와 블록, 반듯한 필지가 조성되었다. 1983년 서울의 동서남북을 환상環狀으로 잇는 지하철 2호선이 완공되었다. 여기에 5개 노선 지하철과 도로망이 강남 중심부를 촘촘히 연결하고 있다. 이렇게 만들어진 도시 조직 위에 다양한 주택 유형과 함께 신산업, 상업, 문화, 학교, 학원, 의료시설이 집중되었다.

반면 오랜 시간에 걸쳐 도려내고 덧대어진 비강남은 불규칙하고 불균질하다. 정비사업을 하더라도 도로망과 도시 조직을 크게 바꿀 수 없다. 단기적으로 이익을 얻을 수 있지만 열악한 도시 인프라에 과부하가 걸리는 건축물이 지어진다. 반면 강남은 정비사업을 하면 할수록 좋은 인프라를 더 좋게 만들고 경제적 가치를 덩달아 상승시킨다. 사업이 벌어질수록 강남과 비강남의 격차는 더 벌어진다. 도시계획시설로 결정했지만 20년 동안 집행하지 못해 2020년 법적 효력을 잃는 도로에 대한 후속 대책을 서울시가 마련하고 있다. 그런데 강남 3구 지구단위계획 구역 안에는 도시계획의 난제인 미집행 도로가 없다.[4] 다른 22개 자치구와 달리 20년 전에 이미 도시 인프라가 구축되었기 때문이다.

강남과 비강남 간 격차는 정치 지형도에서 나타나고 있다. 2011년 서울시장 보궐선거 후 서울 지도 위에 계란프라이를 얹은 사진이 회자하였다. 달걀흰자로 서울시 25개 자치구 지도를 만들고 노른자를 강남 3구에 얹은 이미지였다.[5] 강남 3구에만 보수표가 몰린 것을 희화화한 것이다. 2012년 총선, 2012년 대선에서 강남 3구+용산구를 핵으로 한 신新강남 지도가 확고해졌다. 그로부터 7년이 지난 2020년 총선에서 강남 3구는 서울 안의 '정치적 섬'으로 굳어졌다. 예산 규모, 재정 자립도, 1인당 지방세 징수액, 주거지역 지가에서 강남, 서초, 송파구는 25개 자치구 중 1, 2, 3위다. 도시 인프라 〉 땅값 〉 집값 〉 임대료 〉 공간 서열화 〉 사회 계층화 〉 정치 지형도로 이어지는 구조다. 중앙정부, 서울시, 25개 자치구, 공공기관 간 역학 관계도 복잡해지고 있다.

집단주의[6]

21세기 세계가 당면한 공통 과제는 포용적이고 안전하고 복원력 있고 지속 가능한 도시를 만들어가는 것이다. 현실은 반대다. 도시 안에서 불평등과 불균형이 심화하고, 범죄가 늘어나고, 점진적 재생보다 파괴적 개발이 계속되고 있다. 최근 비엔날레, 포럼, 심포지엄, 전시회 주제로 공공public, 공유sharing, 공동성commonness이 등장하는 배경에 도시 불평등과 불균형이 있다. 도시 안에서 다른 사람들과 살아가고 일하기는 결코 쉽지 않다. 2017년 서울에서 열린 세계건축대회 기조 포럼 주제가 '도시의 미래, 도시 안에서 살아가기Urban Futures: Living in the Inner City'였다. 같은 해 제1회 서울 도시건축 비엔날레 주제는 '공유도시Imminent Commons', 2019년 2회 주제는 '집합도시Collective City'였다.[7] 코로나 사태로 연기된 2020년 베니스 비엔날레 건축전 주제는 '우리는 어떻게 같이 살아갈 것인가?How will we live together?'였다.

루이스 멈퍼드Lewis Mumford(1895~1990)는 도시를 "지리적 네트워크, 경제적 조직, 제도적 프로세스, 사회적 행동의 극장이며, 집합적 결속의 상징"이라고 정의했다.[8] 멈퍼드가 긍정의 눈으로 보았던 20세기 초반의 도시는 80여 년이 지난 지금 다른 방향으로 가고 있다. 공간적으로 단절되고, 정치적으로 분열되고, 경제적·사회적으로 계층화되고 있다. 미국에서는 1970년대 초 불황을 겪고 난 후 자본의 축적 방식이 변화했다. 이전에는 대량생산을 통한 자본 축적이 특정 도시에 집중되었지만 1970년대 이후에는 조건에 따라 도시를 이동했다. 도시 간 경쟁이 심해지고 지역 간 불균형이 발생했다.[9] 1980년대 이후 선진국 내 경제활동은 생산 중심지에서 금융과 서비스 중심지로 이동했다. 공장이 지리적으로 분산되면서 이를 효율적으로 관리하는 네트워크가 필요해졌고, 뉴욕, 런던, 도쿄와 같은 글로벌 도시가 네트워크 노드node를 선점했다. 글로벌 경제 혜택에 따라 도시 안에서 소득 격차가 심화하였다. 경제적 격차는 사회

문화적 불평등과 불균형을 초래했다.[10] 1997년 외환위기와 2008년 금융위기를 거치면서 서울에서도 이런 현상이 가시화되었다.

정지우는 『분노사회』에서 반대되는 가치체계인 집단성과 보편성, 개인성과 이기심을 한국 사회가 동일시하는 오류에 빠져 있다고 진단했다. 이기심보다 보편성이 중요하다는 논리하에 개인보다 집단 가치를 우선시한다. 그 결과, 집단주의와 이기주의가 역설적으로 결합되었다. 지난 100년 동안 집단주의는 지연, 학연, 혈연과 결합하여 공고화하였고, 정치, 언론, 관계, 학계, 기업 등 한국 사회 전반을 지배하고 있다.[11] 이기심으로 가득한 배타적 집단이 성숙한 개인을 압도하고, 집단주의 문화는 국가와 사회를 위한 공동선共同善으로 합리화된다.

공공성公共性 또한 한국 사회에서 양면적인 개념이다. 공공公共의 첫째 공公은 '개방openness'을, 둘째 공共은 '함께togetherness' 또는 '공유sharing'를 뜻한다. 아킬레스건은 공共이 공산주의共産主義를 함의한다는 데 있다. 1960년대 이후 반공은 정치적 경쟁자를 탄압하고 공격하기 위한 수단으로 악용되어왔다.[12] 이른바 레드 콤플렉스red complex로 불리는 반공 이데올로기는 도시건축의 공공성을 담론의 장으로 끌어들이는 것을 가로막는다.

도시와 건축에서 또 하나의 오염된 단어가 '커뮤니티community'이다. 우리말로 번역하면 '공동체'로 소속감, 공유, 친밀감을 느끼는 사회적 단위를 뜻하는 말이다. 하지만 커뮤니티는 동질성으로 묶인 집단으로 오용된다. 한국에서 가장 강력한 커뮤니티가 아파트 단지다. 외부인이 들어오지 못하게 물리적·심리적 경계를 만드는 설계안에 커뮤니티라는 말이 붙는다.

지역 이기주의

왜곡된 공동체와 집단주의는 공공주택을 반대하는 지역 이기주의로 위력을 발휘한다. 2015년 「공공주택 특별법」이 제정되어 저소득층을 위한 중장기 임대주택 건설의 법적 근거가 마련되었다. 서울시는 민간시장보다 임대료가 낮은 다양한 유형의 공공주택을 도시 전역에 공급하여 주거난을 해소하는 동시에 지역 간 격차를 줄이려고 한다. 서울시가 공공임대주택 건설을 유도할 수 있는 수단은 민간에게 용적률 인센티브를 제공하고 주택 일부를 공공기여로 받아 직접 운영하고 나머지는 임대료 책정을 통제하는 방법이다.

그런데 개발과 정비사업이 시작되면 비강남에서는 원주민 절반 이상이 동네를 떠나기 때문에 공공주택이 들어오는 것을 반대할 결속력이 느슨해진다. 그 결과, 구릉지 저층 주거지가 공공주택을 포함한 고층·고밀 아파트로 바뀐다. 반면 강남에서는 토지 소유자 대부분이 사업 후에도 주민으로 남기 때문에 집단주의 힘으로 공공임대주택을 배척하고 양질의 도시 인프라 위에 고급 아파트 단지 건설을 밀어붙인다. 거대한 게이트를 세우고 조경과 나무로 시각적 심리적 차폐 장치를 만든다. 입주한 후 단지 공동체의 집단적 이기주의는 한층 공고해진다.

지하철역과 버스환승센터 반경 안 역세권에 청년과 신혼부부를 위한 역세권 청년주택조차도 집값을 떨어뜨린다고 반대한다. 서울시 의지와는 달리 공공주택은 인프라가 양호한 강남권보다 열악한 비강남권 구릉지에서 쏠리는 악순환이 계속된다. 강남과 비강남 간에 벌어지는 토지가격 격차는 개인의 노력으로 만들어진 것이 아니다. 지난 수십 년간 공공이 주도한 양질의 도시 인프라 위에 개인이 과대한 이익을 누리고 있다. 강남에서 발생한 비대칭적 개발 이익은 비강남의 도시 인프라 개선에 쓸 수 있도록 재분배해야 한다.

서울 재프로그래밍

서울은 재프로그래밍이 필요하다. 첫째, '적정가격 주택affordable housing'이 도시 안에 더 많아져야 한다. 한국 사회가 당면한 가장 큰 문제, 저출산의 근본 원인은 주거비와 사교육비다. 사회에 첫발을 내디딘 청년층과 자녀를 키우며 일하는 신혼부부가 서울에 들어와 살 수 있어야 한다. 매일 두 시간 이상을 출퇴근에 쏟아붓는 사회적·경제적·환경적 비용을 줄여야 한다. 문제는 서울 안에 가용한 땅이 절대적으로 부족하다는 것이다. 그렇다고 마냥 개발 밀도를 올릴 수도 없다. 좋은 밀도와 나쁜 밀도의 균형이다. '밀도의 질' 문제다.

둘째, 근생과 상업 공간의 과잉 공급이다. 서울시 자치구별로 주거·근생·업무 공간 비율 차이가 있다. 노원구는 주거 비율은 높고 업무 비율은 낮다. 반면 중구는 업무 비율이 높고 주거 비율은 낮다. 그런데 근생은 25개 자치구에 사무 공간보다 높은 비율로 골고루 퍼져 있다. 외환위기와 금융위기를 거치면서 근생과 상업 공간은 포화 상태에 도달했다.[13]

새로운 근생은 젠트리피케이션을 유발하고 임대료의 서열화를 가속한다. 높은 임대료는 자영업자를 옥죄고 작은 경제를 무력하게 한다. 코로나 사태 이후 상업 활동의 무게중심이 오프라인에서 온라인으로 옮겨가면서 과잉 공급된 근생을 재구조화하는 일이 도시계획의 현안으로 떠오를 것이다. 주택처럼 임대료와 공실률의 데이터베이스를 구축하고 변화하는 산업구조에 맞게 용도를 유연하게 조절해야 한다. 토지이용계획 원칙과 현실 간의 균형 문제다.

1. 역사 도심

강남·비강남 간의 불균형을 해소하고 주거와 상업 공간을 재구조화할 최적지는 강북 역사 도심이다. 2010년 이후 도시계획 패러다임은 개발에서 재생으로 전환되었다. 서울에서 '도시재생 선도사업'을 가장 먼저 한 곳은 창신·숭인동, 해방촌, 가리봉동이다. 선도사업에 이은 시범사업 지역은 성수동, 장위동, 신촌동, 상도동, 암사동이다. 암사동을 제외한 모든 도시재생 활성화 지역이 강북에 있다. 현재 도시재생사업은 골목길과 계단 난간을 정비하고, CCTV와 조명등을 설치하고, 주민 공동이용시설을 개선하는 데 돈을 쓴다. 도로와 공공주차장 등 도시 인프라에 직접 손대지 못하는 제한적 사업이다. 이런 점진적 도시재생은 강북이 아니라 오히려 강남에 해야 한다. 도시 인프라가 양호한 강남은 부분 절제를 해서 고칠 수 있다.

반면 강북 역사 도심에는 수술칼을 대야 할 곳이 많다. 세 가지 이유다. 첫째, 주택 공동화다. 낮에는 유동 인구가 많지만, 밤에는 사람이 빠져나간 불 꺼진 도시가 된다. 서울 제2핵 강남에는 고급 아파트만 있다고 생각하지만, 의외로 소득 대비 임대료를 감내할 수준의 다가구·다세대 주택과 연립주택이 혼재되어 있다. 반면 제1핵 역사 도심에는 중산층이 들어가 살 주택 선택지가 별로 없다. 북촌과 서촌의 주택은 고급 취향 와인 바와 부유층의 도심 별장으로 변질되고 있다. 실제 거주하는 살림집이라기보다는 전통문화 테마파크이다.

서울의 도심 공동화는 저소득층과 소수인종 밀집, 관리 방치, 범죄, 슬럼화의 악순환을 겪는 미국과 유럽 도시 공동화와는 성격이 다르다. 전통적인 제조 산업이 여전히 살아 있고 시장에서 경제적인 활동이 벌어진다. 땅값도 떨어지지 않는다. 서울은 우리나라 대도시 가운데 도심 공동화를 겪지 않는 유일한 도시다. 주거 공동화를 겪고 있을 뿐이다. 중산층이 살 만한 집이 들어서면 활력이 되살아날 곳이다.

둘째, 역사 도심은 강북의 교통 허브이지만 도시 인프라가 열악하다. 강북 전 지역에서 자동차로 동서남북 방향으로 이동하려면 도심을 통과해야 한다. 버스 노선 대부분도 도심을 가로지르는 도로망을 따라간다. 지하철 1호선, 3호선, 4호선이 남북 대각선으로, 2호선과 5호선이 동서로 도심을 교차한다. 강남에 이어 대중교통을 이용하는 유동 인구가 가장 많다. 하지만 도로는 좁고 구불구불하고, 주차장과 오픈 스페이스는 부족하다.

서울시는 2011년부터 2018년까지 11개 자치구에 24개 '리모델링활성화구역'을 지정하고 리모델링 사업을 유도해왔다. 하지만 도심에서 낡은 건축물을 재생한 사업 실적은 2건에 불과하다. 저층 주거지에서 건축 규제를 완화받아 증축한 사례도 없다.[14] 역사 도심과 강북 저층 주거지는 필지 단위 개량·관리·보전만으로는 재생이 어렵다. 블록 단위 정비 사업이 필요하다.

셋째, 서울에서 유일하게 밀도의 여유가 있다. 상업지역으로 지정되었기 때문에 법적 용적률 한도와 실제 용적률의 차이가 크다. 법과 제도, 사회·경제의 변화에 따라 예기치 않는 방향으로 움직일 수 있는 곳이다. 좋은 개발과 나쁜 개발 가능성이 동시에 잠복해 있다. 역사 도심을 손대는 것은 극도로 민감한 의제다. 보존은 선, 개발은 악이라는 도식에서 벗어나야 한다. 선악의 문제가 아니라 어떻게 하는가의 문제다. 청계천 이남 황학동 일대에는 정비 계획이 수립되지 않은 진공상태를 비집고 산발적인 개발이 일어나고 있다. 좁고 구불구불한 길을 따라 형성된 중고 벼룩시장과 주방가구 거리 사이에서 30층 아파트가 불쑥불쑥 개발되고 있다. 폭발적 개발 압력이 수면 아래에 잠복해 있는 역사 도심 상업지역에 선제적이고 과감한 공적 도시계획을 세우되, 사업 실행은 속도전에 빠지지 않아야 한다.

문화유산과 현실 공간의 충돌은 청계천을 경계로 차별화하고 균형을 찾을 수 있다. 청계천 이북은 보존 재생하고, 청계천 이남은 청년과 신혼부부가 살 수 있는 공공주택을 많이 지어야 한다. 주거 비율을 높이되 넘쳐나는 비주거(근생 등) 비율은 낮추어 개발 실현성을 높이는 것이다. 줄어든 비주거 비율만큼 소형 임대주택을 공공기여로 받아 서울주택도시공사가 운영하는 것이다. 임대주택은 기피 시설이라는 사회적 인식을 바꾸기 위해서 공급량을 늘리는 것과 함께 질 높은 적정가격 임대주택을 지속적으로 지어야 한다. 현재 역세권 청년주택처럼 주차 설치 의무 대수를 완화하고 사람이 걸어 다니는 도심으로 만들어야 한다. 역사 도심을 바라보는 시각을 문화유산에서 주거와 산업 생태계로 전환해야 한다.

도심 제조업은 세운 재정비촉진지구 내 낙후된 환경에서 지속할 수 있는지 따져봐야 한다. 현재 제조업에 종사하고 있는 사람들이 은퇴하면 전통적 방식의 제조 산업은 위축될 것이다. 성장 동력인 중위 연령 아래 청년이 들어와 신산업을 일구어야 도심이 살아난다. 정비사업을 통해 제조 및 업무 공간을 공공기여로 받아 세운상가와 공간적으로 연결하여 시너지 효과를 내는 방안을 찾아야 한다. 경쟁력 있는 산업으로 업그레이드하려면 물리적 계획만으로는 한계가 있다. 서울시가 구축하는 빅데

그림 4-3. 역사 도심 도시 조직과 용적률 지도

이터를 활용하여 도시계획과 산업경제계획을 통합해야 한다. 서울시 행정2부시장 산하 도시재생실, 도시계획국, 주택건축본부 3대 부서와 행정1부시장 산하 경제정책실이 조율해야 한다. 중앙정부는 조직이 방대하고 부처 간 장벽이 높아 계획과 사업을 직접 실행할 기회가 없다. 반면 서울시는 계획과 사업을 동시에 할 수 있는 좋은 테스트 베드이다.

2. 대규모 유휴 부지

공간 재구조화를 할 수 있는 다른 선택지는 대규모 유휴 부지다. 서울시는 2009년부터 지구단위계획 사전협상제도를 운용하고 있다. 저이용 대규모 부지 토지 소유자는 대형복합건축을 건설하기 이전에 기본 구상을 내놓고 서울시와 사전 협상을 한다. 협상에서 합의한 내용은 지구단위계획에 반영된다. 공공은 개발 밀도를 높여주고 민간은 대지와 시설 일부를 공공에 기여하는 제도라는 점에서 사전협상제도와 정비사업은 비슷하다. 다만 사전협상제도에 적용하는 용적률 인센티브 체계가 다르다. 민간이 협상에서 합의한 개발 계획을 이행한다는 전제하에 공공은 필지 단위에서는 불가능한 용도지역 상향과 「건축법」 완화의 길을 열어준다. 2019년 서울시는 사전협상제도를 조례로 제정하여 법적 근거를 마련했고, 협상 대상지 최소 면적 기준을 1만 제곱미터에서 5,000제곱미터로 줄여 사업 범위를 확대하고 있다.

사전협상제도의 대표적 사업이 삼성동 현대차 GBC, 용산관광버스터미널, 홍대역사, 강동구 고덕동 서울승합차고지이다. 4개 지역은 협상을 완료하고 사업을 추진 중이다. 현재 강남역 롯데칠성과 코오롱스포렉스 부지, 동서울터미널, 수색역사, 성동구치소, 도봉구 성대 야구장, 지하철 석계역과 광운대역 구간 철도 부지도 협상 중이다. 사전 협상에는 토지이용계획, 교통계획, 공원·녹지계획 등 거시적 공간 구상에서부터 건축계획에 이르는 미시적 계획까지 테이블에 오른다. 여기에는 도시계획·교통·개발사업 전문가, 건축사가 합류한다. 도시계획과 건축계획을 묶는 이 제도를 통해 공공은 공공임대주택을 공급하고 과다한 상업 공간 비율을 조절하여 공간 재구조화를 할 수 있다.

대규모 유휴 부지는 소셜믹스social mix(하나의 단지 내에 분양주택과 임대주택을 섞어서 사회적·경제적인 배경이 다른 주민들이 어울려 살 수 있도록 하는 방안)를 실현할 수 있는 최적의 땅이다. 공공임대주택은 도시 양극화와 주거난을 해소하는 핵심 수단이다. 정부와 서울시는 공공임대주택을 공급하기 위한 노력을 하고 있지만, 여전히 임대주택 비율은 OECD 국가 평균의 절반 수준이다.[15] 싱가포르에서는 국가 주도 공공임대주택 건설이 건축 모더니즘과 동일시될 정도로 주요 사업이었다.[16] 서울에서 공공임대주택 건설은 지역 이기주의 도전에 부딪혀 있다. 반면 대규모 유휴 부지에서는 토지 소유자인 협상 대상자와 거시적인 스케일에서 미시적인 디테일까지 소셜믹스 방법을 협의할 수 있다. 임대와 분양주택을 혼합하는 것은 원론적으로 맞지만 방법론은 지역과 장소에 따라 달라져야 한다. 단지 전체에 성격이 다른 건축 유형을 골고루 분산하는 abc-abc-abc 방식이 적합한 곳이 있고, aaa-bbb-ccc 방식으로 묶는 것이 현실적인 곳도 있다. 정교한 소셜믹스를 실험할 수 있는 땅이 서울시에 남아 있는 대규모 유휴 부지다.

대규모 유휴 부지는 '특별건축구역'으로 지정하여 제한을 완화하는 대신 수준 높은 공공건축물을 유도할 수 있다. 실제 민간사업자는 협상력을 높이기 위해 자체적으로 국제 설계 공모를 실시하기도 했다. 그런데 이런 대규모 개발사업과 정비사업에 작품성을 추구하는 국내 건축가들은 보이지 않는다. 법과 제도를 파악하고 다른 분야 전문가를 선도할 수 있는 건축가가 많지도 않고 사업자와 서울시가 건축가를 대등한 협력자로 부르지도 않는 구조다. 아무리 좋은 사업계획을 세우고 합의하더라도 제대로 구현하지 못하면 의미가 없다. 거시적 도시계획 목표보다도 미시적 건축설계 디테일이 품질을 결정한다. 개발과 정비사업의 마지막 단계를 손질하는 건축가가 많아져야 한다.

3. 작은 공공건축

서울에서 가장 많은 면적을 차지하는 아파트는 검증된 상품이다. 건설사가 보증을 서고, 건설사가 짓고, 하자를 보수하기 때문에 소비자는 안전한 상품으로 여긴다. 전 세계에서 건설사가 아파트를 브랜드로 내건 나라는 한국뿐이다. 대기업만이 까다로운 한국인의 집단 민원과 클레임에 대처할 수 있다. 공공이 개입하지 않아도 건설사는 기업 브랜드 가치를 높이기 위해 아파트 개별 유닛의 품질을 높이려고 한다. 공공은 아파트의 거대 단지화, 남향 횡장면 평면과 부메랑 배치의 고착화, 주변과의 단절, 안전에 관한 명확한 기준을 세워, 철저히 검증하고, 나머지는 공정하고 자율적인 경쟁이 이루어지도록 심판 역할에 집중하면 된다.

중산층 주거 선택지인 다가구, 다세대, 연립주택은 다르다. 필지 단위로 개발된 중소 규모 주택은 개발자와 시공자에 따라서 품질이 들쑥날쑥하다. 준공이 끝나고 세입자가 입주하면 유지 관리 주체가 사라진다. 아파트처럼 이해관계로 결속된 배타적 연대가 형성되지 않고 세입자 사이의 갈등이 빈번하다. 주차, 안전, 환경문제 등 공적 영역에 속하는 문제는 서울시와 자치구가 능동적으로 나서서 풀어야 한다. 사무건축, 근생건축은 건축선, 공개 공지, 차량 진·출입 등 저층부가 공적 환경에 미치는 영향만 객관적으로 검증하고 나머지는 민간과 전문가에게 맡기는 것이 옳다.

지역 간 불균형을 해소할 수 있는 건축적 수단은 정부, 지자체, 공공기관이 재정을 투입한 공공건축물이다. 정부는 민간건축 평균치보다 높은 예산을 공공건축에 책정한다. 입찰, 계약, 공사 과정에서 책정된 예산을 깎지만 그래도 최종 공사비는 일반 민간건축보다 높다. 하지만 비슷한 공사비를 들인 민간건축보다 품질은 떨어진다. 기획, 계획, 설계, 시공 전 과정을 주도하고 모니터링해서 품질과 품격을 높여야 한다. 최근 서울주택도시공사가 공모 방식으로 선정한 역세권 청년주택 당선안은 기존의 천편일률적인 공공임대주택 설계를 탈피하고 있다. 청년들이 살고 싶어 하는 고품질과 고품격 공공주택이 서울에서도 가능하다는 것을 보여주고 있다.

작은 단위 생활형 공공건축물을 동네 곳곳에 더 많이 만들어야 한다. 서울시는 지난 10년간 공공건축가, 동네 건축가 제도를 운용하고, 찾아가는 동사무소(찾동) 프로젝트 등 다양한 시범 사업을 해왔다. 건축설계를 공모 방식으로 바꾸고 젊은 건축가들에게 문을 넓혔다. 2020년부터는 공사비가 1억 원이 넘는 사업은 건축설계를 공모 방식으로 확대한다. 서울시교육청이 관리하는 학교 시설 증축과 리모델링도 조달청 입찰 방식에서 설계 공모 방식으로 전환했다.

여전한 걸림돌은 건축사(가)를 차단하는 시공사 선정 방식과 건설 관리 프로세스다. 시공자를 가격 입찰로 선정하는 관행을 혁파하지 않는 한 좋은 공공건축물은 요원하다. 중소 건설사에게 기회를 주어야 한다는 형평 논리와 시민 세금으로 좋은 공공건축물을 만들어야 한다는 논리의 충돌이다. 감사 제도는 예산 집행과 사업 과정의 절차적 적법성을 따질

뿐 그 결과물인 건축물이 어떻게 지어졌는지는 관심 밖이다. 공공건축물의 총체적 품질을 객관적으로 평가하고 책임을 묻는 시스템이 없다. 좋은 건축물을 만들기 위해 노력한 공무원이 의심과 감사를 받는 대신 포상을 받는 구조가 되어야 한다.

옳은 도시, 좋은 건축

거대 자본과 상징 권력이 건축과 손을 잡으면 불평등 불균형을 해소하는 것과는 다른 방향으로 간다. 하이엔드 디자인은 토지주와 자본가에게 경제적 이익을 안겨주고 정치인에서는 매력적인 정치적 의제를 던져준다. 건축이 가치를 극대화하는 힘이 된다는 것을 간파한 자본과 권력은 스타 건축가를 불러들인다. 글로벌 스타 건축가들은 사회·윤리적 가치 판단을 유보하고 제3세계 도시의 프로젝트를 공략한다. 기회를 잡기 위해 건축의 책무에 선택적으로 침묵하고 멋진 말로 합리화한다. 건축가들이 손을 댈수록 건축이 고급화되고, 젠트리피케이션이 촉발되고, 연쇄적으로 경제 약자들은 도시 변방으로 밀려난다. 도심에서 일하는 사람들은 더 긴 시간을 출퇴근에 써야 한다. 도시에 들어오지 못한 사람들은 새로운 건축이 만들어내는 문화적 혜택으로부터 멀어진다. 그들이 밀려난 자리에 특정 계층 거주지가 만들어지고 고급 브랜드와 프랜차이즈 매장이 들어선다.

시민들은 자신의 삶과 직접 닿아 있는 문제를 해결하는 사람들을 전문가로 인정한다. 한국 사회에서 건축가는 절박한 사회 현안과는 한 발짝 떨어져 있는 사람들로 보인다. 있으면 좋지만 시급하게 필요한 사람들은 아니다. 공적 성격을 띤 사업은 필지 단위를 넘어 블록과 지구 단위로 확장하고 있는데 건축가들은 적극적으로 발을 담그지 못하기 때문이다.

도시의 실체는 건축가의 손에서 최종적으로 구체화된다. 도시계획가나 부동산 정책 전문가와 달리 건축가는 눈에 보이고 손에 만져지는 것을 구현하는 방식으로 사회에 기여한다. 건축가들이 도시 재구조화를 주도할 수는 없다. 그러나 작은 점들을 하나하나씩 변화시킴으로써 도시에 파장을 주는 일을 할 수는 있다. 이런 점들을 넓히는 일에 건축가들이 뛰어들어야 한다.

'좋은 건축'은 기본에 충실한 건축이다. 시간이 지나도 품격과 품질을 잃지 않는 지속 가능한 건축이다.[17] 태어날 때 화려한 조명을 받았지만 삶을 담는 시점부터 품질과 성능이 급격히 떨어지는 건축물이 있다. 통념을 흔들었던 '문제의 건축'이라고 할 수는 있지만 '좋은 건축'은 아니다. 이런 건축에는 '시간'의 개념이 빠져 있다. '문제의 건축'이 5~10년 후에도 품질을 유지하면 '명품 건축'이 된다. 하지만 1퍼센트 명품 건축과 99퍼센트 나쁜 건축으로 이루어진 도시보다, 10퍼센트 좋은 건축이 바탕을 이루는 도시가 살기 좋은 도시다. 10퍼센트 좋은 건축에서 1퍼센트 명품 건축이 나올 확률도 높다. 이런 도시가 '옳은 도시'다. 올림픽에서 금메달을 따도록 국가대표를 집단 양성하는 선수촌보다 보통 시민이 운동할 수 있는 생활체육 공간이 골고루 있는 도시가 옳은 도시다. 건축가들은 재벌 총수 대저택보다 일반인에게 개방된 작은 미술관을 설계하고 싶어 한다. 오랜 시간이 지나도 평가받는 건축가는 소수를 위한 명품 건축보다 대중에게 좋은 건축을 남긴 사람들이다. 좋은 건축이 한 곳에 쏠리지 않고 도시 전역에 골고루 분산되어야 한다. 크고 값비싼 하나보다 그것을 열 개로 나누어 분산하는 것이 더 좋다.

좋은 건축은 좋은 기획이 전제되어야 하고, 좋은 기획 앞에는 옳은 도시계획이 있어야 한다. 건축가가 도시계획을 알아야 하는 이유는 '좋은 건축'의 바탕이 될 '옳은 도시'를 만들기 위해서다. 건축설계 조건인 대지, 유형, 프로그램, 규모가 도시계획에서 결정된다. 양의 문제는 질과 연동되어 있다. 법, 시행령, 조례, 규칙, 지침 하나하나가 거시적 경관에서부터 미시적 요소까지 영향을 준다. 법령의 조條, 항項, 호號를 바꾸어도 가로망과 획지에서부터 창문, 발코니, 입면을 바꿀 수 있다.

거대 단지와 소필지로 양극화되고, 건설과 건축으로 양분된 구도에서 건축가는 도시와 건축의 경계, 건설과 건축의 경계를 넘나들어야 한다. 틈새를 벌리고 저변을 두텁게 해야 한다. '도시의 외적 힘'을 학습하고, '건설 엔지니어'를 설득할 수 있는 실력을 쌓아야 한다. 공유하고 소통할 수 있는 언어를 구사해야 한다. 레비스트로스가 『야생의 사고』에서 정의한, 한 곳을 깊이 파는 '고슴도치'와 여러 곳을 살피는 '여우'의 모습을 지닌 다면적 브리콜뢰르bricoleurs[18] 건축가를 서울은 기다리고 있다.

주

여는 글

1 City Mayors 통계자료: 1. Seoul 2. São Paulo 3. Bombay 4. Jakarta 5. Karachi 6. Moscow 7. Istanbul 8. Mexico City 9. Shanghai 10. Tokyo 11. New York 12. Bangkok 13. Beijing 14. Delhi 15. London; Cities ranked 1 to 100; http://www.citymayors.com/features/largest_cities.html

2 김성홍, 『도시건축의 새로운 상상력』, 2009, pp.281-283; 김성홍, 『길모퉁이 건축』, 2011, p.242-243.

3 2013년 서울시의 재정 자립도는 88.8%로 전국 평균보다 30% 이상 높았다. 전남(21.7%), 전북(25.7%)은 가장 낮았다. 보도자료, 민주통합당, 백재현 의원실, 2013.6.3.

4 1910년 일제는 토지조사국을 설치하고, 1912년 토지조사령을 공포, 토지조사사업을 본격적으로 착수하였다. 1918년 토지조사사업이 마무리되자 조선총독부 고등토지조사위원회 사무국을 설치하였다. 『서울 600년사』, 제4권, 서울특별시, 1981, pp.212-213.

5 국가기록원 나라기록, http://www.archives.go.kr/ (원출처: 조석곤, 「조선토지조사사업에 있어서의 근대적 토지소유제도와 지세제도의 확립」, 서울대 경제학과 박사학위 논문, 1995).

6 "Why New York is the epicenter of the American coronavirus outbreak," by Eric Levenson, CNN, March 26, 2020. "New York City had an average of just over 27,000 people per square mile, according to the 2010 Census. That's more than double the density of Chicago and Philadelphia and more than three times the density of Los Angeles."
https://edition.cnn.com/2020/03/26/us/new-york-coronavirus-explainer/index.html

7 2020년 5월 9일 현재 서울시 누적 확진자는 649명, 누적 사망자는 2명이었다. https://coronaboard.kr/ "The coronavirus in New York, by the numbers," 14,505 – Number of confirmed coronavirus deaths of New York City residents reported by the state, as of May 9; 183, 289 – Confirmed number of people who have tested positive for the coronavirus, as of May 9. City & State New York, May 9, 2020. https://www.cityandstateny.com/

8 "Relative material power relates to the percentage of total global material held by each country. It is calculated from GDP, population size, military spending and technology." *Global Trends 2030: Alternative Worlds*, a publication of National Intelligence Council, NIC 2012-001, December 2012, p.18.

9 "Korea to Be 9th Economy by 2025," Aug 4, 2007. "By 2025, the world's top 10 economies will be the U.S., China, Japan, Germany, India, the U.K., France, Russia, South Korea and Italy, its forecast said. In the ranking of per capita gross national product (GNP), South Korea will be ranked the third after the U.S. and Japan by 2025 among 22 countries, with its GNP per capita soaring to $52,000. By 2050, the nation's GNP per capita will reach $81,000, the report said." http://www.skyscrapercity.com/

10 *Global Trends 2030*, 2012, p.80. p.107.

11 Bart, Reuser & NEXT Architects, *Seoulutions*, BNA, 2012.

프롤로그

1 현대그룹 사옥은 지하 3층, 지상 15층, 연면적 7만 3,472m², '공간' 사옥은 지하 1층, 지상 5층, 연면적 360m²이다. 김성홍, 『도시건축의 새로운 상상력』, 현암사, 2009, pp.275~276.

2 박길룡은 한국 건축의 전통성을 실증하는 작품으로 '공간' 사옥을 꼽았다. 김수근의 연설문을 간접 인용하여 그 의도를 '제3의 공간'과 한국 전통 건축에서 나타나는 '모태 공간'을 포용하는 개념으로 해석했다. 박길룡, 『한국 현대건축 평전』, 공간서가, 2015, pp.112~114; 김봉렬은 한국 건축에 내재하는 집합체적 특징, 즉 부분과 전체를 구성하는 질서와 이론으로 '공간' 사옥을 설명했다. 김봉렬, 「건물에서 관계로」, 한국건축의 정체성(박길룡, 『한국 현대건축 평전』에서 재인용); 정인하는 중정, 리셉션 데스크, 계단, 복도 등의 건축 요소와 이를 연결하는 방식을 전통 건축의 평면에서 도출한 것으로 읽었다. Jung, Inha, *Architecture and Urbanism in Modern Korea*, University of Hawaii Press, 2013, pp.93-94; 배형민은 승효상을 인용하여 공간을 창조하는 하나의 방법론인 평행 벽체 시스템이 '공간' 사옥에 적용되었다고 해석했다. 배형민, 『감각의 단면, 승효상의 건축』, 동녘, 2007, pp.142-152; 이 외에 '공간' 사옥을 다룬 책, 이상헌, 『한국건축의 정체성』, 미메시스, 2017; 황두진, 『건축가 김수근 공간을 디자인하다』, 나무숲, 2007; Kim, Sung Hong, "Megacity Network," In Kim, S.H. & Schmal, P.C.(eds.), *Megacity Network: Contemporary Korean Architecture*, Jovis, 2007, p.49.

3 김수근은 1971년 6월 범태평양 건축상(Pan Pacific Architectural Citation) 수상 연설

에서 그가 추구하는 공간이 궁극 공간이라고 밝혔다.

4 당시 김수근과 교류했던 미국《Time Life》의 S. Chang 기자가 궁극 공간과 모태 공간이라는 영문명을 짓는 데 조언을 주었다. 김원석 대담, 2020년 7월 16일.

5 김원석과 김남현과의 대담은 각각 2010년 7월 16일 용인시 수지구, 2010년 7월 13일 서울시 중구 퇴계로에서 진행했다. 김수근은 1969년 한국종합기술개발공사 사장에서 물러나 인간환경계획연구소에 이어 1970년 김수근 환경설계사무소를 설립했고, 1972년 ㈜공간연구소로 상호를 변경하고 법인 체제로 바꾸었다. 김원석은 1969년 공간에 합류하기 이전에 10년 동안 다양한 주택 설계 경험을 쌓았다. '공간' 사옥의 형태, 공간, 디테일에는 김원석의 풍부한 경험이 녹아 있다. 김원석은 김수근이 작고할 때까지 ㈜공간의 운영과 실무를 실질적으로 관장했던 산증인이다. 김남현은 1971년 입사하여 1975년~1978년 이란의 엑바탄 프로젝트를 수행했고, 신관이 지어지는 과정에 참여했다. 그 후 김수근이 소장으로 설계 팀을 이끌면서 해외 프로젝트를 포함해 주요 프로젝트를 수행했다. 현재 김원석은 명예고문, 김남현은 고문으로 공간종합건축사무소를 돕고 있다.

6 건축물의 면적 및 높이 제한은 김원석과 김남현의 구술에서 확인했다. 다만 1962년 제정된「건축법」은 주거지역과 기타 지역 안의 건축물 최고 높이를 각각 20m, 35m로 정했는데, 어떤 법 조항이 '공간' 사옥의 높이를 9m로 제한했는지는 대담에서는 확인할 수 없었다. 서측 도로 폭을 6m로 산정할 경우 도로 사선 높이 제한에 따라 최고 높이는 1.5배인 9m가 되므로 높이 9m 직육면체를 설계 조건으로 설정한 것으로 보인다. '공간' 사옥은 보가 없는 조적조 슬래브 방식을 택했는데 1970년 당시「건축법」에서 내력벽, 기둥, 보, 슬래브 등 주요 구조부가 철근콘크리트 구조가 아닐 경우 9m 이하로 제한한 규정을 적용받았을 수 있다.「건축법」 제11조(대규모 건축물의 주요구조부) ②높이 13미터 이상 또는 처마의 높이 9m 이상의 건축물은 주요구조부(바닥, 지붕 및 階段은 除外한다)를 석조, 연와조, 콩크리트부록조, 무근콩크리트조 기타 이와 유사한 구조로 하여서는 아니된다. 다만, 특별한 보강을 함으로써 구조계산에 의하여 그 구조의 안전이 확인된 때에는 그러하지 아니한다.〈개정 1963. 6. 8., 1967. 3. 30.〉

7 ㈜공간건축 자료실 소장 실시설계 도면.

8 1971년 구관에 입주했을 당시 김수근과 함께했던 구성원은 김원석, 오기수, 최준(실장), 신보남, 홍순본, 성창평, 임빈, 김진환, 김유일, 유경주, 차우석, 우시용, 김남현(이상 13명)이었다. 강석원, 조영무, 정호섭, 윤승중, 지승엽, 최주진, 공일곤은 1960~1969년 김수근건축연구소와 한국종합기술개발공사 시절 김수근과 함께했다. 이범재, 민현식은 인간환경계획연구소 시기에 오사카 박람회를 준비하기 위한 연구생 팀으로 근무하다가 군 복무 후 1973년 ㈜공간연구소에 복귀했다. 류춘수는 종합건축을 거쳐 1974년 9월, 방철린과 승효상은 1974년 12월 입사했다.(김남현 구술, 2020년 7월 13일)

9 김남현은 김수근이 자신은 프랭크 로이드 라이트의 손자뻘이라고 언급하던 것을 기억하고 구술했다. 2010년 7월 13일 대담.

10 1인당 국민소득(GNI)은 1953년 67달러에서 1977년에 1,000달러대, 1989년에 5,000달러대, 1995년에 1만 달러대를 넘어 2007년 2만 45달러로 상승하여 2만 달러 시대로 진입했다.「통계로 본 대한민국 60년의 경제·사회상 변화」, 통계청, 2008. 8.

11 https://www.indexmundi.com/facts/japan/gni-per-capita

12 "The dwelling-houses and larger buildings in the towns, are, nearly without exception, one-storied, constructed of mud, and covered with the same material, or thatched with straw. In larger cities indeed there are a good many buildings of wood and brick, roofed with tiles." Oppert, Ernest, *A Forbidden Land: Voyages to the Corea*, London, 1880, pp.136-137.

13 "Etiquette forbids the erection of two-storied houses, consequently an estimated quarter of a million people are living on "the ground," chiefly in labyrinthine alleys, many of them not wide enough for two loaded bulls to pass, indeed barely wide enough for one man to pass a loaded bull…. The city is a sea of low brown roofs, mostly of thatch, and all but monotonous, no trees and no open spaces. Rising out of this brown sea there are the curved double roofs of the gates, and the gray granite walls of the royal palaces, and with them the sweeping roofs of various audience halls." Bishop, Isabella Bird, *Korea and Her Neighbors*, Seoul: Yonsei University Press, 1970, p.40, 45-46. The book was first published in New York in 1898.

14 손정목,『일제강점기 도시화 과정 연구』, 일지사, 1996, p.49.

15 Griffis, William Elliot, *Corea: the Hermit Nation*, 1882; Lowel, Percival, Choson, *The Land of the Morning Calm*, 1886.

16 현재「건축법」제4조(승강기) ①건축주는 6층 이상으로서 연면적이 2천m^2 이상인 건축물(대통령령으로 정하는 건축물은 제외한다)을 건축하려면 승강기를 설치해야 한다.

17 기디온은 고전건축에서는 찾아볼 수 없었던 세 가지 모더니즘의 공간 개념을 이론화했다. Giedion, Sigfried, *Space, Time and Architecture: the Growth of a New Tradition*, Harvard University Press, 1941, pp.xxxii-ivi.

18 『2018 건축분쟁 조정사례집』, 국토교통부 건축분쟁전문위위원회, 2018, http://www.adm.go.kr/

19 「건축법」 59조(맞벽건축과 연결복도),「건축법시행령」 제81조(맞벽건축 및 연결복도), 서울시 건축 조례 제30조(대지 안의 공지).

20 김성홍, 『도시건축의 새로운 상상력』, 현암사, 2009, pp.173-175.

21 이강근, 「경운궁의 건축」, 『덕수궁 복원정비 기본계획』, 문화재청, 2005, pp.83-99.

22 한국학중앙연구원 장서각에서 소장하고 있는 창덕궁, 창경궁, 경복궁, 덕수궁의 도면을 비교했다. 「근대건축도면집, 도면 편」, 한국학중앙연구원 장서각, 2009.

23 이경미, "경운궁 중건공역과 건축특성", 「덕수궁 복원정비 기본계획」, 문화재청, 2005, pp.100-136; 안창모, 『덕수궁: 시대의 운명을 안고 제국의 중심에 서다』, 동녘, 2009.

1부 땅

1. 역사 도심의 오늘

1 김정호, 〈대동여지도 경조오부(京兆五部)〉, 1861, 성신여자대학교 박물관 소장. 허영환, 『정도 600년 서울지도』, 범우사, 1994, p.64

2 송인호, 「도시 한옥의 유형 연구: 1930~1960년의 서울을 중심으로」, 서울대학교 박사학위 논문, 1990.

3 김경민, 『건축왕, 경성을 만들다: 식민지 경성을 뒤바꾼 디벨로퍼 정세권의 시대』, 이마, 2017.

4 김기호, 『역사도심 서울 : 개발에서 재생으로』, 한울아카데미, 2015.

5 「서울의 도시형태 연구」, 서울시정개발연구원, 2009, p.25.

6 한성부 중서(中署) 관인방도(寬仁坊圖) 사동(寺洞), 원동(園洞), 탑동(塔洞)(현재 종로구 인사동 낙원동 일대); 경행방도(慶幸坊圖) 교동(校洞)(현재 종로구 관훈동), pp.16-21, 「1908 한성부 지적도」, 서울역사박물관, 2015, p.10-21.

7 저자의 이전 책 내용을 수정, 보완하여 집필했다. 「선과 면이 대립하는 역사 도시」, 『도시건축의 새로운 상상력』, 현암사, 2009, pp.237-259.

8 김성홍, 「종로의 상업건축과 공간논리」, 『종로: 시간, 장소, 사람, 20세기 서울변천사 연구 II』(서울학연구총서 13), 서울시립대학교 부설 서울학연구소, 2002, pp.221-264(원출처: 朴慶龍, 「鐘路區誌」, 下卷, 제14장 各洞의 발자취와 現況, I. 法定洞, 1994. pp.1065-69, 1081-2; 「鐘路區誌」, 上卷, 제5장 도시계획, III. 光復後의 都市計劃과 鐘路區, 1994. p.1012-26. 서울특별시. 「역사문화탐방로 조성계획 자료집: 4대문 내 역사문화유적」, 1994, pp.62-69).

9 「도시계획 업무편람 2018」, 서울시, 2018, p.94.

10 「역사도심기본계획」, 서울시, 2015; 2017년 5월 현재 행정구역 면적: 종로구 23.91km^2, 중구 9.97km^2, 서울 전체 605.09km^2. 인구: 종로구 12만 4,064명, 중구 15만 4,293명, 전

체 인구 991만 9,016명.

11 「서울특별시 도시 및 주거환경정비 조례」 제24조 (정의) "과소필지"란 토지면적이 90제곱미터 미만인 토지를 말한다.

12 「공평구역 제15, 16지구 도시정비형 재개발 정비구역 및 정비계획 결정(변경)안」 자료, 서울시 도시재생실, 2019.

13 유나경, "역사도심기본계획의 이해," 발표자료, 세운포럼, 2019.4.22, https://forum.betacity.center/2019

14 변희영, 「세운상가 군과 주변 구역의 도시건축계획 변화에 관한 연구」, 서울시립대 도시과학대학원 건축공학과 석사 논문, 2018.

15 "In Seoul, It's Called 'Clock Alley'" *The New York Times*, 2019.1.14; 'I'm panicking': Seoul prepares to rip out its manufacturing heart, *The Guardian*, 2019.2.20.

16 https://forum.betacity.center https://forum.betacity.center/2019

2. 서울 그리드 탄생

1 박완서, 『그 남자네 집』, 현대문학, 2004.

2 『서울 600년사』, 6권, 서울특별시, 1996, p.857.

3 Sorensen, A., "Conflict, consensus or consent: implications of Japanese land readjustment practice for developing countries", *Habitat International* 24, 2000, 51-73; Muller-Jokel, R.(n.d.), German Land Readjustment: Ecological, Economic and Social Land Management.
http://www.fig.net/pub/proceedings/korea/full-papers/pdf/session20/mullerjokel.pdf

4 Ewing, R., Land Readjustment: Learning from International Research. Reprinted from Planning, the magazine of the American Planning Association, 2000. http://metroresearch.utah.edu/

5 대경성(大京城)의 건설보(建設譜) 1)시계영등포구획(市計永登浦區劃), 《동아일보》, 1939.1.6

6 나는 『도시건축의 새로운 상상력』의 4장 "서울은 왜 이렇게 생겼을까"에서 토지구획정리사업을 다루었다. 손정목 교수의 연구와 서울시 자료의 도움을 받아 후속 연구를 수행했다. 김성홍, 2009, pp.264-266; 『서울 600년사』, 6권, 서울특별시, 1996, pp. 856-857; 손정목, 『서울 도시계획 이야기』, 제1권, 2003, p.97; 김주야·石田潤一郎, 「경성부 토지구획정리 사업에 있어서 식민도시성에 관한 연구」, 『대한건축학회 논문집 계획

계』, 제25권 4호, 통권 246호, 2009년 4월. pp.169-178; Kim, Sung Hong, "Changes in Urban Planning Policies and Urban Morphologies in Seoul, 1960s to 2000s," Architectural Research, *International Journal of the Architectural Institute of Korea*, Vol. 15, No. 3(September 2013). pp.133-141; Muller-Jokel, R., "Land Readjustment, A Win-Win-Strategy for Sustainable Urban Development", FIG Working Week 2004, Athens, Greece, May 22-27, 2004; 권용찬·전봉희, 「근린주구론이 일제강점기 서울의 주거지 계획에 영향을 준 시점 - 토지구획정리 사업 및 일단의 주택지 경영 사업 대상지를 중심으로」, 『대한건축학회 논문집 계획계』, 제27권 12호, 통권 278호, 2011년 12월. pp.189-200.

7 《경향신문》, 1970.2.2, "몰렸다 흩어졌다 一攫千金이 浮沈하는 江南의 投機熱戰" 3면.

8 김성홍, 「서울 강남 주거지역의 상업화와 건축의 변화에 관한 연구」, 『대한건축학회 논문집 계획계』, 제28권 3호, 통권 281호, 127-136.

9 주차장법 시행규칙, 제11조(부설주차장의 구조·설비 기준)

10 양희경, 「테헤란로의 도시조직과 고층건물의 평면유형에 관한 연구」, 서울시립대 대학원 석사학위 논문, 2020. 2.

11 Kim, S.H., Cinn, E.G., Ahn, K.H., Kim, S.B., Chung, I.S., Jeong, D.E., and Enos, R., *The FAR Game: Constraints Sparking Creativity*, SPACE Books, 2016, p.44, 56.

12 김성홍, 『도시건축의 새로운 상상력』, 2009, p.177.

13 Peponis, John et al. "The City as an Interface of Scales: Gangnam Urbanism," In KIM, Sung Hong et al.(eds.), *The FAR Game: Constraints Sparking Creativity*, SPACE Books, 2016, pp.102-111.

14 구마 겐고, 미우라 아쓰시 지음, 이정환 역, 『三低主義』, 안그라픽스, 2012.

15 2016 베니스 비엔날레 한국관전 〈용적률 게임〉은 2008년 금융위기 이후 준공된 36개 건축물을 전시했다. 5개의 대규모를 제외한 나머지 31개 건축물의 평균은 대지 292m^2, 연면적 747m^2, 층수 6층, 용적률 201%였다. Kim, S.H., Cinn, E.G., Ahn, K.H., Kim, S.B., Chung, I.S., Jeong, D.E., and Enos, R., *The FAR Game: Constraints Sparking Creativity*, SPACE Books, 2016, p.34; 강남구에는 역삼동의 차이니즈박스(천경환/깊은풍경, 2013), 역삼빌딩(정현아/디아건축, 2014), 마블링오피스(이정훈/조호건축, 2013), 스타키번들매트릭스(조민석/매스스터디스, 2012), 논현동의 테트리스하우스(문주호, 임지환/경계없는작업실, 2012), 마트료시카(김동진/로디자인, 2014), 신사동의 OD빌딩(오영욱/oddaa, 2013), 청담동의 인터로방(오세민/방바이민, 2014), 플레이스제이(김승회/경영위치, 2014)가 있다. 서초구에는 서초동의 질모서리(김인철/아르키움, 2012)와 KHVatec 사옥(김찬중/시스템랩, 2012), 방배동의 요앞하우스(류인근, 김도란, 신현보/

디자인밴드요앞, 2013)가 있다. 송파구 송파동의 마이크로하우징(박진희/SsD, 2014), 동작구 사당동의 SH하우징(김호민/폴리머, 2014), 관악구 봉천동의 3P하우스(신승수, 임상진, 최재원/디자인그룹오즈, 2010), 한유그룹사옥(임재용/OCA, 2009), 강서구 내발산동의 비욘드더스크린(곽상준, 이소정/OBBA, 2013)이 있다. 강북에는 마포구 동교동의 엔터스프로퍼티스(황두진, 2012), 연남동 고깔집(이세웅, 최연웅/아파랏체, 2014), 어쩌다집(이진오, 임태병/사이건축, 2015), 남가좌동의 더래빗(강예린, 이치훈/SoA, 2014), 중랑구 망우동의 화이트큐브(심희준, 박수정/건축공방, 2014), 광진구 능동하늘집(조성익/TRU, 2015), 중구 신당동의 다공(안기현, 이민수, 신민재/에이앤엘스튜디오, 2015)이 있다.

16 김성홍, 「제5장 민간건축의 건립과 변화」, 『서울2천년사』, 35권 현대서울의 도시건설, 서울역사편찬원, 2016, pp.273-329. 324.

17 〈용적률 게임〉에 전시한 24개 건축물의 평균은 대지 398.5m², 건폐율 54.3%, 용적률 201.0%, 층수 5.7층이다. 이 중 연면적이 1,500m² 이상인 4개 건물을 제외한 20개 평균은 대지 296.8m², 건폐율 58.3%, 용적률 194.1%, 층수 5.3층이다. Kim, S.H., Cinn, E.G., Ahn, K.H., Kim, S.B., Chung, I.S., Jeong, D.E., and Enos, R., *The FAR Game: Constraints Sparking Creativity*, SPACE Books, 2016.

18 「빈집 및 소규모 주택 정비에 관한 특례법(약칭, 소규모주택정비법)」; 「서울특별시 빈집 및 소규모 주택 정비에 관한 조례」.

19 소살리토 상도, 서울시 동작구 성대로11길 48, 대지면적 1,351㎡, 연면적 2,523.82㎡, 연면적, 건폐율 45.94%, 용적률 184.55%, 지하 1층, 지상 6층, 소오플랜건축사사무소, vmspace.com; www.thoplan.com/sausalito-sangdo

20 「건축법」 제77조의2(특별가로구역의 지정), 제77조의3(특별가로구역의 관리 및 건축물의 건축기준 적용 특례 등), 제77조의4(건축협정의 체결).

21 경복궁 복원도, 「근대건축도면집, 도면편」, 한국학중앙연구원 장서각, 2009.

22 Busquets, Joan, "Cities and Grids: In Search of New Paradigm", Wiley Online Library, 10 July 2013, https://doi.org/10.1002/ad.1621

3. 서울 안의 신도시

1 《경향신문》, 1980.9.1, "제11대 全斗煥 대통령 就任… 온 겨레 祝福 속 새 時代 열렸다."; 《경향신문》, 1980.10.27, "제5공화국 헌법 발효"; 《매일경제》, 1980.9.24, "전대통령 지시 10년간 500만호 건설 서민주택".

2 《동아일보》, 1980.10.2, "주택 5백만 채 91년까지 건설"; 택지개발촉진법은 1980년 초반에 이미 준비하고 있었다. 《경향신문》, 1980.3.15, "택지개발 촉진법 검토, 싼값 공급 위해

절차 등 간소화…정부는 지금까지 택지개발의 근거법이 되어온 도시계획법, 토지구획정리사업법, 주택건설촉진법 가운데 택지개발에 관한 관계 조항을 통합, 택지개발촉진법을 제정하고 사업 주체와 절차 등을 간소화, 미개발토지 택지화 및 염가의 택지 취득을 뒷받침함으로써 주택건설을 촉진할 방침이다."

3 《매일경제》, 1980.10.2, "宅地開發 촉진 特措法 제정."

4 《매일경제》, 1981.1.27, "주택 25만 호 건설."

5 《매일경제》, 1981.2.10, "대치·양재·개포동 일원 대규모 택지 조성, 서울시, 토개공, 주공, 85년까지 1백 97만평 개발"; 《동아일보》, 1981.9.2, "양재 개포지구 신시가지, 11월부터 구획정리"; 《매일경제》, 1981.9.21, "토개공, 개포 16만 5천 평, 연내 宅地개발"; 《경향신문》, 1981.9.22, "개포지구 만2천 가구 수용 택지개발, 토개공 확정, 83년까지 5만 3천명 살 수 있게"; 《동아일보》, 1981.12.7, "평가식으로 환지, 개포 가악지구 신시가지".

6 《매일경제》, 1984.8.11, "달라지는 우리 동네, 開浦·大峙지역", "아시안게임과 88올림픽을 앞두고 서울가꾸기 작업이 붐을 이루고 있다 … 앞으로 2년 4개월 후면 개발사업이 모두 끝나는 개포지구가 신시가지의 골격을 갖추어 가고 있다. 개포지구는 개발이 시작된 지난 82년 2월 당시만 해도 전체개발면적 중 73.3%가 논과 밭인 전형적인 농촌취락지역 … 뒤이어 구획정리사업이 시작되고 1년 3개월 후인 지난해 6월에는 환지작업도 끝났다 … 그동안 건설된 아파트는 개포동이 1만9천6백68가구, 대치동이 1만3천1백96가구에 이르고 있다…개포지구는 개발 면적이 6천4백82m²(1백95만 평)로 이중 약 1백10만 평이 택지로 개발되고 나머지는 도로 공원 운동장 등 공공시설용지와 상업업무지구로 개발된다. 현재 중층 아파트단지와 단독주택 및 상가업무지구 개발만 남아있다."

7 체비지란 사업자가 매각 처분할 수 있는 토지인 보류지(保留地) 중에서 공동시설 설치 등을 위한 용지로 사용하기 위한 토지를 제외한 부분이다. 《매일경제》, 1994.7.30, "서울 江南 노른자위 상업용지 도곡동 替費地 10월 초 매각 … 1만5천 평 2천500억 추정… 도곡동 467번지 일대의 상업용지 5만1천6백91m²(1만5천6백36평) 매각 계획을 확정하고…."

8 《동아일보》, 1983.4.11, "新亭·木洞 新市街地 개발, 택지 1백50만평 조성, 토지 公概念 첫 導入, 아파트 2만5천 가구 건립, 올해 착수 86년 완공"; 《동아일보》, 1983.7.15, "목동 개발 백32만 평으로, 월말까지 감정 매듭, 내달부터 보상협의, 8월말까지 마스터플랜 수립"; 《경향신문》, 1983.7.15, "목동 새 市街 기본계획마련, 9월말부터 기반조성, 아파트 건설 11월 착공, 내달 초 토지매입 나서, 가구수 줄이고 20층 이상도 짓기로, 설계현상공모 5점 선정."

9 《매일경제》, 1985.9.14, "상계·중계동 140만坪 宅地開發사업 12월 착공, 當局 用地매입 위한 땅값 감정 착수, 4만3천家口 無住宅者 공급, 人口·交通·環境영향 評價등 이미 끝

내"; 《매일경제》, 1987.2.14, "上·中溪 마들평야 副都心으로, 20만 명 수용 初·中·高도 26개, 공공기관 백화점까지 들어서, 住公이어 16개 민간업체 올 본격 분양."

10 《매일경제》, 1988.4.25, "서울 택지 바닥, 지방 진출 탐색, 신규 조성 땅 住公 등서 독차지, 민간업체 사업 중단상태"; 《동아일보》, 1988.6.20, "택지 바닥…녹지가 위태롭다, 잇따른 허가움직임 주거환경 파괴 위험."

11 《매일경제》, 1988.4.18, "5년 내 2백만 호 건설 蔡 민정대표 공약."

12 《매일경제》, 1989.2.15, "택지 개발, 90년까지 5,700만평 공급" "산본 지구, 인구 20만 명 신시가지 도약."

13 《동아일보》, 1989.4.27, "盆唐(城南) 一山(高陽)에 신都市, 盆唐 10萬5千 一山 7萬5千 가구, 91년 入住, 11월 (盆唐) 내년 1월(一山) 채권입찰 분양, 분당~잠실, 일산~구파발 電鐵 92년 완공, 개발지역 先買權 발동 土開公 매수."

14 《매일경제》, 1991.7.11, "전시행정이 경제왜곡"; 《동아일보》, 1991.7.12, "2백만 호 주택 건설은 현대판 바벨탑, 본회의 신도시 부실 공방"; 《한겨레신문》, 1990.10.2, "2백만 호 주택 건설 서민에겐 그림의 떡"; 한겨레신문, 1990.9.4. "2백만 호 건설에 회의 80%, 물량 공급 필요는 70% 찬성 … 서울대 연구소 대도시 아파트 거주자 대상 설문 조사 결과"; 《경향신문》, 1991.9.12, "주택 2백만 호 달성 8월말로 공식 발표"; 《매일경제》, 1992.5.9, "주택 200만 가구 건설 뒤늦게 자화자찬."

15 서울 인구 1970년 543만 3,198명, 1990년 1061만 2,579명, 「서울도시계획연혁」, 서울시, 2016, p.15-16.

16 "두 개의 길, 전철협과 전철연," 《한겨레 21》, 2005.5.6.

17 공동주택연구회, 『MA와 하우징 디자인』, 동녘, 2007; 동아일보, 1983.7.15; 경향신문 1983.7.15; 『서울 도시와 건축』, 서울특별시, 2000, pp.32-37.

18 손정목, 『서울 도시계획 이야기』, 제4권, 2003, pp.343-345; Jung, S.H., "Oswald Nagler, HURPI, and the Formation of Urban Planning and Design in South Korea: The South Seoul Plan by HURPI and the Mok-dong Plan," *Journal of Urban History, 40*(3), 2014, pp.585-605; Oh, S.H & Yim, D.K., *50 Years of Planned Cities in Seoul Metropolitan Area 1961-2010*, Architecture & Urban Research Institute. AURI, 2014, pp.113-120; Kim, J.I., "The Influences of Linear City Form on the Spatial Schemes of Korean New Towns and Their Characteristics", *Journal of the Korea Planners Association*, 45(2), 2010, pp.51-68.

19 손정목은 목동 계획에 네글러뿐만 아니라 김익진, 강위훈이 직간접으로 참여했고, 우규승, 강홍빈은 네글러와 직접 교류했을 것이라고 구술했다. 손정목과의 대담, 서울시립대, 2014.8.18.

20 「서울都市計劃沿革)」, 서울시, 1991, pp.605-606, 831-832, 840-883.

21 윤한섭, 김성홍, 「테헤란로 고층사무소 건물저층부의 公共空間에 관한 연구」, 『대한건축학회 논문집 계획계』, 제19권 3호, 2003, pp.3-10.

22 「주택법」, 제2조(정의) 주택단지.

23 김성홍, "소비공간과 도시: 신도시 대형할인점과 문화이데올로기" 『대한건축학회 논문집 계획계』, 제16권 1호, 통권 135호. 2000, pp.3-10.

4. 도려내기와 덧대기

1 「서울의 건축주택행정」, 서울시 주택정책실 자료, 2011.

2 장남종, 맹다미, 민승현, 『서울시 뉴타운·재개발 해제지역의 실태조사 분석연구』, 서울연구원연구보고서, 2013-BR-10, 2014.11.28, pp.36-38.

3 뉴타운사업의 해제에 관한 두 문단은 저자의 이전 글에서 인용, 수정하였다. 김성홍, 「제5장 민간건축의 건립과 변화」, 『서울2천년사』, 35권 현대서울의 도시건설, 서울역사편찬원, 2016, p.323; 김성홍, 「땅과 용적률의 인문학」, 『서울의 인문학, 도시를 읽는 12가지 시선』, 창비, 2016, pp.205-206.

4 조세희, 『난장이가 쏘아올린 작은 공』, 1978.

5 「서울都市計劃沿革」, 서울시, 2001, p.1151; 「주택개량촉진에 관한 임시조치법」의 개정과 폐지에 관한 내용은 다음 기사를 참조했다. 《매일경제》, 1973.4.10, "주택개량촉진법 시행령안 의결", "1973년 4월 9일 하오 경제장관회의는 주택개량촉진에 관한 임시조치법 시행령안을 의결"했다고 보도했다; 《매일경제》, 1976.12.3, 6면 "도시계획법과 주택개량臨措法 개정폐지를 건의, 서울시 再開發法 입법계기로."

6 「서울都市計劃沿革」, 서울시, 2001, pp.1160-1169.

7 《매일경제》, 1972.8.11, "주택건설촉진법 등 83회 임시국회 제출"; 《매일경제》, 1979.12.25, "성장과 투기로 점철 70년대 부동산 결산, 주택촉진법."

8 《매일경제》, 2002.10.7, "주택건설촉진법 30년 만에 주택법으로 변경."

9 권순형, 백성준, 이종훈, 「주택재개발사업과 주택재건축사업의 물리적 특성과 사업 구분에 관한 연구」, 『부동산연구』, 제23집 1호, 2013.4, 133~150.

10 「서울都市計劃沿革」, 서울시, 2001, p.1162.

11 토지구획정리사업지구, 택지개발사업지구의 면적은 2012년 서울시 주택정책실 자료를, 재개발·재건축 사업 구역은 2017년 서울시 도시상임기획단 자료를 참조했다.

12 「서울특별시 도시 및 주거환경정비 조례」, 제2조(정의).

13 서울시 도시상임기획단 자료, 2017.

14 「도시정비법 시행령」 〈별표 1. 정비계획의 입안대상 지역〉 제3호 다. 노후·불량건축물로

서 기존 세대수가 200세대 이상이거나 그 부지면적이 1만 제곱미터 이상인 지역.

15 Kim, S.H., Cinn, E.G., Ahn, K.H., Kim, S.B., Chung, I.S., Jeong, D.E., and Enos, R., 2016, *The FAR Game: Constraints Sparking Creativity*, SPACE Books, p.50.

16 Kim, S.H., "High Density Dilemmas: Apartment Development vs. Urban Management Plan in Seoul," *Seoul Studies*, The Seoul Institute, Vol.19. No.4, 2018, pp.1-19.

17 「도시 및 주거환경정비법」, 제10조(임대주택 및 주택규모별 건설비율); 「정비사업의 임대주택 및 주택규모별 건설비율」, 제4조(재개발사업의 임대주택 및 주택규모별 건설비율); 제5조(재건축사업의 임대주택 및 주택규모별 건설비율)

18 2005년 3월 18일 개정 「도시 및 주거환경정비법」에서 제4조의2(주택의 규모 및 건설비율)를 신설하여 주택재건축사업 시행 시 임대주택을 공급하도록 의무화했다; 2009년 4월 22일 개정 「도시 및 주거환경정비법」은 이 조항을 삭제하고 제30조의3(주택재건축사업의 용적률 완화 및 소형주택 건설 등)을 신설했다. 개정 이유 및 주요 내용은 다음과 같다. "재건축사업은 도심지 내 주택공급이라는 순기능에도 불구하고 과거 주택가격 급등기에 마련된 과도한 규제로 더 이상 추진되지 못하고 있는바, 재건축사업에 대한 임대주택 건설의무를 폐지하고 용적률을 완화함으로써 장기적인 주택 수급 안정을 통해 도심지 내 재건축 소형주택의 공급기반을 구축하고 경기를 활성화하기 위해 주택재건축사업의 주택규모 및 건설비율을 합리적으로 개선·보완하려는 것임." 이로써 주택재건축사업은 상한 용적률까지 개발할 때만 추가분의 일정 비율을 소형주택으로 건설하면 되도록 바뀌었다; "주택재건축사업도 임대주택 공급 의무화 추진해야," 참여연대 논평, 2019.4.25. http://www.peoplepower21.org/StableLife/1625917

19 『서울의 도시형태 연구』, 서울시정개발연구원, 2009, p.220-223.

20 김성홍, 『길모퉁이 건축』, 현암사, 2009, p.265.

21 2018년 잠실 5단지 주거복합시설 국제 설계 공모는 1단계 공모에서 선정된 팀과 지명 초청된 팀이 2단계에서 경쟁하는 혼합 방식이었다. 1단계에서 선정된 팀은 MMK, 가아건축, 행림건축을 주축으로 한 3개 팀, 지명 건축가는 조성룡, 운생동, Fritz van Dong, Christian de Portzamparc였다. 조성룡 성균관대 석좌교수 안이 당선되었다.

2부 제약

1. 땅과 법

1 Abrahamse, Jaap Evert, *Eastern Harbour District Amsterdam : urbanism and*

architecture, Rotterdam : NAi Publishers, 2003.

2 Steadman, Philip, *Building Types and Built Forms*. Matador, 2014, pp.221.

3 Lehnerer, Alex, *Grand Urban Rules*, Rotterdam: Nai010, 2013.

4 Between Idea and Concept, Dong Joon Lee, Stocker Lee Architetti, Mendrisio, www.stocker-lee.ch, 2019 Fall Lecture Series, 서울시립대, 2019.10.21.

5 최찬환, 『건설정책과 제도』, 1998; 윤혁경, 『건축법 조례해설』, 기문당, 2001; 김종보, 『건설법의 이해』, 제6판, 도서출판 Fides, 2018.

6 김성홍, 「한국의 건축운동 어떻게 볼 것인가」, 『건축과 사회』, 제25호, 2013 특별호[특집: 한국 현대건축 운동의 흐름] (사)새건축사협의회, 2013, pp.10-27(원출처: 김영섭, 「1993/1994 건미준의 전설과 기록」).

7 김종보, 『건설법의 이해』, 제6판, 2018, 도서출판 Fides, p.29.

8 김주덕, 「건축법의 이념과 해석 원리」, 『월간건축사』, 577(1705) [건축과 법률 이야기] http://kiramonthly.com/the-ideology-interpretation-principle-of-the-building-code/

9 서울특별시 도시계획국, 「도시계획 업무편람」, 제2권 도시관리계획 등 실무 이해, 2018, p.16.

10 김성홍, 「2000년 이후 도시건축의 대형화와 건축사사무소의 변화에 관한 연구」 『대한건축학회 논문집 계획계』, 제25권 10호, 통권 252호, 2009, 121-130.

11 서울주택토지공사, 「위례택지개발사업 지구단위계획 시행지침」, 2018; 「주택법」 제35조(주택건설기준 등) 〉「주택법시행령」 제45조(주택건설기준 등에 관한 규정) 〉「주택건설기준 등에 관한 규정」 제10조(공동주택의 배치) 〉 국토교통부장관 고시 「공동주택 디자인 가이드라인」 〉 한국토지주택공사와 서울주택도시공사의 설계 지침으로 이어지는 일련의 과정과 지침이 새로운 아파트 설계를 가로막고 있다.

2. 용적률

1 2010년 제일모직과 신세계가 서울 강남구 청담동 일대 최고가 건물을 앞다투어 사들이고 있는데 이는 재벌 2, 3세에게 힘을 실어주기 위한 포석이라는 분석 기사가 실렸다. 《MK뉴스》, 2010.1.31, "청담동 패션가 접수한 신세계, 삼성."

2 건설투자가 GDP에 차지하는 비중은 1972년 10.5%에서 1989년 19%로 꾸준히 증가했고 1990년대 초반에는 20%를 넘어섰다. 1992년부터 하락하기 시작해 1997년 외환위기를 겪은 후 1999년에는 16.5%로 낮아졌지만, 이 비율은 서구 선진국보다 여전히 높았다. 김성홍, 「제5장 민간건축의 건립과 변화」, 『서울2천년사』, 35권 현대서울의 도시건설, 서울역사편찬원, 2016, p.303.

3 Kim, S.H., Cinn, E.G., Ahn, K.H., Kim, S.B., Chung, I.S., Jeong, D.E., and Enos, R., *The FAR Game: Constraints Sparking Creativity*, 2016, p.41.

4 http://www.citymayors.com/features/largest_cities1.html

5 앞의 책, p.43, 48.

6 앞의 책, p.47.

7 건설부 지가조사국, 「지가공시에 관한 연차보고서, 1990.9」; 건설교통부, 「지가공시에 관한 연차보고서, 2000.1」; 국토해양부 토지정책관 부동산평가과, 「부동산 가격공시에 관한 연차보고서, 2010.8」

8 1916 New York Zoning Ordinance.

9 "Tall office buildings in Chicago and New York: the constraints of the site," "Why office buildings became so tall in Chicago and New York," "The shapes and the size of blocks and lots in Manhattan and the Loop," "The plans and forms of New York skyscrapers to 1916," In Steadman, Philip, *Building Types and Built Forms*. Matador, 2014, pp.205-210; 220-223.

10 *International Urban Form Study: Development Pattern and Density of Selected World Cities*, Seoul Development Institute, 2003, p.336, 350, 518, 568.

11 Baird, George, "Urban Americana: A Commentary on the Work of Gandelsonas," *Assemblage 3*, 1987.

12 《가디언》지 로완 무어는 신자유주의 체제에서 런던에서 벌어지고 있는 고층 건물 경쟁을 비판했다. Moore, Rowan, "London vs Seoul: Life After FAR", Kim, S.H., Cinn, E.G., Ahn, K.H., Kim, S.B., Chung, I.S., Jeong, D.E., and Enos, R., *The FAR Game: Constraints Sparking Creativity*, 2016, pp.124-129.

13 Tokyo History: Shinjuku Then and Now, October 7, 2015, https://resources.realestate.co.jp/news/shinjuku-then-and-now/

14 *International Urban Form Study: Development Pattern and Density of Selected World Cities*, Seoul Development Institute, 2003, p.178, 189.

15 The People's Republic of China State Council Decree No. 55 "The Provisional Regulations for the Provision and Transfer of People's Republic of China on Urban State-Owned Land Use Rights," https://www.chinasmack.com/chinese-land-use-rights-what-happens-after-70-years

16 라이트는 1인인지 1가구인지 명확히 밝히지 않았다.

17 로비 하우스 면적 참조 9,000sqft(841.9m^2) http://en.wikipedia.org/wiki/Robie_House

18 Pont, Meta Berghauser et al., "Diversity in Density: Looking Back and Forth," Kim, S.H., Cinn, E.G., Ahn, K.H., Kim, S.B., Chung, I.S., Jeong, D.E., and Enos, R., *The FAR Game: Constraints Sparking Creativity*, 2016, pp.148-157.

19 *Wall Street Journal*, July 27, 2012, Florida, Richard, "For Creative Cities, the Sky Has Its Limit," https://www.wsj.com

3. 시간과 비용

1 Koolhaas, Rem, *S,M,L,XL*, Monacelli Press, 1995.

2 렘 콜하스의 OMA를 비롯해 프랭크 게리(Frank Gehry), 자하 하디드(Zaha Hadid), 리처드 마이어(Richard Meier), 안도 다다오(Ando Tadao), 렌조 피아노(Renzo Piano), 헤르초그 & 드뫼롱(Herzog & de Meuron), 세지마(Sejima), 니시자와(Nishizawa)의 SANAA, 시게루 반(Shigeru Ban), 스티븐 홀(Steven Hall), 데이비드 치퍼필드(David Chippefield), 스노헤타(Snohetta), BIG, SOM, KPF 등이 FRONT의 도움을 받아 프로젝트를 실현했다.

3 "Materialistics," Michael Min Ra, Principal, FRONT Inc.+ Hwan Kim, Associate, 서울시립대 특강, 2019.10.31.

4 대담, Christople Girot, ETH, 2019.11.29.

5 대담, JYA-architects, 조장희, 원유민, 2015.4.11.

6 https://www.architectural-review.com/buildings/ningbo-museum-by-pritzker-prize-winner-wang-shu/5218020.article

7 https://www.pritzkerprize.com/laureates/2012

8 《중앙일보》, 2013.4.13, [인터뷰] 건축계 노벨상 '프리츠커상' 이토 도요오.

9 인터뷰, Peter Schmal, Director, DAM, 2019.11.9, 서울

10 함인선, 『정의와 비용 그리고 도시와 건축』, 마티, 2014, p.11, 19, 41.

11 함인선, '청년건축인협의회,' 2013.

12 The Swiss Society of Engineers and Architects(SIA).

13 취리히 연방 공과대학 건축학과 마르크 안젤릴, 와르크 힘멜라이히 엮음, 정현우 옮김, 『건축문답: 입장-개념-비전』, 미진사, 2020, p.11.

14 "Between Idea and Concept", Dong Joon Lee, Stocker Lee Architetti, Mendrisio, Switzerland, 서울시립대 특강, 2019.10.21.

15 김경민, 『도시개발, 길을 잃다』, 시공사, 2011.

16 「사회간접자본시설에 대한 민간자본유치촉진법(약칭, 민간투자법)」.

17 김성홍, 「유리 건축, 이상한 아이콘」, 《중앙일보》, [삶의 향기], 2011.8.16.

18 2005년 12월 2일 「건축법 시행령」 개정 공포.

19 「건축법」, 「서울특별시 건축조례」, 「국토교통부 고시」에 따른 「서울특별시 건축물 심의기준」 제5장 창의성(우수디자인 공동주택등).

20 http://www.hdec.kr/

21 박철수, 박인석 『건축가가 지은 집 108』, 집, 2014.

4. 건축 방언과 버내큘러

1 "the form of a language that a particular group of speakers use naturally, especially in informal situations" https://dictionary.cambridge.org

2 www.merriam-webster.com/dictionary/

3 www.ldoceonline.com/ko/dictionary/

4 "a local style in which ordinary houses are built." https://dictionary.cambridge.org

5 https://www.etymonline.com/

6 "Singapore Songline", in Koolhaas, Rem and Mau, Bruce, *S,M,L,XL*, New York: The Monacelli Press, 1995; "The Generic City," in Koolhaas, Rem and Mau, Bruce, *S,M,L,XL*, New York: The Monacelli Press, 1995, p.1250.

7 페레토는 서울대 건축학과에서 가르치고 실무를 했으며 홍콩대에서 아시아 도시에 관한 연구, 집필, 전시 활동을 하고 있다. Ferretto, Peter, "Here and Now Seoul: Ten memos for Our Present Millenium," In KIM et al.(eds.), *The FAR Game: Constraints Sparking Creativity*, pp.130-138.

8 김성홍, 『도시건축의 새로운 상상력』, 현암사, 2009, p.7; Chakrabarty, Dipesh, *Provincializing Europe*, Princeton University Press, 2000.

9 김성홍, 위니 마스(Winy Maas), MVRDV 인터뷰, 2016.4.7, 서울시청.

10 Jencks, Charles. *The Language of Post-modern Architecture*. New York: Rizzoli. 1977.

11 김성홍, 「근현대건축의 모폴로지 이론과 건축설계」, 『建築歷史硏究』, 제13권 4호, 통권 40호, pp.89-105; Venturi, Robert et al., *Learning from Las Vegas: The Forgotten Symbolism of Architectural Form*. The MIT Press. 1972, pp.3-37.

12 김성홍, 「Focus 기획자 노트, 한국건축의 최전선은?」, 『아트인컬처』 2017.4, pp.76-79.

13 줄리언 워럴은 일본의 근대건축을 연구하고 일본 현대건축 전시 큐레이팅 작업을 했던 호주의 건축학자이다. Worrall, Julian, "The Nakwon Principle," In KIM et al.(eds.), *The FAR Game: Constraints Sparking Creativity*, pp.140-147; Kaijima, M., Kuroda,

J., Tsukamoto, Y., *Made in Tokyo: Guide Book*, 鹿島出版会, 2001. 가이지마와 쓰카모토는 아틀리에 바우와우(Atelier Bow-Wow)의 대표다.

14 페레토는 '근대고고학(Modern Archaeology)'이라는 제목의 장에서 세운상가를 다루었다. Ferretto, Peter, "Here and Now Seoul: Ten memos for Our Present Millenium," In KIM et al.(eds.), *The FAR Game: Constraints Sparking Creativity*, p.135.

15 Said, Edward, *Orientalism*, New York: Vintage 1978.

16 조앤 샤프 지음, 이영민·박경환 옮김, 『포스트 식민주의의 지리』, 도서출판 여이연, 2011; Sharp, Joanne P., *Geographies of Postcolonialism*, Sage, 2008.

17 Seligmann, Ari, "The Collaborative Construction of Timber Tradition in Japanese Architecture," In SAH-Asia Conference, Re. Asia: Architecture as Method, the University of Adelaide, 2017.6.30.-7.6.

18 Yoshimi, Shunya, "Asian Protocols, Defying Verbalizaion," In *Muntadas: Asian Protocols, Similarities, Differences and Conflict, Japan, China, Korea*, 2016, Tokyo: 3331 Arts Chiyoda, p.38.

19 김성홍, 「한국 현대건축 운동의 흐름, 1987-1997」, 『종이와 콘크리트: 한국 현대건축 운동 1987-1997』, 국립현대미술관, 2017, pp.32-41.

20 Ahn, Susann Valerie, *Cultural Laboratory Seoul: Emergence, Narrative and Impact of Culturally Related Landscape Meanings*, Doctoral Thesis ETH Zürich, 2019.

21 Muntadas, Antoni, *Muntadas: Asian Protocols, Similarities, Differences and Conflict, Japan, China, Korea*, 2016, Tokyo, March 20-April 17, 2016, Press Release.

22 탁석산, 『한국의 정체성』, 책세상, 2000.

23 Ferretto, Peter, "Here and Now Seoul: Ten memos for Our Present Millenium," In KIM et al.(eds.), *The FAR Game: Constraints Sparking Creativity*, p.131.

24 김성홍, 「제5장 민간건축의 건립과 변화」, 『서울2천년사』, 35권 현대 서울의 도시건설, 서울역사편찬원, 2016, pp.273-329.

25 문화적 가치를 갖는 건축물로서, 실무로서, 학문으로서 제도화되지 않았다는 의미에서 이상헌은 건축이 없다고 했다. 이상헌, 『대한민국에 건축은 없다』, 효형출판, 2012.

3부 관성

1. 방의 구조

1 Le Corbusier, *Towards a New Architecture*(Trans. by F. Etchells), New York: Dover Publications, Inc, 1931.

2 1980년대 후반 영국 런던대에서 정립한 공간구문론(space syntax)은 이것을 '공간 구조(morphology, 모폴로지)'라고 한다. 폭넓은 역사적 관점과 분석적 방법론을 결합했던 초기의 공간구문론은 컴퓨터 소프트웨어 개발 이후 계량적 분석 도구로 성격이 바뀌었다. Hillier, B. & Hanson, J., *The Social Logic of Space*, Cambridge University Press, 1984. 이 책은 초기의 공간구문론의 공간 사회적 이론에 바탕을 두고, 2000년대 후반 미국의 조지아 공대에서 발전시킨 '바닥 형태(floorplate shape)' 연구를 참조하여 분석 방법론을 참조했다. Shpuza, Ermal & Peponis, John, "The effect of floorplate shape upon office layout integration," In *Environment and Planning B: Planning and Design*, volume 35, pp. 318-336, 2008; Shpuza, Ermal, "Allometry in the syntax of street networks: evolution of Adriatic and Ionian coastal cities 1800-2010," In *Environment and Planning B: Planning and Design*, volume 41, 2014.

3 공간 구조(방 구조)의 개념은 원시 움막, 판테온, 바실리카, 매트릭스, 복도, 파놉티콘을 예를 들어 설명한 저자의 저서 참조. 김성홍, 『도시건축의 새로운 상상력』, 현암사, 2009, pp.96-99.

4 에번스는, 개인보다는 군집, 자기 수련과 고독보다는 만남과 사교가 보편적이던 16세기 이탈리아에서는 매트릭스 평면이 적합했다는 흥미로운 해석을 내놓았다. 반면 육체보다는 정신을 우위에 두는 19세기 청교도 시대 영국에서는 복도형 주택이 더 적합했다고 한다. 특별한 이유 없이 남의 방에 들어가는 것을 금기하는 사회에서 복도는 프라이버시를 확보해주는 장치였다는 것이다. Evans, R., "Figures, Doors and Passages", In *Architectural Design*, No. 4, 1978, pp. 267~278.

5 철근콘크리트 기둥에 육중한 지붕을 얹은 주한 프랑스대사관(1959~1962) 리셉션 홀은 3×3 모듈, 대사관저는 3×3 모듈을 변형한 5×3.5 모듈 평면이다. 김중업이 설계한 방배동 민씨 주택(1980) 역시 3×2 모듈이지만 중앙 복도를 하나의 모듈로 보면 3×3 모듈 평면이다. 기둥 간격도 4.5m로 당시 주택에서 사용하지 않았던 치수였다. 김중업은 1952~1956년 르코르뷔지에 사무실에서 실무를 익히면서 한국인에게 이질적인 9분할 공간 구조를 습득했을 것이다. 〈김중업 건축전〉, 김중업 건축박물관, 2015.3.

6 공간구문론은 요철 모양의 방을 콘벡스(convex) 단위로 나눈다. 콘벡스는 사전적으로는 볼록한 면을 뜻하지만 유클리드 기하학에서 선으로 이어진 도형 안 임의의 두 점을 직선

으로 연결했을 때 그 직선이 항상 그 도형 안에 있는 도형을 뜻한다. 두 사람이 각각 어느 지점에 서 있더라도 서로 마주 볼 수 있는 내부 공간이 있다면 그것이 콘벡스이다. 공간구문론 연계도는 콘벡스의 연결망이다.

7 방 a에서 방 i까지 가는 경로는 a > c > f > i, a > c > g > i, a > d > g > i(3단계), a > b > e > h > f > i, a > b > e > c > f > i, a > b > e > c > g > i, a > c > e > h > f > i, a > d > g > c > f > i(5단계), a > d > g > c > e > h > f > i(7단계)가 있다. 모두 9개 경로가 있다.

1-1. 횡장형 평면

1 용산구 한강맨션아파트 주택재건축정비사업, 서울시 건축위원회 자료, 2018.11.27; 방배경남아파트 주택재건축정비사업; 신반포 18차 주택재건축정비사업, 서울시 건축위원회 자료, 2018.4.10.

2 횡장형(橫長形)과 종심형(縱深形) 평면에 대한 정의 및 논의는 저자의 이전 저서 참조. 김성홍, 『도시건축의 새로운 상상력』, 현암사, 2009, pp.112~115, 117, 179, 239, 240, 258.

3 강윤정, "서울의 단독주택 7080," 『Design Research Studio Review Book, Architectural Design Studio VIII 2019』, 서울시립대학교 건축학부, 2019.12, pp.6-7.

4 《중앙일보》, 2012.11.5, "다가구 주택 발코니 확장해도 된다."

5 「주거기본법」 제17조(최저 주거기준의 설정); 국토교통부 고시 최저 주거 기준. 부부는 방 1개와 식당 겸 주방이 있는 $26m^2$, 부부와 2자녀는 방 3개와 식당 겸 주방이 있는 $43m^2$.

6 「다중생활시설 건축기준」, 국토교통부 고시, 2015.12.4. 제정.

7 "도시 빈자들의 최후 주거지, 지옥고 아래 쪽방," 《한국일보》 특집, http://interactive.hankookilbo.com/v/jjogbang/index.html

8 《연합뉴스》, 2020.1.8, 국가인권위원회는 고시원·쪽방 등 열악한 주거 환경 관련 법·규정 마련을 국토교통부에 권고했다.

9 조재은, "일점투시도로본 서울의 방," 『Design Research Studio Review Book, Architectural Design Studio VIII 2019』, 서울시립대학교 건축학부, 2019.12, pp.22-23.

10 Kim, Sung Hong, "High Density Dilemmas: Apartment Development vs. Urban Management Plan in Seoul," *Seoul Studies*, The Seoul Institute, Vol.19, No.4. December 2018, pp.1-19.

1 Ferretto, Peter, "Here and Now Seoul: Ten Memos for Our Present Millenium," In KIM S. H. et al.(eds.), *The FAR Game: Constraints Sparking Creativity*, p.138.

2 Porphyrios, Demetri, "The Burst of Memory: an Essay on Alvar Aalto's Typological Conception of Design", In *Architectural Design 1979 Vol 49 5-6/79*, pp.143-147; Colquhoun, Alan, "Alvar Aalto: Type versus Function", In *Essays in Architectural Criticism; Modern Architecture and Historical Change*. The MIT Press, 1981, pp.75-80.

3 2007년 현재 우리나라의 경제활동인구 중 자영업자는 31.8%, 그중에서도 도·소매, 음식·숙박, 운수업 등 영세자영업자의 비율은 13.8%였다. 같은 시점 단독주택 다가구·다세대 주택, 연립주택을 제외한 아파트 전체 연면적은 30.8%, 근생은 16.3%, 업무시설은 10.4%였다. 김성홍, 『길모퉁이 건축: 건설 한국을 넘어서는 희망의 중간건축』 현암사, 2011, p.170, 218(원자료: 서울시정개발연구원, 「1995~2000년 서울시연상면적」, 「2005~2007년 서울시연상면적」).

4 Kim, S.H. et al.(eds.), *The FAR Game: Constraints Sparking Creativity*, SPACE Books, 2016, p.51.

5 "《한국경제신문》, 2018.7.21, 국세청 국세 통계에 따르면 도·소매업과 음식, 숙박업 등 자영업 4대 업종은 2016년 48만 3,985개가 새로 생기고, 42만 5,203개가 문을 닫았다."

6 《서울신문》, 2019.10.4, "서울 자영업자 6년 안에 절반 폐업."

7 김성홍, 『길모퉁이 건축』, 현암사, 2011, p.50-51; 김홍식, 『민족건축론』, 한길사, 1987.

8 박일향, 「20세기 후반 서울의 간선도로변 고층화정책과 맞벽건축」, 서울대 대학원 박사학위 논문, 2019, pp.73-77, 109, 119, 120.

9 박철수, 『박철수의 거주 박물지』, 집, 2018, p.27.

10 김동현, 「주상복합의 딜레마, 수도권 대규모 주상복합건축의 용도 비율에 따른 저층부 상업공간에 관한 연구」, 서울시립대 도시과학대학원 석사학위 논문, 2019, p.49; 장박원, 『아파트 이야기(삼일아파트)』, 매일경제, 2009.

11 이명주, 「신사동 가로수길 블록의 상업화에 따른 건축물 변화 연구」, 서울시립대 석사학위 논문, 2013, p.50.

12 김성홍, 「서울 강남 주거지역의 상업화와 건축의 변화에 관한 연구」, 『대한건축학회 논문집 계획계』, 제28권 3호, 통권 281호, 2012, pp.127-136; 권태구, 「강남역 일대의 도시조직과 건축물 변화에 관한 연구」, 서울시립대 대학원 석사학위 논문, 2013, p.65.

13 김연록, 「서울 송파구 주거지역 내 시장 가로변의 중규모 복합용도 건축물의 특성에 관한 연구」, 서울시립대 대학원 석사학위 논문, 2014, p.45, 66.

14 김예지, 「서울 서교동 주거지의 상업화와 건축물 변화 연구」, 서울시립대 대학원 석사학위 논문, 2013.

15 신재일, 「서울 연희동 일대 단독주택의 근린생활시설 복합화에 관한 연구」, 서울시립대 도시과학대학원 석사학위 논문, 2017.

16 이지연, 「서울 화양동 주거지 도시조직의 변화에 관한 연구」, 서울시립대 대학원 석사학위 논문, 2009; 이지연, 김성홍, 「서울 화양동 주거지역의 도시조직과 상업화에 따른 건축물의 변화」, 『대한건축학회 논문집 계획계』, 제29권 1호, 통권 291호, 2013, 31-40.

17 「주택건설촉진법」 [시행 1984. 9. 1.]

18 김성홍, 「제5장 민간건축의 건립과 변화」, 『서울2천년사』, 35권 현대서울의 도시건설, 서울역사편찬원, 2016, p.318, 320.

19 「서울특별시 도시계획 조례」, 제55조(용도지역 안에서의 용적률) 제3항, [별표3] 상업지역 내 주거복합건축물의 용도 비율 및 용적률 〈개정 2019.3.28.〉

20 김동현, 「주상복합의 딜레마, 수도권 대규모 주상복합건축의 용도 비율에 따른 저층부 상업공간에 관한 연구」, 서울시립대 도시과학대학원 석사학위 논문, 2019, p.42, 43, 44(원자료 출처: 국토교통부 통계누리, http:/stat.molit.go.kr, 한국감정원 부동산 통계).

21 유철희, 「주택인 듯, 주택 아닌, 주택 같은: 오피스텔이라는 건축 유형에 관하여」, 『Design Research Studio Review Book, Architectural Design Studio VIII 2019』, 서울시립대학교 건축학부, 2019.12.

22 정모영, 「위례신도시의 오피스텔과 공동주택의 건축적 특성 비교연구」, 서울시립대 도시과학대학원 석사학위 논문, 2019, p.41, 104-106.

3. 주차장

1 설계자와의 수의 시담(계약 전에 계약 금액을 결정하기 위한 가격 협상으로 수의계약과 시담의 합성어), 설계자(당선자)를 낙찰자로 보는 등 「국가를 당사자로 하는 계약에 관한 법률(약칭, 국가계약법)」, 「지방자치단체를 당사자로 하는 계약에 관한 법률(약칭, 지방계약법)」에 있는 독소 조항이 건강한 건축 생태계를 가로막아왔다. 2017년 국토교통부가 고시한 「건축설계공모운영지침」은 수의 시담을 통해 건축설계비를 삭감하는 관행을 없도록 했다. 박인석, 『건축이 바꾼다: 집, 도시, 일자리에 관한 모든 쟁점』, 마티, 2017.

2 대한건축사협회 건축사신문, 2018.2.19, www.ancnews.kr, 「주차방법 시행규칙」 2019.3.1. 시행.

3 김성홍 「서울 강남 주거지역의 상업화와 건축의 변화에 관한 연구」, 『대한건축학회 논문집 계획계』, 제28권 3호, 통권 281호, 2012, pp.27-136.

4 준주거지역을 제외한 주거지역은 313km^2, 저층 주거지는 111km^{2}이다. 서울주택도시공

사 도시재생기획처, "빈집활용 및 소규모 주택 활성화를 위한 공공지원 방안," 서울시 저층 주거지 재생 2차 심포지엄, 소규모 주택 정비 활성화 방안, 서울특별시, 2018.8.30.

5 박선영, 「서울 해방촌 경사지 주택 건축의 유형 및 변용」, 서울시립대 석사학위 논문, 2015.

6 박기범, 「주택관련법제에 따른 주거지 변천에 관한 연구」, 서울시립대 박사학위 논문, 2005.

7 Kim, S.H. et al.(eds.), *The FAR Game: Constraints Sparking Creativity*, SPACE Books, 2016, p.49-50.

8 김성홍, 「지루함의 역설, aoa의 건축」, 『제10회 젊은 건축가상 2017』, 시공문화사, 2017, pp.16-29.

9 「도시형생활주택 층수 완화 심의기준」, 『대한건축학회 논문집』.

10 「주차장법」과 「주차장법 시행령」에 따른 「서울시 주차장 설치 및 관리조례」, 제20조(부설주차장의 설치기준); 「주택법」에 따른 「주택건설기준 등에 관한 규정」 제27조(주차장); 「서울특별시 공동주택 건설 및 공급 등에 관한 조례」 제11조2(원룸형 임대주택의 주차장 설치기준).

11 조영범, 「서울시 역세권 2030청년주택의 도시·건축적 특성」, 서울시립대 도시과학대학원 석사학위 논문, 2018; 「서울특별시 역세권 청년주택 공급 지원에 관한 조례」 제13조(주차장 설치기준 완화) 상업지역: 전용 30m^2 이하 〉 0.25대/세대, 전용 30m^2 초과~50m^2 이하 〉 0.3대/세대, 상업지역 이외의 지역: 전용 30m^2 이하 〉 0.35대/세대, 전용 30m^2 초과~50m^2 이하 〉 0.4대/세대; 제17조(공공임대주택의 임차인 자격 등).

12 Kim, S.H., "High Density Dilemmas: Apartment Development vs. Urban Management Plan in Seoul," *Seoul Studies*, The Seoul Institute, Vol.19, No.4, 2018, pp.1-19.

13 「건축법」, 제2조(정의), 「건축법시행령」, 제3조의3(지형적 조건 등에 따른 도로의 구조와 너비); 「도로법」 제2조(정의), 「사도법」 제2조(정의).

14 서울시 지구단위계획구역 내 도시계획시설변경(안), 서울시, 2020.5; (원출처: 2020 실효 대비 장기 미집행 도시계획시설 재정비계획, 서울특별시, 도시계획국 시설계획과, 2018).

15 '서울시도시계획현황, 「2020 서울특별시 도시계획위원회 매뉴얼 심의기준」, 서울특별시, 2020.

16 「서울시 주차장 설치 및 관리조례」, 제20조(부설주차장의 설치기준); 제21조(부설주차장의 설치제한지역 및 설치제한 기준 등).

17 「익선 지구단위계획」, 서울특별시, 2018.

18 「지구단위계획 수립 지침」, [국토교통부훈령 제1131호, 2018.12.21, 일부개정]; 국가법

렁정보센터, http://www.law.go.kr/

19 「이화동 일대 지구단위계획」, 「회현동 일대 지구단위계획」, 「장충동 일대 지구단위계획」, 서울특별시, 2018~2019.

20 e-나라지표, http://www.index.go.kr; 국가통계포털, http://kosis.kr; 한국자동차공업협회, 2011 세계자동차통계.

4부 명제

1. 아름다운 것에는 규칙이 있다

1 에릭 켄델, 이한음 옮김, 『어쩐지 미술에서 뇌과학이 보인다: 환원주의의 매혹과 두 문화의 만남』, 프시케의 숲, 2019.

2 https://www.oasys-software.com/case-studies/architecture-dragonfly-wing/

3 Cassirer, Ernst, *The Philosophy of Symbolic Forms*, Yale University Press, 1955 (German in 1923-1929). Cassirer, Ernst, *An Essay on Man: An Introduction of a Philosophy of Human Culture*, Yale University Press, 1944/1972.

4 Langer, Susanne K., *Philosophy in a New Key: A Study in the Symbolism of Reason, Rite, and Art*, Harvard University Press, 1942; Langer, Susanne, *Feeling and Form, A Theory of Art*, New York: Charles Scribner's Sons, 1953.

5 Langer, 앞의 책, p.87.

6 http://www.artnet.com/artists/tara-donovan/

7 http://www.andreasgursky.com/en

8 http://www.heatherwick.com/project/uk-pavilion/

9 Magee, Bryan, *The Philosophy of Schopenhauer*, Oxford University Press, 1997, pp.176-178.

10 Goodman, Nelson, "How Buildings Mean," Alperson, P.(ed.), *The Philosophy of the Visual Art*, Oxford University Press, 1992, p.368-376.

11 https://www.nytimes.com/2007/11/07/us/07mit.html

12 Goodman, Nelson, "How Buildings Mean," Alperson, P.(ed.), *The Philosophy of the Visual Art*, Oxford University Press, 1992, p.374.

13 "Configuration is the entailment of a set of co-present relationships embedded in a design that allows us to read a logic into their co-presence." Peponis, J. et al., "Configurational meaning and conceptual shifts in design," *Journal of*

Architecture, 07 April, 2015.

14 Peponis, John, "Evaluation and Formulation in Design." In *Nordisk Arkitekturforskning (Nordic Journal of Architectural Research)*, n.2, 1993, p.53.

15 저자의 책 부분을 인용, 보완하였다. 김성홍, 『도시건축의 새로운 상상력』, 현암사, 2009, pp.117~118, 146, 130~132, 214~215.

16 Vitruvius, *The Ten Books on Architecture*(Trans. M.H. Morgan) New York: Dover Publications Inc. 1914; Alberti, Leon Battista, *Leon Battista Alberti on the Art of Buildings in Ten Books*(Trans by Joseph Rykwert et al.) The MIT Press, 1988.

17 Rowe, Colin, "The Mathematics of the Ideal Villa", In *The Mathematics of the Ideal Villa and Other Essays*, MIT Press, 1976, pp. 1~27.

18 di Mari, Anthony & Yoo, Nora, *Operative Design: A Catalog of Spatial Verbs*, BIS Publishers, 2012.

19 Vitruvius, *The Ten Books on Architecture*(Trans. M.H. Morgan) New York: Dover Publications Inc. 1914; Alberti, Leon Battista, *Leon Battista Alberti on the Art of Buildings in Ten Books*(Trans by Joseph Rykwert et al.) The MIT Press, 1988.

20 Colquhoun, Alan, *Essays in Architectural Criticism: Modern Architecture and Historical Change*, The MIT Press, 1981, pp.190~202.

21 장 뤽벵제르, 김성희 옮김, 『에너지 전쟁: 석유가 바닥나고 있다』, 청년사, 2007; Droege, Peter, *Renewable City, A Comprehensive Guide to an Urban Revolution*, Wiley-Academy, 2006.

22 Nagengast, Bernard, "An Early History Of Comfort Heating," 2001; www.achrnews.com; Nagengast, Bernard, "A History of Comfort Cooling Using Ice," In *ASHRAE Journal*, February, 1999.

23 2019년 에너지원별 발전량 현황. 석탄(40.4%), 원자력(25.9%), 가스(25.6%), 신재생(6.5%). e-나라지표, www.index.go.kr

2. 건축과 도시는 불연속이다

1 Peponis, John, "Evaluation and Formulation in Design." In *Nordisk Arkitekturforskning(Nordic Journal of Architectural Research)*, n.2, 1993, p.53, 57.

2 Moneo, Rafael, "On Typology," In Peter Eisenman(ed.), *Oppositions, Summer 1978:13*, The MIT Press, 1978, p.36.

3 김성홍, 「근현대건축의 모폴로지 이론과 건축설계」, 『建築歷史硏究』, 제13권 4호 통권 40호, 2004, pp.89-105.

4 김형효, 『베르그송의 철학』, 1991, 민음사.

5 박인석, 『건축이 바꾼다: 집, 도시, 일자리에 관한 모든 쟁점』, 마티, 2017.

6 「도시계획 업무편람」, 제1권 서울시 주요 기본계획 및 정책, 서울특별시, 2018, p.85-98; 서울도시계획포털 http://urban.seoul.go.kr

7 「2030 서울생활권계획」, 서울특별시, 지역생활권계획 노원구, https://planning.seoul.go.kr/plan/main.do

8 중앙재난안전대책본부 제공, 출처: SK텔레콤과 통계청 분석 자료, 2020.4.5.

9 김성홍, 『도시건축의 새로운 상상력』, 2009, p.27-28; *Vitruvius, The Ten Books on Architecture*(Trans. M.H. Morgan) New York: Dover Publications Inc. 1914; Alberti, Leon Battista, *Leon Battista Alberti on the Art of Buildings in Ten Books*(Trans. by Joseph Rykwert et al.), The MIT Press, 1988.

10 국가기록원 나라기록, http://contents.archives.go.kr/next/content/listSubjectDescription.do?id=003654(원출처: 조석곤, 「조선토지조사사업에 있어서의 근대적 토지소유제도와 지세제도의 확립」, 서울대 경제학과 박사학위 논문, 1995).

11 김성홍, 「서울은 지금 두 얼굴로 숨 쉰다」, 《주간동아》, 2010.2.3.

3. 전통의 원형은 없다

1 통도사, 부석사, 봉정사, 법주사, 마곡사, 선암사, 대흥사, 7개 사찰이 유네스코 세계문화유산에 등재되었다. http://whc.unesco.org/en/list/1562/

2 건축역사학자 이강근에 따르면 극락전의 전면도 1960년대 말의 복원 수리 이전에는 여닫이 4분합문으로 되어 있었으나, 어칸은 해체 수리로 드러난 하방 위쪽 문인방, 신방석, 신방목 등을 근거로 안여닫이 판문으로 복원하고, 양쪽 옆 칸은 하방과 창방에 파인 홈을 근거로 살창으로 복원하였다. 『봉정사 극락전 수리공사보고서』, 문화재관리국 문화재연구소, p.75, p.162.

3 김도경, 『지혜로 지은 집, 한국건축』, 현암사, 2011.

4 Jeon, Bonghee, *A Cultural History of the Korean House, Understanding Korea Series No. 5*, The Academy of Korean Studies, 2016, pp.32-33.

5 Guo, Qinghu, "Yingzao Fashi: Twelfth-Century Chinese Building Manual," *Architectural History. 41*. January 1998, 1-13.

6 장헌덕, 「영조법식을 통해 본 봉정사 극락전의 재고찰」, 『한국건축역사학회 춘계학술발표대회 논문집』(1998-03), 24-37; 강선혜, 「韓國 木造 佛殿의 重建 및 重修의 特徵」, 이화여자대학교 대학원 건축학과 박사학위 논문, 2017.

7 김성홍, 「지루함의 역설, aoa의 건축」, 『제10회 젊은 건축가상 2017』, 시공문화사, 2017, pp.16-29.
8 Bhabha, Homi K., *The Location of Culture. London*. Routledge, 1994.
9 2016.4.6. http://www.newstomato.com/ReadNews.aspx?no=642332

에필로그

1 「서울영상자료 1957~1994」 CD, 서울특별시.
2 김현옥은 재임 4년간(1966~1970) 지하도로 10개와 보도 육교 114개를 건설했다. 구자춘은 재임 4년간(1974~1978) 37개 도로를 신설하고 기존 도로 40개를 확장했다. 구자춘 시장이 건설한 도로 총길이는 124km, 오스만이 건설했던 대도로 길이는 137km였다. 김성홍, 『도시건축의 새로운 상상력』, 2009, p.261(원자료: 손정목, 『서울도시계획이야기』, 제4권, 2003, pp.10-25); Benevolo, Leonardo, *History of Modern Architecture: The Tradition of Modern Architecture*, Vol.1, 2, The MIT Press, 1971, pp.61-95.
3 김성홍, 「강남, 서울건축의 실험장」, 『자율진화도시』, UIA 2017 서울세계건축대회 기념전, 서울시립미술관, 2017, pp.119-123.
4 「2020 실효 대비 장기 미집행 도시계획시설 재정비계획」, 서울시 시설계획과, 2019.
5 김성홍, 「서울의 '계란지도'와 도시건축 지형도」, 《중앙일보》, [삶의 향기], 2012.4.12.
6 다음 글을 발췌, 수정, 보완했다. Kim, S.H., "Architectural Challenges in a City of Collectivism," In *Collective City, 2019 Seoul Biennale of Architecture and Urbanism*, Seoul Metropolitan Government, 2019, pp.66-73; "Urban Futures: Living in the Inner City – Regenerating Urban Architecture for Cohesion and Sustainability," Keynote Forum 1, Cristiane Muniz, Wilfried Wang, John Peponis, and Sung Hong Kim, September 4, UIA 2017 Seoul World Architects Congress, Program Book, 2017, p.37.
7 2017년 제1회 서울 도시건축 비엔날레 공동 감독은 배형민과 알레한드로 자에라폴로(Alejandro Zaera-polo), 2019년 제2회 공동감독은 임재용과 프란시스코 사닌(Francisco Sanin)이었다.
8 Mumford, Lewis, "What is a City?", In Legates, Richard T., and Stout, Frederic(eds.), *The City Reader*, 2nd Edition, London and New York: Routledge, 2000, p.94(originally In Architectural Record, 1937).
9 Harvey, David, "Flexible Accumulation through Urbanization: Reflections on Post-Modern in the American City", In *Perspecta, 26*, 1990, pp.251~272.
10 Sassen, Saskia, *The Global City: New York, London, Tokyo*, Revised Edition, 2001.

11 정지우, 『분노사회: 현대사회의 감정에 관한 철학』, 이경, 2014.

12 Kim, Sung Hong, "The Paradox of Public Space in the Korean Metropolis," In Hee, L., Davisi, B., and Viray, E.(eds.), *Future Asian Space: Projecting the Urban Space of New East Asia*, Singapore: NUS Press, 2012.

13 김성홍, 『도시건축의 새로운 상상력』, pp.297-298; 김성홍, 『길모퉁이 건축』, pp.213-217.

14 「서울시 저층 주거지 리모델링 활성화구역 개선방안」, 서울연구원, 2018.8.7. www.si.re.kr

15 '서울의 건축주택행정,' 서울시 주택정책실 자료, 2012.5.3.

16 Compact: Singapore, Erik L'Heureux, 서울시립대 특강, 2012.4.16.

17 김성홍, 「좋은 건축」, 『좋은 건축이란 무엇인가』, 건축평단 2015 봄호(창간호).

18 사전적으로 브리콜뢰르는 손재주꾼을 뜻한다. 문명 세계의 엔지니어는 목적에 꼭 맞는 재료와 도구가 없으면 일을 하지 못한다. 반면 야생 세계의 브리콜뢰르는 한정된 재료와 도구를 새로운 방식으로 활용함으로써 현실을 헤쳐나간다. 건설산업에서 브리콜뢰르는 건축가를 닮은 엔지니어, 엔지니어를 닮은 건축가, 엔지니어와 건축가 사이의 컨설턴트, 혹은 현장의 숙련공일 수 있다. 김성홍, 「유연한 장인, 브리콜뢰르(Bricoleur)를 대망하다」, 《중앙일보》, [삶의 향기], 2013.4.23; 클로드 레비-스트로스, 안정남 옮김, 『야생의 사고』, 한길사, 1996.

그림 출처

그림 0-1. 구 '공간' 사옥 신관(1976~1978) 종 · 횡단면도 / (주)공간건축 자료실

그림 0-2. 덕수궁 일대 현재 도시 조직과 중첩한 과거 덕수궁(1897~1907) 배치도 ©한주희 / 「덕수궁 복원정비 기본계획」, 문화재청, 2005, p.549

그림 1-1. 일제강점기 남대문로 일대 도시 조직(1936년) / Kim, S.H. & Jang, Y.T., "Urban Morphology and Commercial Architecture on Namdaemun Street in Seoul," *International Journal of Urban Sciences*, 6(2), 2002

그림 1-2. 공간 위계가 역전된 종로와 인사동 도시 조직 / Kim, S.H. "From the Aristocratic to the Commercial," In Heng C.K. et al.(eds.), *On Asian Streets and Public Space*, NUS Press, 2010

그림 1-3. 역사 도심 세운상가 주변 용적률 지도 ©김승범 / Kim, S.H. et al., *The FAR Game*, SPACE Books, 2016

그림 1-4. 토지구획정리사업으로 조성한 강남 ©김승범 / Kim, S.H. et al., *The FAR Game*, SPACE Books, 2016

그림 1-5. 강남 역삼동 도시 조직과 용적률 ©김승범 / Kim, S.H. et al., *The FAR Game*, SPACE Books, 2016

그림 1-6. 같은 축척으로 표현한 테헤란로와 맨해튼 도시 조직 ©신석재, 홍경석 / 『Design Research Studio Review Book』, 서울시립대 건축학부, 2019

그림 1-7. 맨해튼의 아이소메트릭 ©신석재, 홍경석 / 『Design Research Studio Review Book』, 서울시립대 건축학부, 2019

그림 1-7a. 테헤란로의 아이소메트릭 ©신석재, 홍경석 / 『Design Research Studio Review Book』, 서울시립대 건축학부, 2019

그림 1-8. 베니스 비엔날레 한국관 〈용적률 게임〉 전시 작품 중 서울의 토지구획정리사업 지구에 있는 24개 건축물 ©안기현 / Kim, S.H. et al., *The FAR Game*, SPACE Books, 2016

그림 1-9. 택지개발사업으로 조성한 목동 신시가지 / Kim, S.H., "Housing Site Development and a Shift in Urban Architecture at Mok-dong in Seoul," *The Journal of Seoul Studies*, Vol. 59, 서울학연구 LIX, 2015

그림 1-10. 불규칙, 불균질한 구릉지 도시 조직과 주택재개발사업으로 건설한 아파트 단지가 맞닿아 있는 금호동 ©한주희 / 『Design Research Studio Review Book』, 서울시립대 건축학부, 2019

그림 1-11. 경부고속도로를 사이에 두고 토지구획정리사업으로 조성한 동쪽 반포1동과 주택재건축사업으로 건설한 서쪽 아파트 단지 ©한주희 / 『Design Research Studio Review Book』, 서울시립대 건축학부, 2019

그림 1-11a. 토지구획정리사업으로 조성한 남쪽 석촌동, 삼전동과 주택재건축사업으로 건설한 북쪽 잠실 아파트 단지 ©한주희 / 『Design Research Studio Review Book』, 서울시립대 건축학부, 2019

그림 2-1. 강성은의 '남의 집(The House of Others)' 시리즈 ©강성은 / 용문동 8-107, 한지에 먹, 130x162cm 2015, 연남동 387-31, 한지에 먹, 162x130cm, 2015

그림 2-2. 익명의 건축, 화곡동의 단독 · 다가구 주택 ©이용현 / 『Design Research Studio Review Book』, 서울시립대 건축학부, 2019

그림 2-3. 빌라 샷시 © 권태훈 / 『빌라 샷시: 삶의 방식이 건축의 형태로』, 드로잉리서치, 2020

그림 3-1. 7개 평면 유형의 방 연계도와 바닥/벽 비율 / 작도 – 정상기

그림 3-2. '얕다-깊다', '가늘다-두껍다' 좌표 / 작도 – 정상기

그림 3-3. 전용면적 25평, 발코니 확장 후 33평, 서울 재건축 아파트 평면, 2018 / 서울시 / 재작도 – 정상기

그림 3-4. 서울의 단독주택 1970~1980년대 ©강윤정 / 『Design Research Studio Review Book』, 서울시립대 건축학부, 2019

그림 3-5. 역삼 1동 블록 건축물 주요 채광창 지도 / 작도 – 정상기

그림 3-6. 서교동 블록 건축물 주요 채광창 지도 / 작도 – 정상기

그림 3-7. 일점투시도로 본 서울의 원룸 ©조재은 / 『Design Research Studio Review Book』, 서울시립대 건축학부, 2019

그림 3-8. 고착화된 횡장형 부메랑 아파트 배치 / Kim, Sung Hong, "High Density Dilemmas: Apartment Development vs. Urban Management Plan in Seoul," *Seoul Studies*, Vol.19, No.4., 2018 / 작도 – 한다연, 정상기

그림 3-9. 도시 문신, 간판(미주상가) ©한주희 / 『Design Research Studio Review Book』, 서울시립대 건축학부, 2019

그림 3-10. 가로수길이 상업화되면서 이면도로 주택 저층부로 파고든 근생 ©이명주 / 「신사동 가로수길 블록의 상업화에 따른 건축물 변화 연구」, 서울시립대 석사학위 논문, 2013

그림 3-11. 블록 내부로 침투한 근생(역삼 1동) ©정종원 / 『Design Research Studio Review Book』, 서울시립대 건축학부, 2019

그림 3-12. 블록 내부로 침투한 근생(서교동 · 합정동) ©정종원 / 『Design Research Studio Review Book』, 서울시립대 건축학부, 2019

그림 3-13. 오피스텔의 진화, 1980~2020년대 ©유철희 / 『Design Research Studio Review Book』, 서울시립대 건축학부, 2019

그림 3-14. '망원동 쌓은 집' 개념 모형과 단면도 ©에이오에이 아키텍츠

그림 3-15. 논현 101-1, 전경과 단면도 ©스토커 리 아르키테티

그림 4-1. 반복과 패턴, 서울시립대 기초설계
왼쪽 위(1회용 나무젓가락) ©이상명 / 서울시립대 1학년 기초설계, 2010
왼쪽 아래(신문지) ©강솔비 / 서울시립대 1학년 기초설계, 2010
오른쪽 위(종이접기) / 서울시립대 1학년 기초설계 과제, 2011
오른쪽 아래(종이 변형) © 이위인 / 서울시립대 1학년 기초설계 과제, 2019

그림 4-2. 반복과 패턴, 서울시립대 기초설계
(위)스테이플러 심, (아래)1회용 종이컵 / ©서울시립대 1학년 기초설계 과제, 2013

그림 4-3. 역사 도심 도시 조직과 용적률 지도 ©김승범 / Kim, S.H. et al., *The FAR Game*, SPACE Books, 2016

참고 문헌

「1908 한성부 지적도」, 서울역사박물관, 2015.

「2010 강남구의 통계」, 서울특별시 강남구, 2010.

「2018 건축분쟁 조정사례집」, 국토교통부 건축분쟁전문위위원회, 2018.

「2020 서울특별시 도시계획위원회 매뉴얼 심의기준」, 서울특별시, 2020.

「2020 실효 대비 장기미집행 도시계획시설 재정비계획」, 서울특별시, 2018.

「2030 서울생활권계획」, 서울특별시, https://planning.seoul.go.kr/plan/main.do

「근대건축도면집, 도면편」, 한국학중앙연구원 장서각, 2009.

「덕수궁 복원정비 기본계획」, 문화재청, 2005.

「도시계획 업무편람 2018」, 서울시, 2018.

「부동산 가격공시에 관한 연차보고서」, 국토해양부 토지정책관 부동산평가과, 2010.8.

「서울 영상자료 1957~1994」 CD, 서울특별시.

「서울도시계획연혁」, 서울시, 1971, 1991, 2001, 2016.

「서울시 저층 주거지 리모델링활성화구역 개선방안」, 서울연구원, 2018.8.7, www.si.re.kr

「서울의 도시형태 연구」, 서울시정개발연구원, 2009.

「역사도심기본계획」, 서울시, 2015.

「공평구역 제15, 16지구 도시정비형 재개발 정비구역 및 정비계획 결정 (변경)안」 서울시, 도시재생실, 2019.

「역사문화탐방로 조성계획 자료집: 사대문 내 역사문화유적」, 서울특별시, 1994.

「영동 1·2지구 실태분석 평가 및 관리방안」, 서울특별시, 2010.

「위례택지개발사업 지구단위계획 시행지침」, 서울주택토지공사, 2018.

「잠실지구종합개발 기본계획」, 서울시, 1974.

「鐘路區誌」, 1994.

「지가공시에 관한 연차보고서」, 건설교통부, 1990, 2000.

「지구단위계획의 이해와 활용」, 서울시정개발연구원 워크숍 자료, 2000.

「통계로 본 대한민국 60년의 경제·사회상 변화」, 통계청, 2008.8.

『강남 40년 영동에서 강남으로』, 서울 반세기 종합전, 서울역사박물관, 2011.

『봉정사 극락전 수리공사보고서』, 문화재관리국 문화재연구소, 1992.

『서울 20세기 공간변천사』, 서울시정개발연구원, 2001.

『서울 600년사』, 제4권, 6권, 서울특별시, 1981, 1996.
『서울 건축사』, 서울특별시, 1999.
『서울 도시와 건축』, 서울특별시, 2000.
『서울2천년사』, 35권 현대서울의 도시건설, 서울역사편찬원, 2016.
『서울의 도시계획』, 서울시정개발연구원, 2009.
『서울의 도시형태 연구』, 서울시정개발연구원, 2009.
『서울의 인문학: 도시를 읽는 12가지 시선』, 창비, 2016.
『서울특별시 주요 간선 도로변 도시설계 II』, 서울특별시, 1983.
『좋은 건축이란 무엇인가』, 건축평단 2015 봄호 (창간호)
『주택도시 40년』, 대한주택공사, 2002.
『지도로 본 서울』, 서울시정개발연구원, 1994, 200, 2007.
『한국 공동주택의 역사』, 공동주택연구회, 세진사, 1999.
『Design Research Studio Review Book, Architectural Design Studio VIII 2019』, 서울시립대학교 건축학부, 2019.12.
강선혜, 「韓國 木造 佛殿의 重建 및 重修의 特徵」, 이화여자대학교 대학원 건축학과 박사학위 논문, 2017.
강준만, 『강남, 낯선 대한민국의 자화상』, 인물과 사상사, 2006.
공동주택연구회, 『MA와 하우징 디자인』, 동녘, 2007.
구마 겐고, 미우라 아쓰시 지음, 이정환 역, 『三低主義』, 안그라픽스, 2012.
권순형, 백성준, 이종훈, 「주택재개발사업과 주택재건축사업의 물리적 특성과 사업구분에 관한 연구」, 『부동산연구』 제23집 1호, 2013.4, 133~150.
권용찬·전봉희, 「근린주구론이 일제강점기 서울의 주거지 계획에 영향을 준 시점, 토지구획 정리 사업 및 일단의 주택지 경영 사업 대상지를 중심으로」, 『대한건축학회 논문집 계획계』, 제27권 12호, 통권 278호, 2011년 12월. pp.189-200.
권태구, 「강남역 일대의 도시조직과 건축물 변화에 관한 연구」 서울시립대 대학원 석사학위 논문, 2013.
권태훈, 『빌라 샷시: 삶의 방식이 건축의 형태로』, 드로잉리서치, 2020
권태훈, 황효철, 『파사드 서울』, 아키트윈스, 2017
김경민, 「강남지역의 아파트가격 변화가 전국에 미치는 영향」, 『국토계획』, 제42권, 제2호, 2007.
______, 『건축왕, 경성을 만들다: 식민지 경성을 뒤바꾼 디벨로퍼 정세권의 시대』, 이마, 2017.
______, 『도시개발, 길을 잃다』, 시공사, 2011.
김광현, 『건축 이전의 건축, 공동성』, 공간서가, 2014.

김기호, 『역사도심 서울 : 개발에서 재생으로』, 한울아카데미, 2015.
김도경, 『지혜로 지은 집, 한국건축』, 현암사, 2011.
김동현, 「주상복합의 딜레마, 수도권 대규모 주상복합건축의 용도 비율에 따른 저층부 상업공간에 관한 연구」, 서울시립대 도시과학대학원 석사학위 논문, 2019.
김성홍, 「강남, 서울건축의 실험장」, 『자율진화도시』, UIA 2017 서울세계건축대회 기념전, 서울시립미술관, 2017, pp.119-123.
______, 「땅과 용적률의 인문학」, 『서울의 인문학, 도시를 읽는 12가지 시선』, 창비, 2016, pp.187-210.
______, 「제5장 민간건축의 건립과 변화」, 『서울2천년사』, 35권 현대서울의 도시건설, 서울역사편찬원, 2016.
______, 「지루함의 역설, aoa의 건축」, 『제10회 젊은 건축가상 2017』, 시공문화사, 2017, pp.16-29.
______, 「한국 현대건축 운동의 흐름, 1987-1997」, 『종이와 콘크리트: 한국 현대건축 운동 1987-1997』, 국립현대미술관, 2017, pp.32-41.
______, 「한국의 건축운동 어떻게 볼 것인가」, 『건축과 사회』, 제25호, 특별호, [특집] 한국 현대건축 운동의 흐름, (사)새건축사협의회, 2013, pp.10-27.
______, 「2000년 이후 도시건축의 대형화와 건축사사무소의 변화에 관한 연구」, 『대한건축학회 논문집 계획계』, 제25권 10호, 통권 252호, 2009, pp.121-130.
______, 「근현대건축의 모폴로지 이론과 건축설계」, 『建築歷史硏究』, 제13권 4호, 통권40호, 2004, pp.89-105.
______, 「서울 강남 주거지역의 상업화와 건축의 변화에 관한 연구」, 『대한건축학회 논문집 계획계』, 제28권 3호, 통권 281호, 2012, pp.127-136.
______, 「소비공간과 도시: 신도시 대형할인점과 문화이데올로기」, 『대한건축학회 논문집 계획계』, 제16권 1호, 통권 135호, 2000, pp.3-10.
______, 「종로의 상업건축과 공간논리」, 『종로: 시간, 장소, 사람, 20세기 서울변천사 연구 II』, (서울학연구총서 13) 서울시립대학교 부설 서울학연구소, 2002. pp.221-264.
______, 『길모퉁이 건축』, 현암사, 2011.
______, 『도시건축의 새로운 상상력』, 현암사, 2009.
김연록, 「서울 송파구 주거지역 내 시장 가로변의 중규모 복합용도 건축물의 특성에 관한 연구」, 서울시립대 대학원 석사학위 논문, 2014.
김예지, 「서울 서교동 주거지의 상업화와 건축물 변화 연구」, 서울시립대 대학원 석사학위 논문, 2013.
김인철, 『오래된 모더니즘 : 열림』, 집, 2018.

김종보, 『건설법의 이해』, 도서출판 Fides, 2018.
김주야·石田潤一郎, 「경성부 토지구획정리 사업에 있어서 식민도시성에 관한 연구」, 『대한건축학회 논문집 계획계』, 제25권 4호, 통권 246호, 2009년 4월. pp.169-178.
김형효, 『베르그송의 철학』, 민음사, 1991.
김홍식, 『민족건축론』, 한길사, 1987.
민현식, 『건축에게 시대를 묻다』, 돌베개, 2006.
박기범, 「주택관련법제에 따른 주거지 변천에 관한 연구」, 서울시립대 대학원 박사학위 논문, 2005.
박길룡, 『한국 현대건축 평전』, 공간서가, 2015.
박선영, 「서울 해방촌 경사지 주택 건축의 유형 및 변용」, 서울시립대 대학원 석사학위 논문, 2015.
박완서, 『그 남자네 집』, 현대문학, 2004.
박인석, 『건축이 바꾼다: 집, 도시, 일자리에 관한 모든 쟁점』, 마티, 2017.
박일향, 「20세기 후반 서울의 간선도로변 고층화정책과 맞벽건축」, 서울대 대학원 박사학위 논문, 2019.
박철수, 『박철수의 거주 박물지』, 집, 2018.
박철수, 박인석 『건축가가 지은 집 108』, 집, 2014.
배지, 「서울 공평구역 도심재개발 대형건축물의 특성에 관한 연구」, 서울시립대 대학원 석사학위 논문, 2007.
배형민, 『감각의 단면, 승효상의 건축』, 동녘, 2007.
백선영·안건혁, 「20세기 초 서울 필지분할의 과정과 물리적 특징, 인사동과 장사동의 막다른 골목형 도시조직 유형을 대상으로」, 『대한건축학회 논문집 계획계』, 제27권 1호, 통권 267호, 2011년 1월.
변희영, 「세운상가 군과 주변 구역의 도시건축계획 변화에 관한 연구」, 서울시립대 도시과학대학원 석사 논문, 2018.
손정목, 『서울 도시계획 이야기』, 제1권, 제4권, 2003.
______, 『일제강점기 도시화 과정 연구』, 일지사, 1996.
송인호, 「도시 한옥의 유형 연구: 1930~1960년의 서울을 중심으로」, 서울대 대학원 박사학위 논문, 1990.
신재일, 「서울 연희동 일대 단독주택의 근린생활시설 복합화에 관한 연구」, 서울시립대 도시과학대학원 석사학위 논문, 2017.
승효상, 『오래된 것들은 다 아름답다』, 컬처그라퍼, 2012.
안창모, 『덕수궁: 시대의 운명을 안고 제국의 중심에 서다』, 동녘, 2009.

양희경, 「테헤란로의 도시조직과 고층건물의 평면유형에 관한 연구」, 서울시립대 대학원 석사학위 논문, 2020.
오성훈, 임동근, 『지도로 보는 수도권 신도시계획 50년 1961-2010』, auri, 2014.
윤한섭, 김성홍, 「테헤란로 고층사무소 건물저층부의 公共空間에 관한 연구」, 『대한건축학회논문집 계획계』, 제19권 3호, 2003, pp.3-10.
윤혁경, 『건축법 조례해설』, 기문당, 2001.
에릭 켄델, 이한음 옮김, 『어쩐지 미술에서 뇌과학이 보인다: 환원주의의 매혹과 두 문화의 만남』, 프시케의 숲, 2019.
이동헌 · 이향아, 「강남의 심상규모와 경계 짓기의 논리」, 『서울학연구』, 제 42호, 2011.
이명주, 「신사동 가로수길 블록의 상업화에 따른 건축물 변화 연구」, 서울시립대 석사학위 논문, 2013.
이상헌, 『대한민국에 건축은 없다』, 효형출판, 2012.
______, 『한국 건축의 정체성』, 미메시스, 2017.
이선영 · 서울시립대 건축설계 스튜디오, 『Boom or Bust? 강남 빌딩 붐 이후 테헤란로의 미래』, 2019
이정형 외, 「가로블록 구성방식에 따른 가로공간의 유형 및 특성에 관한 연구 - 강남대로 및 테헤란로 주변 가로 건축물의 실태조사를 바탕으로」, 『대한건축학회논문집 계획계』, 제21권 8호, 2007.
이지연, 「서울 화양동 주거지 도시조직의 변화에 관한 연구」, 서울시립대 대학원 석사학위 논문, 2009.
이지연, 김성홍 「서울 화양동 주거지역의 도시조직과 상업화에 따른 건축물의 변화」, 『대한건축학회 논문집 계획계』, 제29권 1호, 통권 291호, 2013, pp.31-40.
장 뤽벵제르, 김성희 옮김, 『에너지 전쟁: 석유가 바닥나고 있다』, 청년사, 2007.
장남종, 「서울시 일반주거지역 세분화에 따른 개발양상 변화에 관한 연구」, 서울시립대 대학원 박사학위 논문, 2008.
장남종, 맹다미, 민승현, 『서울시 뉴타운 · 재개발 해제지역의 실태조사 분석연구』, 서울연구원 연구보고서, 2013-BR-10, 2014.11.28, pp.36-38.
장헌덕, 「영조법식을 통해 본 봉정사 극락전의 재고찰」, 『한국건축역사학회 춘계학술발표대회 논문집』(1998-03), 24-37.
정모영, 「위례신도시의 오피스텔과 공동주택의 건축적 특성 비교연구」, 서울시립대 도시과학대학원 석사학위 논문, 2019.
정지우, 『분노사회: 현대사회의 감정에 관한 철학』, 이경, 2014.
조석곤, 「조선토지조사사업에 있어서의 근대적 토지소유제도와 지세제도의 확립」, 서울대 대학원 박사학위논문, 1995.
조성룡, 심세중, 『건축과 풍화』, 수류산방, 2018.
조세희, 『난장이가 쏘아올린 작은 공』, 문학과지성사, 1978.
조앤 샤프 지음, 이영민·박경환 옮김, 『포스트 식민주의의 지리』, 도서출판 여이연, 2011.
조영범, 「서울시 역세권 2030청년주택의 도시·건축적 특성」, 서울시립대 도시과학대학원 석사학위 논문, 2018.
최찬환, 『건설정책과 제도』, 1998.
취리히 연방 공과대학 건축학과 마르크 안젤릴, 와르크 힘멜라이히 엮음, 정현우 옮김, 『건축 문답 : 입장-개념-비전』, 미진사, 2020.
클로드 레비-스트로스, 안정남 옮김, 『야생의 사고』, 한길사, 1996.
탁석산, 『한국의 정체성』, 책세상, 2000.
함인선, 『정의와 비용 그리고 도시와 건축』, 마티, 2014.
황두진, 『건축가 김수근 공간을 디자인하다』, 나무숲, 2007.
허영환, 『정도 600년 서울지도』, 범우사, 1994.
Abrahamse, Jaap Evert, Eastern *Harbour District Amsterdam: urbanism and architecture*, Rotterdam : NAi Publishers, 2003.
Ahn, Susann Valerie, *Cultural Laboratory Seoul: Emergence, Narrative and Impact of Culturally Related Landscape Meanings*, Doctoral Thesis ETH Zürich, 2019.
Alberti, Leon Battista, *Leon Battista Alberti on the Art of Buildings in Ten Books*(Trans by Joseph Rykwert et al.), The MIT Press, 1988.
Baird, George, "Urban Americana: A Commentary on the Work of Gandelsonas," *Assemblage* 3, 1987.
Benevolo, Leonardo, *History of Modern Architecture: The Tradition of Modern Architecture*, Vol. 1, 2, The MIT Press, 1971.
Bhabha, Homi K., *The Location of Culture*, London, Routledge, 1994.
Bishop, Isabella Bird, *Korea and Her Neighbors*, Seoul: Yonsei University Press, 1970 (first published in New York in 1898).
Busquets, Joan, *Cities and Grids: In Search of New Paradigm*, Wiley Online Library, 10 July 2013, https://doi.org/10.1002/ad.1621
Cassirer, Ernst, An Essay on Man: *An Introduction of a Philosophy of Human Culture*, Yale University Press, 1944/1972.
_____, *The Philosophy of Symbolic Forms*, Yale University Press, 1955 (German in 1923-1929).

Chakrabarty, Dipesh, *Provincializing Europe*, Princeton University Press, 2000.

Colquhoun, Alan., "Alvar Aalto: Type versus Function," In *Essays in Architectural Criticism; Modern Architecture and Historical Change*, The MIT Press, 1981, pp.43-50, 75-80.

di Mari, Anthony & Yoo, *Nora, Operative Design: A Catalog of Spatial Verbs*, BIS Publishers, 2012.

Droege, Peter, *Renewable City, A Comprehensive Guide to an Urban Revolution*, Wiley-Academy, 2006.

Evans, R., "Figures, Doors and Passages", In *Architectural Design*, No. 4, 1978, pp.267-278.

Ewing, R., Land Readjustment: Learning from International Research. Reprinted from Planning, the magazine of the American Planning Association, 2000. http://metroresearch.utah.edu

Ferretto, Peter, "Here and Now Seoul: Ten memos for Our Present Millenium," In KIM et al.(eds.), *The FAR Game: Constraints Sparking Creativity*, 2016, pp.130-138.

Frankl, Paul. *Principles of Architectural History: The Four Phases of Architectural Style, 1420-1900*, The MIT Press, 1968.

Giedion, Sigfried, *Space, Time and Architecture: the Growth of a New Tradition*, Harvard University Press, 1941.

Global Trends 2030: Alternative Worlds, a publication of National Intelligence Council, NIC 2012-001, December 2012.

Goodman, Nelson, "How Buildings Mean," Alperson, P.(ed.), *The Philosophy of the Visual Art*, Oxford University Press, 1992, p.368-376.

Griffis, William Elliot, *Corea: the Hermit Nation*, Cambridge University Press, 2015(first published in 1882).

Guo, Qinghu, "Yingzao Fashi: Twelfth-Century Chinese Building Manual," In *Architectural History*, 41, January 1998, 1-13.

Harvey, David, "Flexible Accumulation through Urbanization: Reflections on Post-Modern in the American City", In *Perspecta*, 26, 1990, pp.251-272.

Hillier, B. & Hanson, J., *The Social Logic of Space*, Cambridge University Press, 1984.

International Urban Form Study: Development Pattern and Density of Selected World Cities, Seoul Development Institute, 2003.

Jencks, Charles, *The Language of Post-modern Architecture*. New York: Rizzoli. 1977.

Jeon, Bonghee, *A Cultural History of the Korean House*, Understanding Korea Series No. 5, The Academy of Korean Studies, 2016.

Jung, Inha, *Architecture and Urbanism in Modern Korea*, University of Hawaii Press, 2013.

Jung, S.H., "Oswald Nagler, HURPI, and the Formation of Urban Planning and Design in South Korea: The South Seoul Plan by HURPI and the Mok-dong Plan," *Journal of Urban History*, 40(3), 2014, pp.585-605.

Kaijima, M., Kuroda, J., Tsukamoto, Y., *Made in Tokyo: Guide Book*, 鹿島出版会, 2001.

Kim, J.I., "The Influences of Linear City Form on the Spatial Schemes of Korean New Towns and Their Characteristics," *Journal of the Korea Planners Association*, 45(2), 2010, pp.51-68.

Kim, S.H., Cinn, E.G., Ahn, K.H., Kim, S.B., Chung, I.S., Jeong, D.E., and Enos, R., *The FAR Game: Constraints Sparking Creativity*, SPACE Books, 2016.

Kim, Sung Hong & Jang, Yong Tae, "Urban Morphology and Commercial Architecture on Namdaemun Street in Seoul," *International Journal of Urban Sciences*. 6(2), pp.141-154.

Kim, Sung Hong & Schmal, C. Peter(eds.), *Megacity Network: Contemporary Korean Architecture*, Jovis, 2007.

Kim, Sung Hong, "High Density Dilemmas: Apartment Development vs. Urban Management Plan in Seoul," *Seoul Studies*, The Seoul Institute, Vol.19, No.4. December 2018, pp.1-19.

______, "Architectural Challenges in a City of Collectivism," In *Collective City, 2019 Seoul Biennale of Architecture and Urbanism*, Seoul Metropolitan Government, 2019, pp.66-73.

______, "Changes in Urban Planning Policies and Urban Morphologies in Seoul, 1960s to 2000s," *Architectural Research*, International Journal of the Architectural Institute of Korea, Vol. 15, No. 3(September 2013). pp.133-141.

______, "From the Aristocratic to the Commercial," In Heng, C.K. et al.(eds.), *On Asian Streets and Public Space*, Singapore : NUS Press, 2010, pp.39-50.

______, "Housing Site Development and a Shift in Urban Architecture at Mok-dong in Seoul," *The Journal of Seoul Studies*, Vol. 59, 서울학연구 LIX(2015. 5), ISSN 1225-746X, 2015, pp.125-162.

______, "The Paradox of Public Space in the Korean Metropolis," In Hee, L., Davisi, B., and Viray E.(eds.), *Future Asian Space: Projecting the Urban Space of New East Asia*, Singapore: NUS Press, 2012.

Koolhaas, Rem, *S, M, L, XL*, Monacelli Press, 1995.

Langer, Susanne K., *Philosophy in a New Key: A Study in the Symbolism of Reason, Rite, and Art*, Harvard University Press, 1942.

______, *Feeling and Form: A Theory of Art*, New York: Charles Scribner's Sons, 1953.

Le Corbusier, *Towards a New Architecture*(Trans. by F. Etchells), New York: Dover Publications, Inc, 1931.

Lehnerer, Alex, *Grand Urban Rules*, Rotterdam: Nai010, 2013.

Lowel, Percival, *Choson, The Land of the Morning Calm*, Nabu Press, 2010.(first published in 1886).

Magee, Bryan, *The Philosophy of Schopenhauer*, Oxford University Press, 1997.

Moneo, Rafael, "On Typology," In Peter Eisenman(ed.), *Oppositions*, Summer 1978:13, The MIT Press, 1978.

Moore, Rowan, "London vs Seoul: Life After FAR," In KIM et al.(eds.), *The FAR Game: Constraints Sparking Creativity*, 2016, pp.124-129.

Muniz, C., Wang, W., Peponis, J., and Kim, S.H., "Urban Futures: Living in the Inner City – Regenerating Urban Architecture for Cohesion and Sustainability," Keynote Forum 1, September 4, UIA 2017 Seoul World Architects Congress, Program Book, 2017, p.37.

Müller-Jökel, R.(n.d.), "German Land Readjustment: Ecological, Economic and Social Land Management." http://www.fig.net/pub/proceedings/korea/full-papers/pdf/session20/mullerjokel.pdf

______, "Land Readjustment, A Win-Win-Strategy for Sustainable Urban Development," FIG Working Week 2004, Athens, Greece, May 22-27, 2004.

Mumford, Lewis, "What is a City?" In Richard T. LeGates and Frederic Stout(eds.), *The City Reader*, 2nd Edition, London and New York: Routledge, 2000, p.94 (originally In Architectural Record, 1937).

Muntadas, Antoni, *Muntadas: Asian Protocols, Similarities, Differences and Conflict, Japan, China, Korea*, 2016, Tokyo, March 20 – April 17, 2016, Press Release.

Nagengast, Bernard, "A History of Comfort Cooling Using Ice," In *ASHRAE Journal*, February, 1999.

______, "An Early History Of Comfort Heating," 2001; www.achrnews.com

Nishiyama, Y., "Western Influence on Planning Administration in Japan: Focus on Land Management," In H. Nagamine(ed.), *Urban Development Policies and Programmes: Focus on Land Management*, United Nations Centre for Regional Development, Nagoya, 1986.

Oh, S.H & Yim, D.K., *50 Years of Planned Cities in Seoul Metropolitan Area 1961-2010*, Architecture & Urban Research Institute. AURI, 2014.

Oppert, Ernest, *A Forbidden Land: Voyages to the Corea*, London, 1880.

Panerai, P. et al., *Urban Forms: the Death and Life of the Urban Block*(Eng. Trans. by Olga Vitale Samuels), Architectural Press, 2004.

Peponis, J. et al., "Configurational meaning and conceptual shifts in design," In *Journal of Architecture*, 07 April, 2015.

Peponis, John, "Evaluation and Formulation in Design." In *Nordisk Arkitekturforskning* (Nordic Journal of Architectural Research), n.2, 1993. pp.53-61.

Peponis, John et al., "The City as an Interface of Scales: Gangnam Urbanism," In KIM, Sung Hong et al.(eds.), *The FAR Game: Constraints Sparking Creativity*, SPACE Books, 2016, pp.102-111.

Pont, Meta Berghauser et al., "Diversity in Density: Looking Back and Forth," In KIM et al.(eds.), *The FAR Game: Constraints Sparking Creativity*, 2016, pp.148-157.

Porphyrios, Demetri, "The Burst of Memory: an Essay on Alvar Aalto's Typological Conception of Design," In *Architectural Design*, 1979 Vol 49 5-6/79, pp.143-147.

Reuser, Bart & NEXT Architects, *Seoulutions*, BNA, 2012.

Rowe, Colin, "The Mathematics of the Ideal Villa", In *The Mathematics of the Ideal Villa and Other Essays*, MIT Press, 1976, pp.1-27.

Said, Edward, *Orientalism*, New York: Vintage 1978.

Sassen, Saskia, *The Global City: New York, London, Tokyo*, Revised Edition, 2001.

Seligmann, Ari, "The Collaborative Construction of Timber Tradition in Japanese Architecture," In *SAH-Asia Conference, Re. Asia: Architecture as Method*, the University of Adelaide, 2017.6.30.-7.6

Sharp, Joanne P., *Geographies of Postcolonialism*, Sage, 2008.

Shpuza, Ermal & Peponis, John, "The effect of floorplate shape upon office layout integration," In *Environment and Planning B: Planning and Design*, volume 35, 2008, pp.318-336.

Shpuza, Ermal, "Allometry in the syntax of street networks: evolution of Adriatic and

Ionian coastal cities 1800–2010," In *Environment and Planning B: Planning and Design*, volume 41, 2014.

Sorensen, A., "Conflict, consensus or consent: implications of Japanese land readjustment practice for developing countries", *Habitat International*, 24, 2000.

Steadman, Philip, *Building Types and Built Forms*, Matador, 2014.

Venturi, Robert. et al., *Learning from Las Vegas: The Forgotten Symbolism of Architectural Form*, The MIT Press, 1972.

Vitruvius, *The Ten Books on Architecture*(Trans. M.H. Morgan), New York: Dover Publications Inc. 1914.

Worrall, Julian, "The Nakwon Principle," In KIM et al.(eds.), *The FAR Game: Constraints Sparking Creativity*, 2016, pp.140-147.

Yoshimi, Shunya, "Asian Protocols, Defying Verbalizaion," In *Muntadas: Asian Protocols, Similarities, Differences and Conflict, Japan, China, Korea*, Tokyo: 3331 Arts Chiyoda, 2016.

http://kosis.kr(KOSIS 국가통계포털)

http://urban.seoul.go.kr(서울도시계획포털)

http://www.index.go.kr(e-나라지표 국정모니터링지표)

www.archives.go.kr(국가기록원)

www.cityandstateny.com(City & State New York)

www.citymayors.com(City Mayors)

www.indexmundi.com(Index Mundi)

www.skyscrapercity.com(Skyscraper City)

찾아보기

ㄱ

ㅂ

ㅅ

ㅇ

ㅈ

ㅊ

ㅋ

ㅌ

ㅍ

ㅎ